姜晨光 主编

建筑测量员
上岗指南

U0288625

化学工业出版社

·北京·

本书以建筑测量员的"测、算、绘、放"四会技能为主线，按照国家对建筑测量员上岗的基本要求，比较系统、全面地阐述了建筑测量员上岗应该具备的基本知识、方法和技术，按照"技能为主、学以致用"的原则、借助通俗的、大众化的语言尽最大可能地满足读者的自学需求。

　　本书是初级测量员案头必备的基本工具书，可作为建筑测量员的上岗培训教材，也可作为高职高专、中等职业教育以及应用型本科土木工程类相关专业的建筑工程测量教材。

图书在版编目（CIP）数据

建筑测量员上岗指南 / 姜晨光主编 . —北京：化
学工业出版社，2018.4
　　ISBN 978-7-122-31657-8

　　Ⅰ.①建…　Ⅱ.①姜…　Ⅲ.①建筑测量-岗位培训-
教材　Ⅳ.①TU198

中国版本图书馆 CIP 数据核字（2018）第 041805 号

责任编辑：刘丽菲　满悦芝　　　　　　　　　　　　文字编辑：刘丽菲
责任校对：宋　夏　　　　　　　　　　　　　　　　装帧设计：刘丽华

出版发行：化学工业出版社（北京市东城区青年湖南街 13 号　邮政编码 100011）
印　　刷：三河市延风印装有限公司
装　　订：三河市宇新装订厂
787mm×1092mm　1/16　印张 12¾　字数 308 千字　2019 年 5 月北京第 1 版第 1 次印刷

购书咨询：010-64518888)　　售后服务：010-64518899
网　　址：http://www.cip.com.cn
凡购买本书，如有缺损质量问题，本社销售中心负责调换。

定　　价：65.00 元

建筑测量员是土建施工的向导，土建施工离开建筑测量员寸步难行，一个技术过硬、作风严谨、素质优良的建筑测量员是土建施工工作圆满完成的基本保证。建筑测量员应具备的基本知识和技能可概括为3个字，即"三、四、五"：亦即三个测量技术，角度、长度、高差；四个基本技能，测、算、绘、放，亦即测量、计算、绘图、放样；五个基本防护常识，即确保测量仪器性能的五个防护措施，亦即测量仪器应防摔、防震、防水、防潮、防高温。测量技术的发展日新月异，建筑测量员的知识更新也应与时俱进，为了满足建筑测量员知识更新的要求，笔者不揣浅陋编写了这本小册子。希望本书的出版能有助于测量基本知识和技术的普及，能有助于基层建筑测量员业务水平的提高与进步，能对我国的社会主义建设事业有所贡献。

全书由江南大学姜晨光主笔完成，莱阳市国土资源局姜祖彬、刘华、梁延兴；莱阳市房产管理处王辉；无锡地铁集团有限公司段永强、徐政、刘书斌、姚应征、周立波、徐少云、刘祥勇；无锡市政设计院有限公司谭东林、史晓忠；无锡水文工程地质勘察院薛志荣；广东工贸职业技术学院徐兴彬、李益强、谭立霞；佛山市城市规划勘测设计研究院丁孝兵；广州市水务科学研究所吴建锋等同志（排名不分先后）参与了部分章节的撰写工作。限于水平、学识和时间关系，书中内容难免粗陋，谬误与欠妥之处敬请读者多多提出批评与宝贵意见。

姜晨光
2018 年 2 月于江南大学

目 录

第1章
建筑测量的特点及基本要求

1.1 概述

"测绘科学"常常被人们称呼为"测量"，实际上"测量"只是"测绘科学"的一部分内容。测绘科学的起源可追溯到原始社会，是人们最早创造的科学体系之一。测绘科学的发展时刻与人类的文明史同步，随着人类文明的历史进程一直发展到了今天，对人类社会的发展做出了不可磨灭的重大贡献，成为人类各种活动不可或缺的重要依靠和技术手段。

建筑测量是工程测量学的一个分支学科，工程测量学则又是测绘科学的一个分支。工程测量学是利用测绘科学综合理论和技术为各类工程建设提供测绘保障服务的应用科学，也可称之为应用测绘学。按工程测量服务对象的不同，工程测量可分为土木建筑工程测量、铁路工程测量、公路工程测量、地下工程测量、矿山测量、城市测量、地质工程测量、国防工程测量、水利工程测量等。另外，还有一些特种工程测量工作，比如对大型设备、特种设备进行高精度定位和变形监控的精密工程测量；将摄影测量技术应用于工程建设的工程摄影测量；将电子全站仪或地面摄影仪作为传感器在电子计算机支持下对大型机械部件加工过程进行监控的三维工业测量系统等。

建筑测量主要研究工程建设在勘察设计、施工放样、竣工验收和管理阶段所需进行的测量工作的基本理论、技术和方法，其主要工作内容包括为工程规划设计提供必需的地形资料，如规划时提供中、小比例尺地形图及有关信息，建筑物设计时要测绘大比例尺地形图；施工阶段将图上设计好的工程按其位置、大小测设在地面上供施工人员正确施工；在施工过程和工程建成后的运行管理中对工程的稳定性及变化情况进行监测，如安全监测、变形观测等，以确保工程的安全与正常运营。

测绘科学是各类工程建设的"眼睛"和"指南针"，就建筑工程而言，地面的水平性、墙体的铅直度、排水系统的坡度、各种曲线的形状等都要靠测绘技术的保障，总之，任何工程建设都离不开测绘科学，测绘科学是各种工程建设不可或缺的重要技术保障。

工程测量仪器可分为通用仪器和专用仪器。通用仪器中常规的光学经纬仪、光学水准仪和电磁波测距仪已被电子全站仪和电子水准仪替代。电子全站仪的全能型、智能化、自动化水平越来越高，带电动马达驱动和程序控制的全站仪结合激光、物联网及CCD（电荷耦合器件图像传感器）技术可实现测量的全自动化被称为测量机器人。测量机器人可自动寻找并精确照准目标，在 1s 内完成一个目标点的自动观测，其像机器人一样可以对成百上千个目标作持续的重复观测，目前已被广泛用于变形监测和施工测量。GPS 接收机已成为一种通用型的大众化定位工具并在工程测量领域得到广泛应用，GPS 接收机可与电子全站仪或测量机器人连接在一起而形成空基电子全站仪或空基测量机器人，如徕卡的 SmartStation。它将 GPS 的实时动态定位技术与全站仪灵活的三维极坐标测量技术完美结合，开创了无控制网的工程测量新时代。

工程测量专用仪器在测量仪器领域发展最活跃，主要应用在精密工程测量领域，机械式、光电式及光机电结合式仪器或测量系统的主要特点是高精度、自动化、遥测和持续观测。测量目标点相对于基准线（或基准面）的偏距（垂距）的工作被称为基准线测量或准直测量，这方面的专用仪器有正、倒垂与垂线观测仪系统；金属丝引张线系统；各种激光准直仪、铅直仪（向下、向上）、自准直仪；以及尼龙丝或金属丝准直测量系统等。在中长距离（数十米至数千米）、短距离（数米至数十米）和微距离（毫米至数米）及其变化量的精密测量领域有以 ME5000 精密激光测距仪和 Terrameter LDM2 双频激光测距仪为代表的超高精度测距系统（其中长距离测量精度可达亚毫米级）。许多短距、微距测量已实现数据采集的自动化，其中最典型的代表是因瓦线尺测距仪、应变仪、石英伸缩仪、各种光学应变计、位移与振动激光快速遥测仪等。采用多普勒效应的双频激光干涉仪能在数十米范围内达到 $0.01\mu m$ 的计量精度，成为重要的长度检校和精密测量设备。采用 CCD 线列传感器测量微距离可达到百分之几微米的精度，它们使距离测量精度从毫米、微米进入到纳米级世界。高程测量方面最显著的发展是液体静力水准测量系统，这种系统通过各种类型的传感器测量容器的液面高度可同时获取数十仍至数百个监测点的高程，具有高精度、遥测、自动化、可移动和持续测量等特点，两容器间的距离可达数十千米。倾斜测量（又称挠度曲线测量）用的各种机械式测斜仪、电子测斜仪都向着数字显示、自动记录、无线遥测和灵活移动等方向发展，其精度也已达微米级。具有多种功能的混合测量系统是工程测量专用仪器发展的显著特点，采用多传感器的高速铁路轨道测量系统，用测量机器人自动跟踪沿铁路轨道前进的测量车，测量车上装有棱镜、斜倾传感器、长度传感器和微机，可用于测量轨道的三维坐标、轨道的宽度和倾角。液体静力水准测量与金属丝准直集成的混合测量系统在数百米长的基准线上可精确测量测点的高程和偏距。现代工程测量专用仪器具有高精度（亚毫米、微米乃至纳米）、快速、遥测、无接触、可移动、连续、自动记录、微机控制等特点，可作精密定位和准直测量，可测量倾斜度、厚度、表面粗糙度和平直度，还可测量振动频率以及物体的动态行为。

工程建筑物及与工程有关的变形监测、分析及预报是工程测量学的重要研究内容之一。其中的变形分析和预报涉及变形观测数据处理。但变形分析和预报的范畴更广、属于多学科交叉。传统变形观测数据处理方法将变形观测数据处理分为变形的几何分析和物理解释。几何分析在于描述变形的空间及时间特性，主要包括模型初步鉴别、模型参数估计和模拟统计检验及最佳模型选取三个步骤。变形模型既可根据变形体的物理力学性质和地质信息选取，也可根据点场的位移矢量和变形过程曲线选取，另外，时间序列分析、灰色理论建模、卡尔曼滤波以及时间序列频域法分析中的主频率和振幅计算等也可看作变形的几何分析。变形的物理解释在于确定变形与引起变形的原因之间的关系，通常采用统计分析法和确定函数法。

用现代系统论为指导进行变形分析与预报是目前研究的一个方向。变形体是一个复杂的系统，它具有多层次高维的灰箱或黑箱式结构，是非线性的、开放性（耗散）的，它还具有随机性，这种随机性除包括外界干扰的不确定性外，还表现在对初始状态的敏感性和系统长期行为的混沌性。此外，还具有自相似性、突变性、自组织性和动态性等特征。按系统论方法，对变形体系统一般采用输入-输出模型和动力学方程两种建模方法进行研究，前者是针对黑箱或灰箱系统建模，时序分析、卡尔曼滤波、灰色系统建模、神经网络模型乃至多元回归分析法都可以视为输入-输出建模法。采用动力学方程建模与变形物理解释中的确定函数法相似，是根据系统运动的物理规律建立确定的微分方程来描述系统的运动演化。但对动力学方程不是通过有限元法求解，而是在对系统受力和变形认识的基础上，用低阶的简化的在数学上可解和可分析的模型来模拟变形过程，模型解算的结果基本符合客观事实。系统论方法涉及许多非线性科学知识，比如系统论、控制论、信息论、突变论、协同论、分形、混沌理论、耗散结构等。

　　大型特种精密工程建设和对测绘的要求是工程测量学发展的动力。将科研成果转化为生产力是科研的最终目的，工程测量作为一门应用性学科，这种转化尤为重要。它主要表现在软硬件的开发研制上。

　　测量机器人将作为多传感器集成系统在人工智能方面得到进一步发展，其应用范围将进一步扩大，影像、图形和数据处理方面的能力将进一步增强。在变形观测数据处理和大型工程建设中，将发展基于知识的信息系统，并进一步与大地测量、地球物理、工程地质、水文地质、土木工程等学科相结合，解决工程建设中以及运行期间的安全监测、灾害防治、环境保护等各种问题。工程测量将从土木工程测量、三维工业测量扩展到显微测量和显微图像处理。多传感器的混合测量系统将得到迅速发展和广泛应用，比如 GPS 接收机与电子全站仪或测量机器人的集成，可在大区域乃至国家范围内进行无控制网的各种测量工作。GPS、GIS 技术将紧密结合工程项目，在勘测、设计、施工管理一体化方面发挥重大作用。大型和复杂土木工程结构或设备的三维测量、几何重构以及质量控制将是工程测量学发展的一个亮点。数据处理中数学物理模型的建立、分析和辨识将成为工程测量学需要解决的重要问题。综上所述，工程测量学的发展，主要表现在从一维、二维到三维、四维，从点信息到面信息，从静态到动态，从后处理到实时处理，从人眼观测操作到机器人自动寻标观测，从大型特种工程到微观工程，从高空到地面、地下以及水下，从人工丈量到无接触遥测，从周期观测到持续测量，从毫米级精度到微米乃至纳米级。工程测量学的这些发展将对相关学科的发展起到一个重要的助推作用。

1.2　建筑构造的基本知识

　　建筑物是指供人们居住、生活以及从事生产和文化活动的房屋。建筑构造是建筑设计的组成部分，建筑设计不仅必须考虑建筑物与外部环境的协调、内部空间合理安排以及外部和内部的艺术效果，同时还必须提供切实可行的构造措施。建筑构造是专门研究建筑物各组成部分以及各部分之间的构造方法和组合原理的科学。建筑物构造组合原理是研究如何使建筑物的构件或配件最大限度地满足使用功能的要求并根据使用的要求进行构造方案设计的理论。构造方法则是在构造原理的指导下运用不同的建筑材料去有机地组成各种构配件以及使构配件牢固结合的具体方法。

1.2.1　建筑物的类型

建筑构造和建筑物的类型有关，不同类型的建筑物其建筑构造也不同。建筑物的种类很多，其分类方法也很多，一般可按建筑物的功能性质、某些特征和规律进行分类，如按建筑层数、主要承重结构材料、建筑的使用功能、建筑结构承重方式等划分。

民用建筑物按其高度和地上层数可分为低层建筑、多层建筑、高层建筑和超高层建筑。我国民用建筑一般把地上层数 1～3 层称为低层建筑；4～6 层称为多层建筑；7～9 层称为中高层建筑；10 层及以上称为高层建筑。除住宅建筑之外的民用建筑高度不大于 24m 者为单层和多层建筑，大于 24m 者为高层建筑（不包括建筑高度大于 24m 的单层公共建筑）；建筑高度大于 100m 的民用建筑为超高层建筑。工业建筑按层数分为单层厂房、多层厂房、混合层数的厂房。

建筑物按主要承重结构材料的不同可分为砖木结构建筑、砖混结构建筑、钢筋混凝土结构建筑、钢结构建筑、钢-钢筋混凝土结构建筑。砖木结构建筑建筑物的主要承重构件用砖木做成，一般竖向承重构件的墙体、柱子采用砖砌，水平承重构件的楼板、屋架采用木材，这类房屋的层数较低（3 层以下），多用在盛产木材的地区。砖混结构建筑是采用砖墙、钢筋混凝土楼板层、木屋架或钢筋混凝土屋顶构造的房屋（也称砖-钢筋混凝土混合结构），这类房屋的竖向承重结构采用砖墙或砖柱，水平承重构件采用钢筋混凝土楼板、大梁、过梁、屋面板（其中也包括少量的屋面采用木屋架），这种结构便于就地取材、节约钢材和水泥、降低造价，是我国十几年前广泛采用的一种结构类型。钢筋混凝土结构建筑的主要承重构件（比如梁、板、柱）均采用钢筋混凝土结构（而非承重墙则用砖砌或其他轻质材料做成），按其施工方式的不同可分为现浇钢筋混凝土和预制装配式钢筋混凝土结构，这种结构具有强度高、抗震性好、耐火性好、刚度大、平面布置灵活等优点，是目前应用广泛的结构，是可建成多层、高层、大跨度、大空间结构的建筑。钢结构建筑是指建筑物主要承重构件全部由钢材制作的结构，它具有强度高、构件重量轻、平面布局灵活、有良好的延性、抗震性能好、施工速度快等特点。钢-钢筋混凝土结构建筑的主要承重构件采用钢筋混凝土结构和钢结构，一般竖向承重构件的柱子采用钢筋混凝土，水平承重构件的屋架采用钢材（比如钢筋混凝土排架柱和钢屋架组成的单层工业厂房）。

建筑物按使用功能的不同可分为民用建筑、工业建筑、农业建筑等。民用建筑主要是指供人们生活、学习、工作的非生产性建筑，包括居住建筑和公共建筑，居住建筑主要是指供人们起居用的建筑物，比如住宅、宿舍等；公共建筑是指供人们从事政治、文化、行政办公、商业、生活服务等活动所需要的建筑物，包括政府机关或企业或事业单位的办公楼等行政办公建筑，医院、疗养院等医疗建筑，学校、图书馆、文化宫等文教建筑等。工业建筑主要是指人们进行工业生产所需要的各种房屋，比如主要生产厂房、辅助性生产厂房、动力用房、仓储建筑等。农业建筑是指供农副业生产和加工的各种建筑，比如粮仓、温室、保鲜库、畜禽饲养场、农副业产品加工厂、水产品养殖场等。

建筑物按建筑结构承重方式的不同可分为墙承重式、排架结构、框架结构、空间结构等形式。墙承重式主要用墙体来承受楼面及屋面传来的荷载，如砖石混合结构就是这种承重方式。排架结构主要承重体系由屋架（或屋面梁）和柱组成，屋架（或屋面梁）与柱的顶端为铰连接（通常为焊接或螺栓连接），而柱的下端嵌固（通常以细石混凝土连接）于基础内，单层工业厂房多数采用排架结构。框架结构主要承重体系由横梁和柱组成，但横梁和柱为刚接（钢筋混凝土结构通常通过端焊接或浇灌混凝土使其形成整体）连接从而构成一个整体框架，一般多层工业厂房或高层民用建筑多采用框架结构。空间结构采用空间网架、悬索及各种类型的壳体承受荷载，比如体育馆、展览馆等。

表 1-1　模数数列表

模数名称		基本模数	扩大模数						分模数		
模数基数	代号	1M	3M	6M	12M	15M	30M	60M	$\frac{1}{10}$M	$\frac{1}{5}$M	$\frac{1}{2}$M
	尺寸/mm	100	300	600	1200	1500	3000	6000	10	20	5
模数数列及幅度		100	300	600	1200	1500	3000	6000	10	20	50
		200	600	1200	2400	3000	6000	12000	20	40	100
		300	900	1800	3600	4500	9000	18000	30	60	150
		400	1200	2400	4800	6000	12000	24000	40	80	200
		500	1500	3000	6000	7500	15000	30000	50	100	250
		600	1800	3600	7200	9000	18000	36000	60	120	300
		700	2100	4200	8400	10500	21000		70	140	350
		800	2400	4800	9600	12000	24000		80	160	400
		900	2700	5400	10800		27000		90	180	450
		1000	3000	6000	12000		30000		100	200	500
		1100	3300	6600			33000		110	220	550
		1200	3600	7200			36000		120	240	600
		1300	3900	7800					130	260	650
		1400	4200	8400					140	280	700
		1500	4500	9000					150	300	750
		1600	4800	9600						320	800
		1700	5100							340	850
		1800	5400							360	900
		1900	5700							380	950
		2000	6000							400	1000
适用范围		建筑构件截面、门窗、洞口、开间、进深、层高等尺寸			建筑物的进深、楼距、层高及建筑配件的尺寸				用于缝隙、构造节点构、配件截面尺寸等		

发达国家的建筑业已普遍以机械化生产代替了简单的手工操作，我国建筑业也必须要用先进的大工业生产方式适应建筑工业化的需要。建筑工业化的典型特征是设计标准化、构件与配件生产工厂化、施工机械化与自动化。设计标准化是指统一设计构配件，尽量减少其类型，进而形成整个房屋或单元的标准化设计。构配件生产工业化是指在工厂里生产建筑构配件，逐步做到构配件商品化。施工机械化和自动化是指使用机械取代繁重的体力劳动。在建筑工业化上述三个特征中设计标准化是前提。

为实现设计的标准化必须使不同的建筑物及各部分之间的尺寸统一协调，为此我国颁布有《建筑模数协调标准》以作为设计、施工、构件制作、科研的尺寸依据。模数制中的模数以100mm为基本单位(称为一个模数)进行叠加和分割从而产生一系列尺寸数值并按等差级数的规律排列,我国国家标准把不同类型建筑物及其组成部分的尺寸数值具体规定在相应的范围内选用,模数分为基本模数、扩大模数、分模数等3类。基本模数是指模数尺寸中的最基本数值(用 M 表示,其长度 M=100mm),整个建筑或其一部分建筑物组合构件模数化尺寸都应该是基本模数的倍数。扩大模数是基本模数的整倍数,为减少类型、统一规格,我国《建筑模数协调统一标准》规定的扩大模数只选用了 3M(300mm)、6M(600mm)、12M(1200mm)、15M(1500mm)、30M(3000mm)、60M(6000mm)等 6 种规格。分模数是基本模数的分数,有 1/2M(50mm)、1/5M(20mm)、1/10M(10mm)等 3 种规格。由基本模数、扩大模数和分模数组成的模数系列称为模数制,模数数列见表 1-1。

为保证构件设计、生产、建筑制品等有关尺寸的统一协调,必须明确标志尺寸、构造尺寸和实际尺寸的定义及其相互间的关系(即所谓三种尺寸,见图 1-1 所示)。标志尺寸是指符合模数规定用以标注建筑物定位线(轴线)之间的距离以及建筑物制品、构配件及有关设备位置界限之间的尺寸(是应用最广泛的房屋构造的定位尺寸)。构造尺寸是指建筑制品、构配件等生产的设计尺寸(一般情况下,构造尺寸加上缝隙尺寸等于标志尺寸。缝隙尺寸的大小宜符合模数数列的规定)。实际尺寸是指建筑制品、建筑构配件的实际尺寸(实际尺寸与构造尺寸的差值应通过允许偏差的幅度加以限制)。

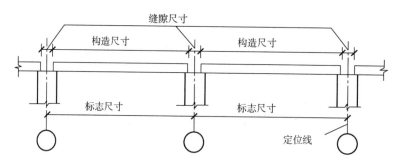

图 1-1　三种尺寸的关系

1.2.2　民用建筑的组成和作用

建筑物通常是由很多构件组成的,如一般民用建筑通常由基础、墙和柱、楼板层、楼梯、屋顶和门窗等基本构件组成的(见图 1-2),它们所处的位置不同则作用也不同,其中有的起承重作用,承受建筑物全部或部分荷载以确保建筑物的安全;有的起围护作用,保证建筑物的使用和耐久年限;有的构件则起承重和围护双重作用。基础是位于建筑物的最下部的承重构件,其作用是承受建筑物的全部荷载并把这些荷载传给地基,因此基础必须具有足够的强度和稳定性,同时应能抵御地下各种有害因素的侵蚀。墙是建筑物的竖向围护构件,多数情况下也为承重构件,其承受屋顶、楼层、楼梯等构件传来的荷载并将这些荷载传给基础,外墙分隔建筑物内外空间以抵御自然界各种因素对室内的侵袭,内墙分隔建筑内部空间以避免各空间之间的相互干扰,依据功能不同要求墙体应分别具有足够的强度和稳定性以及保温、隔热、防火、防水等功能并且应具有耐久性和经济性。为了扩大建筑物空间、提高空间灵活性、满足结构需要,有时也用柱来代替墙体作为建筑物竖向承重构件。楼层是楼房建筑中水平方向的承重构件,其按房间层高将整幢建筑物沿水平方向分为若干部分。楼板层承受家具、设备、人体、隔墙等荷载及本身自重并将这些荷载传给墙和柱,同时,楼板层还对墙身起着水平支撑作用以增加墙的稳定性,楼板层必须具有足够的强度和刚度,根据上下空间的使用特点其还应具有隔声、防水、保温、隔热、防潮等功能。地层是底层房间与土壤的隔离构件,除承受作用其上的荷载外还应具有防水、防潮、保温等功能。楼梯是楼层间竖向交通设施,平时供给人们上下楼层;遇火灾、地震等紧急情况时可供人们紧急疏散,楼梯应满足坚固、安全和足够通行能力的要求,高层建筑中除应设置楼梯外还应设置电梯。屋顶是建筑物顶部的承重构件和围护构件,它承受屋顶的全部荷载并将荷载传给墙或柱,其作为围护构件抵御着自然界中的雨、雪、太阳辐射等,屋顶应具有足够的强度、刚度以及防水、保温、隔热等性能。门的主要功能是交通出入、分隔和联系内部与外部或室内空间,有的还兼起通风和采光作用。窗的主要功能是采光和通风。门和窗均属围护构件,根据建筑物所处环境的不同,门窗应具有保温、隔热、节能、隔声、防风沙等功能。一般说来,基础、墙柱、楼板层、屋顶是建筑物的主体部分,门窗、楼梯是建筑物的附属部分。建筑物中,除以上基本组成构件外,还有许多为人们使用或建筑物本身所必需的其他构件和设施(比如阳台、雨篷、烟道、垃圾井、台阶等)。

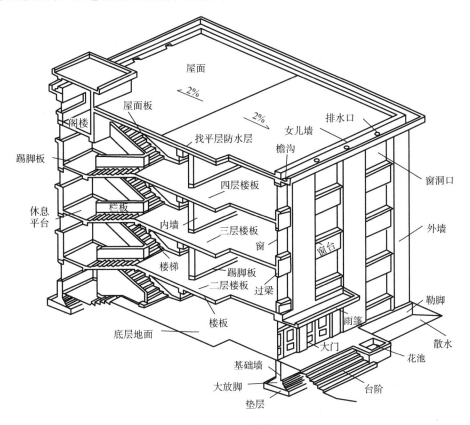

图 1-2　房屋建筑的组成

1.2.3　单层厂房的基本组成和作用

单层厂房的结构类型主要分为承重墙结构和骨架结构两种,大多数情况下单层工业厂房均采用钢筋混凝土骨架结构,仅当厂房的跨度、高度、吊车荷载较小及地震烈度较低时才用承重墙结构。装配式钢筋混凝土骨架结构的单层厂房以其坚固耐久、承载力大、构件预制装配和运输简便等特点广泛应用于大型工业建筑中,这种体系由两大部分组成(即承重构件和围护构件,见图 1-3)。

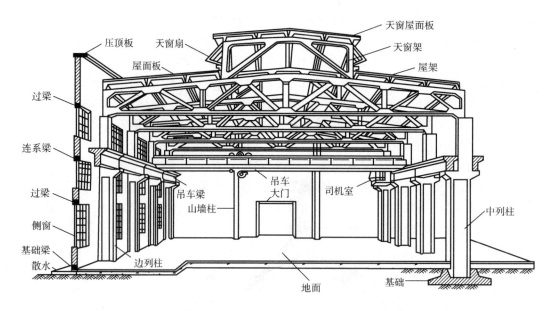

图 1-3　装配式钢筋混凝土结构单层厂房的构件组成

　　单层厂房的承重构件主要包括排架柱、基础、屋架、屋面板、吊车梁、连系梁或圈梁、基础梁、抗风柱（山墙柱）等。排架柱是厂房结构的主要承重构件，其承受屋架、吊车梁、支撑、连系梁和外墙传来的荷载并把这些荷载传给基础。基础承受柱和基础梁的荷载及它们传递来的荷载并将所有荷载传给地基。屋架承受屋面板、屋面、天窗荷载及它们传递来的荷载（有的还承受悬挂式吊车和被起吊重物的荷载）。屋面板铺设在屋架、檩条或天窗架上直接承受板上的各种荷载并将荷载传给屋架。吊车梁上装有吊车轨道，吊车沿着吊车轨道行驶，吊车梁承受吊车的重量及吊车行驶中的冲击力并把这些荷载传给排架梁。连系梁或圈梁的主要作用是为了增加外墙的稳定性，其把同一列柱相互连系起来以提高排架的纵向刚度（同时兼起窗过梁的作用），其承受风荷载和墙体荷载并将荷载传给纵向柱列。基础梁主要承受外墙重量并把它传给基础。单层厂房山墙面积较大，所受风荷载也大，故在山墙内侧一般应设置抗风柱，在山墙受风荷载作用时，一部分荷载由抗风柱上端通过屋顶系统传到厂房纵向骨架上去，一部分荷载由抗风柱传给基础。图 1-4 显示了各承重构件的荷载传递关系。屋架、柱、基础组成厂房的横向排架，连系梁、吊车梁、圈梁、屋面板和支撑构件均为纵向连系构件（它们将横向排架连成一体共同组成坚固的骨架结构系统）。

　　单层厂房的围护构件主要包括屋面、外墙、门窗、地面等。单层厂房的屋顶面积较大，它是厂房围护构件的主要部分，其受自然条件直接影响，必须处理好屋面的排水、防水、保温、隔热等问题。厂房外墙通常采用自承重墙形式，其除承受自重及风荷载外主要起防风、防雨、保温、隔热、遮阳、防火等作用。门的主要作用是交通和运输，窗的作用则是采光和通风。厂房的地面应满足生产及运输要求并为厂房提供良好室内劳动环境。

　　单层厂房的其他构件还有吊车梯、隔断、走道梯、屋面检修梯、平台、作业梯、扶手、栏杆等。吊车梯是供吊车驾驶员上下使用的梯子。隔断是为满足生产使用或便于生产管理分隔空间而设置的。走道梯是为工人检修吊车和轨道而设置的。屋面检修梯是指为检修屋面和消防人员设置的梯子。

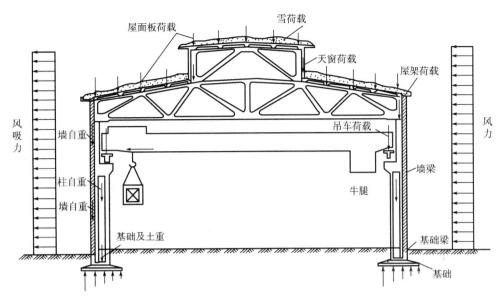

图 1-4 单层厂房结构主要荷载示意图

1.2.4 影响建筑构造的因素

建筑物处于自然环境和人为环境中会受到各种自然因素和人为因素的作用,为提高建筑物的使用质量和耐久年限,建筑构造设计时必须充分考虑各种因素的影响,应尽量利用其有利因素、避免或减轻不利因素的影响以提高建筑物的抵御能力,应根据影响程度采取相应的构造方案和措施。影响建筑构造的因素主要有自然环境因素的影响、人为因素的影响、外力作用的影响、物质技术条件的影响、经济条件的影响等 5 个方面。

建筑物处于不同的地理环境,各地自然环境差异很大。建筑构造设计必须与各地的气候特点相适应。自然环境因素影响(即大气温度、太阳热辐射以及风雨冰雪等)是影响建筑物使用质量和建筑寿命的重要因素。对自然环境的影响估计不足、设计不当就可能会造成渗水、漏水、冷风渗透,室内过热、过冷,构件开裂、破损,甚至建筑物倒塌等后果。为防止和减轻自然因素对建筑物的危害、保证正常使用和耐久性,构件设计中应针对不同自然气候特点、影响的性质和程度对建筑物各部位采取相应防范措施(如防潮、防水、保温、防冻等)。

人类的生产和生活等活动也会对建筑物产生影响(如机械振动,化学腐蚀,噪声,生活生产用水、用火及各种辐射等),在建筑构造设计时必须针对性地采取相应的防范措施(如隔热、防腐、防水、防火、防辐射等)以保证建筑物的正常使用。

作用在建筑物上的各种外力称为荷载,荷载又分为永久荷载(恒荷载)和可变荷载(活荷载)。恒荷载主要是建筑物构配件的自重。活荷载包括人、家具、设备等使用荷载以及风力、地震等产生的荷载。荷载的大小和作用方式决定了结构形式、构件的用材、形状和尺寸,而构件的选材、形状和尺寸都与建筑物构造设计关系密切。风荷载是高层建筑水平荷载的主要因素,风距地面的高度不同风压大小也不同,设计时应按照有关规范严格执行。地震对建筑的影响和破坏程度很大,在设计建筑构造时应考虑地震荷载对建筑物的影响,应根据国家规定的设防标准对建筑物进行抗震设计并确定合理的抗震构造措施。

建筑材料、结构、设备和施工技术等物质条件是构成建筑的基本要素之一,建筑构造受它们的影响和制约。由于建筑业新材料、新结构、新设备以及新的施工方法不断出现,建筑构造要解决的问题也越来越多、越来越复杂,因此,在构造设计中要综合解决好采光、通风、保温、隔热、隔声等问题,应以构造原理为基础不断发展和创造新的构造方案。

建筑构造受国家经济条件的制约,必须考虑经济效益。在确保工程质量的前提下既要降低建造过程中的材料、能源和动力消耗,又要有利于降低使用过程中的维护和管理费用。同时,在设计过程中要根据建筑物的不同等级和质量标准在材料选择和构造方式上给予区别对待。各类新型装修材料的出现使人们对建筑的使用要求越来越高,对建筑构造的要求也将随经济条件的改变而不断发生变化。

1.2.5　房屋构造设计原则

建筑构造方案选择直接影响建筑物的各种功能的发挥(比如使用功能、抵御自然侵袭的能力、结构的安全可靠性、造价的经济性以及建筑的整体艺术效果),建筑构造设计要遵循五条原则:应满足建筑物的功能要求;保证结构坚固并有利于结构安全;适应建筑工业化需要;考虑建筑经济、社会和环境的综合效益;注意美观。满足使用功能要求是确定构造方案的首要原则,建筑物由于所在地区不同、用途不同,在建筑设计中会对建筑构造提出诸如保温、隔热、隔声、吸声、采光、通风等不同要求(比如北方建筑要求保温,而南方建筑要求隔热;剧院、音乐厅等要求吸声;住宅要求隔声等),为满足建筑物各项功能要求必须综合地运用有关的知识来选择和确定经济合理的构造方案。建筑物除应根据荷载大小、结构的强度、刚度、稳定性等要求来确定构件的必要尺寸外,在构造上还须采取有效措施以使构件与构件之间连接可靠从而保证构件的整体刚度进而确保建筑物在使用时的安全。所确定的构造方案要符合当地的施工条件并应便于施工,同时,应大力推广先进技术并尽量采用各种新型建筑材料、采用标准设计、使用定型构配件,应为构件、配件生产的工厂化、现场施工机械化创造条件以适应建筑工业化的需要。建筑构造设计在选择材料上应以保证建筑物坚固耐久为前提,应注意节约钢材、木材、水泥三大建筑材料,应尽量利用当地材料和工业废料,构造设计时应考虑降低建筑造价、减少材料消耗、降低维修和管理的费用,同时,还必须保证建筑的工程质量。建筑构件的选型、尺寸、色彩、材料质感以及制作的精细程度直接影响建筑的整体艺术效果,在建筑构造设计时应认真研究设计出新的优美空间环境。

总之,在建筑构造设计中要做到"坚固适用、经济合理、美观大方",应结合我国国情充分考虑建筑物的功能、所处的自然环境、材料供应情况以及施工条件等因素,应通过对不同设计方案的分析、比较,选择确定出最佳的方案。

1.3　建筑施工图的基本知识

建筑施工图是表示房屋的总体布局、内外形状、平面布置、建筑构造及装修做法的图样,它是运用平行正投影原理及有关专业知识绘制的工程图样,是指导施工的主要技术资料。房屋设计过程一般分为方案设计、初步设计、技术设计、施工图设计等阶段。施工图设计阶段所出的图样称为施工图,是最终用于房屋建造施工的依据。施工图按照其内容、作用的不同可分为建筑施工图、结构施工图、设备施工图等几种。建筑施工图简称建施图,主要反映建筑物的规划位置、形状与内外装修,构造及施工要求等,建筑施工图包括首页(图纸目录、设计总说明等)、总平面图、平面图、立面图、剖面图和详图。结构施工图简称结施图,主要反映建筑物承重结构位置、构件类型、材料、尺寸和构造做法等,结构施工图包括结构设计说明、基础图、结构布置平面图和各种结构构件详图。设备施工图简称设施图,主要反映建筑物的给水、排水、采暖、通风、电气等各种设备的布置和施工要求等,设备施工图包括设备的平面布置图、系统图和详图。

建筑总平面图简称总平面图。为了反映新设计的建筑物的位置、朝向及其与周围环境(如原有建筑、道路、绿化、地形等)的相互关系,在画有等高线或加上坐标的方格网(对于一些较简单的工程,有时也可不画出等高线和坐标方格网)的地形图上,以图例形式画出新建建筑、原有建筑、预拆除建筑等的外围轮廓线、建筑物周围道路、绿化区域等的平面图,加上该地区的风向频率玫瑰图就形成总平面图(图1-5所示为某住宅小区的总平面图),总平面图是新设计的建筑物定位、放线和布置施工现场的依据。由于总平面图包括的范围较广,故一般采用较小的比例(比如1∶500、1∶1000、1∶2000),总平面图中常用图例画法以及线型要求应遵守相关规范,总平面图中标高单位为"m"(一般注写到小数后第三位)。

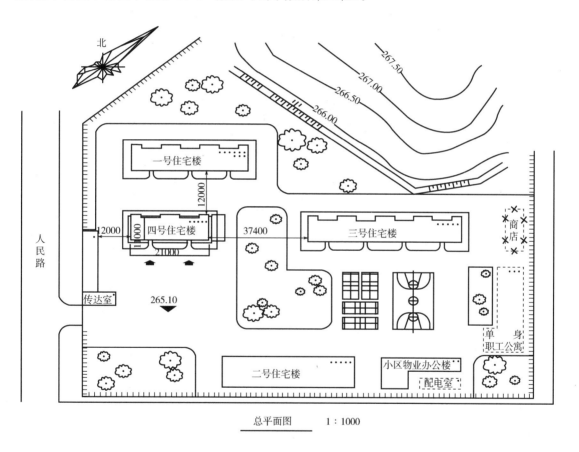

图1-5 某住宅小区总平面图

1.3.1 建筑平面图

建筑平面图实际是房屋的一个水平剖面图,是假想用一个水平剖切平面经过门、窗洞口将房屋整个剖开,移去剖切面以上部分,再将余下部分投影成图。这样画出的剖面图即建筑平面图,简称为平面图(见图1-6)。平面图主要表达房屋建筑的平面形状、房间布置、内外交通联系、以及墙、柱、门窗等构配件的位置、尺寸、材料、做法等内容,是房屋建造、设备安装、装修、以及编制概预算、备料的重要依据。

　　建筑平面图由其"底层平面图""二层平面图"等若干个平面图组成。底层平面图应画出该房屋的平面形状、各房间的分隔和组合、出入口、门厅、楼梯等的布置和相互关系、各门窗的位置以及与本栋房屋有关的室外的台阶、散水、花池等的投影。二层平面图除画出房屋二层范围的投影内容之外,还应画出底层平面图无法表达的雨篷、阳台、窗楣等内容,而对于底层平面图上已表达清楚的台阶、花池、散水等内容就不再画出。三层以上的平面图则只需画出本层的投影内容及下一层的窗楣、雨篷等这些下一层无法表达的内容。

　　由于平面图的比例较小,实际作图中常用1∶100的比例绘制,所以门、窗等投影难以详尽表示,便采用相应规范规定的图例来表达,而相应的详尽情况则另用较大比例的详图来表达。在平面图中,凡是被剖切到的断面部分应画出材料图例,但在1∶200和1∶100小比例的平面图中剖到的砖墙一般不画材料图例(或在透明图纸的背面涂红表示),在1∶50的平面图中小砖墙也可不画图例(但在大于1∶50时应该画上材料图例)。剖到的钢筋混凝土结构件的断面当小于1∶50的比例时(或断面较窄,不易画出图例线)可涂黑表示。

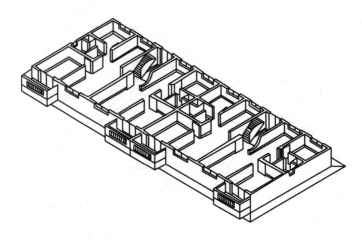

(a)直观图

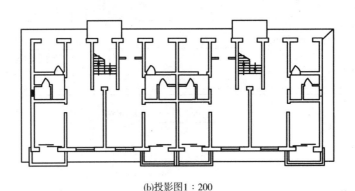

(b)投影图1∶200

图1-6　建筑平面图的形成

　　按相关规范规定,建筑平面图的线型画法如下:凡是剖到的墙、柱断面轮廓线,宜画粗实线,门窗的开启示意线用中粗实线表示,其余可见投影线(如窗台、台阶、梯段等)则用细实线表示。

房屋中承受重量的墙或柱其数量、类型都很多,为确保工程质量、准确施工定位,在建筑平面图中采用轴线网格划分平面,这些轴线叫定位轴线。定位轴线是确定房屋主要承重构件(墙、柱、梁)位置及标注尺寸的基线。相关规范规定平面图上定位轴线的编号宜标注在图样的下方与左侧,水平方向的轴线自左至右用阿拉伯数字依次连续编号,竖直方向的编号则用大写拉丁字母由下而上顺序编写(并除去 I、O、Z 三个字母,以免与阿拉伯数字中 0、1、2 三个数字混淆)。编号圆用细实线绘制,直径为 8～10mm,见图 1-7(a)所示。如果建筑平面形状较特殊,也可采用分区编号的形式来编注轴线,其方式为"分区号-该区轴线号"[图 1-7(b)]。一般承重墙及外墙编为主轴线,非承重墙、隔墙等编为附加轴线(亦称分轴线)。

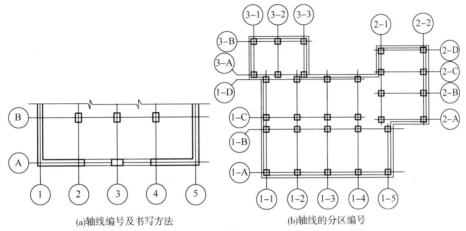

(a)轴线编号及书写方法　　　　　　(b)轴线的分区编号

图 1-7　定位轴线的编号及画法

建筑平面图标注的尺寸有外部尺寸和内部尺寸。外部尺寸在水平方向和竖直方向各标注三道,最外一道尺寸标注房屋水平方向的总长、总宽,称为总尺寸;中间一道尺寸标注房屋的开间、进深,称为轴线尺寸(一般情况下两横墙之间的距离称为"开间";两纵墙之间的距离称为"进深");最里边一道尺寸以轴线定位的标注房屋外墙的墙段及门窗洞口尺寸,称为细部尺寸。内部尺寸应标注各房间长、宽方向的净空尺寸,墙厚及轴线的关系、柱子截面、房屋内部门窗洞口、门垛等细部尺寸。标高、门窗编号应遵守相关规定,平面图中应标注不同楼层地面高度及室内外地坪等标高(为编制概预算的统计与施工备料,平面图上所用的门窗都应进行编号。门常用"M1""M2"或"M-1""M-2"等表示,窗常用"C1""C2"或"C-1""C-2"等表示)。

一栋房屋究竟应该出多少平面图是要根据房屋复杂程度确定。一般情况下,房屋有几层就应画几个平面图并在图的下方标注相应的图名(如"底层平面图""顶层平面图"等;图名下方应加一粗实线,图名右方标注比例)。当房屋中间若干层的平面布局、构造情况完全一致时,则可用一个标准层表达这些相同的各层,称之为"标准层平面图"。若中间某些层中有局部改变,也可单独出一局部平面图。另外,对于平屋顶房屋,为表明屋面排水组织及附属设施的设置状况还要绘制一个较小比例的屋顶平面图。从底层平面图可看出建筑平面形状,还应表示室外散水的投影,还应画出指北针以表明房屋的朝向(指北针的圆圈直径为 24mm,其尾部宽3mm,线型为细实线)。标准层平面图除了不表示室外散水、剖切平面的位置以及楼梯间表示方法及标高数据与底层平面图不同外,其余都与底层平面图一致。顶层平面图除了楼梯间表示方法及标高数与标准层平面图不同外,其余都与其一致。所以,有时也可以单独出一个顶层楼梯间平面图而将标准层扩大到顶层,此时也可将图名标为"二～n 层平面图"。屋顶平面图是屋顶的水平投影,可见轮廓线的投影均用细实线表示。屋顶平面图是用来表达房屋屋顶的形状、女儿墙位置、屋面排水方式、落水管位置等的图形,屋顶平面图的比例常用 1∶100 或 1∶200的比例绘制。

1.3.2　建筑剖面图

房屋的剖面图就是房屋的铅直剖面。房屋剖面图可为单一剖面也可为阶梯剖面,既可采用横剖面也可采用纵剖面或其他剖面(民用房屋多采用横剖面)。图 1-8 是某住宅剖面形成的直观图与剖面图。建筑剖面图主要用来表达房屋内部结构形式、沿高度方向分层情况、门窗洞口高、层高及建筑总高等。剖面图常用比例为 1∶50、1∶100 和 1∶200,一般应尽量与平面图、立面图的比例相一致,但有时也可用较平面图比例稍大的比例。由于比例较小,剖面图中的门、窗等构件也采用相关规范规定的图例来表示。剖面图的线型应遵守相关规范规定,凡是剖到的墙、板、梁等构件剖切线用粗实线表示,没有剖到的其他构件的轮廓线则常用细实线表示。为清楚表达建筑各部分的材料及构造层次,当剖面图比例大于 1∶50 时应在剖到的构件断面画出其材料图例,当剖面图比例小于时则不画具体材料图例。

剖面图是说明建筑物竖向布置的主要依据,因此剖面图中有两种尺寸标注的方式,即线性尺寸和标高尺寸。剖面图中的线性尺寸共有 3 道,靠近外墙轮廓线的为第一道,称分段尺寸;在分段尺寸之外表示层高和休息平台高度的尺寸为第二道尺寸;第三道尺寸即最外边的一道尺寸(用来表明建筑物总高)。此外,室内、室外的一些细部构造的竖向尺寸也应标明。为了便于与平面图对照,剖面图中还把外墙或柱的轴线之间跨度尺寸标出。对建筑物中一些重要的表面,在剖面图中还必须以标高的形式表明其高度,比如:地面、楼面的高度,休息平台、阳台、窗台以及吊顶、过梁等处的表面的高度均应标明其高度。对诸如地面、楼面、屋面等处的构造层次较多又无法具体表明其具体材料及做法时可用分层注解的方式进行说明。对于剖面图中尚未表示清楚的一些局部或节点,必须用较大比例的图样说明其构造和做法。

剖面的剖切位置均应在底层平面图中给出。为了能以较少的剖面达到尽可能充分表现房屋的内部结构,剖面一般应选在门厅、楼梯间等构造较复杂的部位进行剖切;另外也应选择那些能反映不同类型房屋的内部结构的具有代表性的部位进行剖切。

1.3.3　建筑立面图

建筑立面图实际就是用正投影法将房屋各个墙面进行投影所得到的正投影图。立面图主要用来表达房屋的外部造型、门窗位置及形式、外墙面装修、阳台、雨篷等部分的材料和做法等。立面图应根据正投影原理绘出建筑物外轮廓线、构配件、墙面做法及必要的尺寸和标高等。由于比例较小,立面图上的门、窗等构件也用图例表示。相同的门窗、阳台、外檐装修、构造做法等可在局部重点表示,绘出其完整图形,其余部分只画轮廓线。外墙表面分格线在立面图上应表示清楚并用文字说明各部位所用面材及色彩。

立面图的比例一般应与平面图相同。为使立面图轮廓清晰、层次分明,通常用粗实线表示立面图的最外轮廓线,外形轮廓线以内的,如凸出墙面的雨篷、阳台、柱子、窗台、屋檐的下檐线以及窗洞、门洞等用中粗线画出,地平线用标准粗度的 1.2～1.4 倍的加粗线画出且两端都要伸出外墙轮廓线之外 15～20mm,其余,如立面图中的腰线、粉刷线、窗楞线等细部均采用细实线画出。立面图中的尺寸不宜过多,否则会影响立面的建筑美感,为确保施工准确应给出一些其他投影中还没有反映出的尺寸和进行外粉刷时所需的尺寸。为便于与平面图对照,还需将立面两侧外墙的轴线及编号绘出。

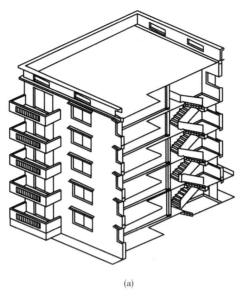

(a)

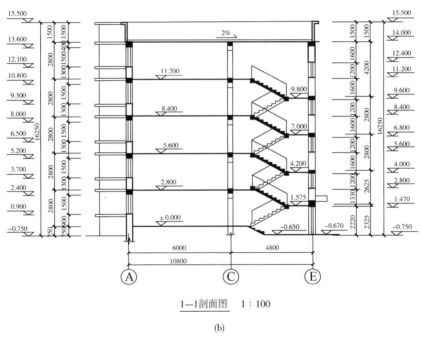

1—1剖面图　1∶100

(b)

图 1-8　剖面图的形成

　　立面图图名常用以下三种方式命名：以建筑各墙面的朝向来命名，如东立面图、西立面图、南立面图、北立面图；以建筑主要出入口所在的位置命名，如主要出入口所在的面称为正立面图或主立面图，与其对应的一侧称为背立面图；以建筑两端定位轴线编号命名，如①—⑬立面图、Ⓐ—Ⓔ立面图等。相关规范规定有定位轴线的建筑物宜根据两端定位轴线号编注立面图的名称。一个建筑物究竟取几个立面应视建筑本身复杂程度而定，如果建筑物的各个表面的形式或粉刷做法均不相同时需一一画出各自立面，对于较简单的对称式建筑物或对称的构配件等在不影响构造处理和施工的情况下立面图可绘制一半，并在对称轴线处画对称符号。

　　建筑形体一般都比较大，将所有的平、剖、立面图都画在同一张图纸上有困难，因而常将其分开绘制。但为了便于绘制和阅读,画图时还是力求使房屋的平、剖、立面图符合投影关系。为此常将房屋的正立面图和底层平面图放在同一张图纸内,并选用相同的绘图比例。立面图在上,平面图在下,使其符合投影关系。画图时应先画平面图,再画立面图;当平、剖、立面图都画在同一张施工图内时,则应先画平面再画剖面,再由平面、剖面根据"长对正、高平齐"的投影原理画出立面图。绘制建筑施工图总的原则是:从大到小,从总体到局部。住宅楼底层平面图的绘制步骤有 5 步:①根据房屋的开间、进深尺寸确定轴线位置画出轴线网;②根据轴线位置、墙的尺寸画出墙厚;③根据门窗相对轴线的相对位置尺寸定出门窗洞口的位置;④画出楼梯梯段踏步及其他细部构造的投影;⑤将已画好的底稿进行审核,无误后标注尺寸,注写文字,将图线加深。剖面图的画图步骤有 4 步:①确定进深轴线、定室内外地坪、划分层高及休息平台高;②定墙厚、楼板厚、门窗洞口及梯段的长、高画方格网;③画踏步、栏板及其他细部;④标注尺寸、注写文字、加深图线。立面图的绘制步骤有 4 步:①确定室内外地坪线、建筑外轮廓线等;②划分门窗洞口(根据其尺寸或根据各层层高尺寸确定其位置)、墙柱、腰线等次要轮廓;③画门窗细部及墙面粉刷线、台阶、雨篷等细部;④画材料符号、写文字说明、标注适当的尺寸和加深图线。

1.4　建筑测量的程序及基本要求

普通测量工作的基本任务是确定地面点的空间位置(三维位置),由于普通测量一般都是在小范围内进行的,因此,地面点的空间位置的表达大多采用高斯平面直角坐标(或独立平面直角坐标)加高程的形式。

见图 1-9,假设地面上 2 个点(A、B)的三维坐标已知,我们就可以根据这 2 个点确定周围任何一个点的位置。比如,要测定房角 1 的三维坐标,则在 B 点上利用水平角测量设备测出平面角 β_1、利用尺子丈量出 B1 间的水平距离(平面长度)D_{B1}、利用高差测量设备测出 B1 点间的高差 h_{B1},根据平面解析几何原理,A、B 位置已定情况下,β_1、D_{B1} 确定了则 1 点的平面位置也就确定了,B 点高程已知、h_{B1} 测定了也就意味着 1 点的高程确定了。同理,对于任何一个未知点,只要测定它与已知点间的平面角 β、水平距离 D、高差 h 就可确定其三维坐标。所以角度、距离、高差就成了普通测量的 3 个最基本的工作任务。

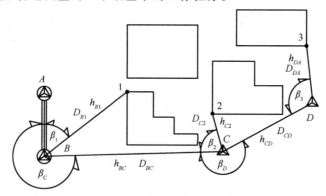

图 1-9　普通测量的工作过程

普通测量的 3 个最基本工作任务中的角度包括水平角、竖直角、方位角;距离指水平距离。能进行水平角和竖直角测量工作的仪器有经纬仪、电子全站仪;能进行方位角测量工作的仪器有陀螺仪、罗盘仪;能进行距离测量工作的仪器有电磁波测距仪、电子全站仪、GPS、钢尺;能进行高差测量工作的仪器有水准仪、电子全站仪、GPS、经纬仪。从事建筑测量必须熟练掌握上述仪器的使用方法。过去测量工作的三大件是钢尺、经纬仪、水准仪,目前钢尺已被手持式激光测距仪代替、经纬仪已被电子全站仪代替,因此,现代测量工作的三大件是电子全站仪(含手持式激光测距仪)、GPS、水准仪。

在图 1-9 中,若要确定房角 2 点的三维坐标,直接通过 A、B 是无法办到的,因为 A、B 点均无法看到 2 点,即 β、D 无法测量,为此,我们必须先在 2 点附近找一个既能看到 2 点又能看到 A、B 中某一个的 C 点,在 B 点用测量 1 点的方法定出 C 点的三维坐标,再在 C 点上用通过 B 点测量 1 点的相同的方法定出 2 点的三维坐标。同样,要确定房角 3 点的三维坐标,直接通过 A、B 也无法办到,利用已测出三维坐标的 C 点也办不到(因为 C 点也无法看到 3 点),因此,必须在 3 点附近找一个既能看到 3 点又能看到 C 点的 D 点,在 C 点用测量 1 点的方法定出 D 点的三维坐标,再在 D 点用测量 1 点的方法定出 3 点的三维坐标。这就是测量的最简单的作业方法。不难理解,这种接力式的测量方法,接力传递的次数越多,测量的误差就越大,因为,每次测量都存在误差,前一次测量的误差必然会带到后一次的测量结果中,这就是测量误差的累积作用,因此,要控制测量误差的累积就必须采取相应的措施,这些措施就构成了测量工作的基本原则。测量工作的基本原则是"由高级到低级,先整体后局部,先控制后碎部"。首先构建全面覆盖全部国土范围的高精度国家天文大地网,通过国家天文大地网控制小区域的地方性控制网,再通过小区域的地方性控制网控制小范围的各种测量控制点(如图 1-9 中的 A、B 点),小范围的各种测量控制点控制零星的测量工作(如图 1-9 中的房角点 1、2、3 点)。国家天文大地网(简称国家大地网)是在全国领土范围内由互相联系的大地测量点(简称大地点)构成的,大地点上设有固定标志以便长期保存,国家大地网采用逐级控制、分级布设的原则并分一、二、三、四 4 个等级,目前国家大地网采用 GPS 技术布设以代替传统的三角测量法及导线测量法。在全国领土范围内,由一系列按国家统一规范测定高程的水准点构成的网称为国家水准网,水准点上设有固定标志以便长期保存并为国家各项建设和科学研究提供高程资料。国家水准网按逐级控制、分级布设的原则也分为一、二、三、四 4 个等级。一等水准是国家高程控制的骨干,沿地质构造稳定和坡度平缓的交通线布满全国,构成网状。二等水准是国家高程控制网的全面基础,一般沿铁路、公路和河流布设。沿一、二等水准路线还要进行重力测量以提供重力改正数据。一、二等水唯测量称为精密水准测量。三、四等水准直接为测制地形图和各项工程建设用。全国各地地面点的高程,不论是高山、平原及江河湖面的高程都是根据国家水准网统一传算的。

建筑测量员的基本任务可概括为"测、算、绘、放"4 个字,"测"就是利用测量仪器或工具在实地测出需要的相关数据(长度、角度、高差等),"算"就是对实地测出的相关数据进行处理(如计算坐标、高程),"绘"就是将测量结果绘制成图,"放"就是利用测量仪器或工具将各种工程设计位置在实地进行标定。

第2章 水准仪

水准仪是在 17—18 世纪发明了望远镜和水准器后出现的,20 世纪初在制出内调焦望远镜和符合水准器的基础上生产出了微倾水准仪,20 世纪 50 年代初出现了自动安平水准仪,20 世纪 60 年代出现了激光水准仪,20 世纪 90 年代出现了数字水准仪。水准仪是建立水平视线测定地面两点间高差的仪器,主要部件有望远镜、管水准器(或补偿器)、竖轴、基座、脚螺旋。按结构分为微倾水准仪、自动安平水准仪、激光水准仪和电子水准仪(又称数字水准仪);按精度分为精密水准仪和普通水准仪。

2.1 光学水准仪的构造

2.1.1 水准测量的基准

水准测量的基准是水准面。水准面是重力等位面,可理解为自由静止的水面,水准面有无数多个。人们将与平均海水面吻合程度最高的水准面称为大地水准面,大地水准面所包围的形体称为大地体,大地体即为地球的物理形状。大地水准面只有一个,可理解为自由静止的等密度海水在恒温、恒压、无潮汐、无波浪情况下向陆地内部延伸后所形成的封闭海水面。大地水准面是一个极端理想化的曲面,是不可能准确建立起来的,只能随着各方面条件的改善逐步趋近。精确的大地水准面无法建立,只能建立一个接近于它的替代品,这个替代品就是国家水准面。所谓国家水准面就是符合国家基本地理特征和需求的水准面,具有国家唯一性,国家水准面是一个国家统一的高程起算面。我国的国家水准面是青岛验潮站求出的黄海平均海水面。以青岛验潮站 1950—1956 年的潮汐资料推求的平均海水面作为我国的高程基准面(国家水准面)的系统称为"1956 黄海高程系统"。根据 1952—1979 年的验潮站资料确定的平均海水面作为我国新的高程基准面的系统称为"1985 国家高程基准"。我国国家水准面的基准体系是建立在青岛的水准原点网,该网由 1 个主点(国家水准原点,见图 2-1)、6 个参考点和附点共同组成。"1956 黄海高程系统"的水准原点高程为 72.289m,"1985 国家高程基准"的水准原点高程为 72.260m。目前,"1956 黄海高程系统"已经废止。在利用高程数据时一定要弄清其归属的"高程系统","高程系统"不同时应根据"水准原点"高程差换算为同一个系统。

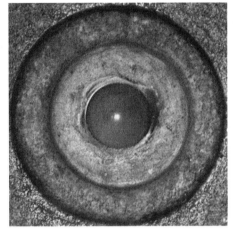

(a) 水准原点室　　　　　　　　　　　　(b) 水准原点标志

图 2-1　中国国家水准原点

　　高程有很多种,常用的高程有正高、正常高、海拔高、大地高。正高高程(简称正高)是地面点沿铅垂线方向到大地水准面的距离,记为 $H_\times$("×"代表点名),由于大地水准面难以准确确定,故正高高程也难以准确确定,因此,测绘和工程建设领域一般不采用正高高程系统。正常高高程(简称正常高)是地面点沿铅垂线方向到似大地水准面的距离,也记为 $H_\times$("×"代表点名),似大地水准面是一个数学水准面,因此,正常高可以以很高的精度确定,故测绘和工程建设领域普遍采用正常高系统(一般情况下,不特别声明时的高程均是指正常高,用水准仪获得的高差为正常高高差)。海拔高高程(简称海拔高或海拔)是地面点沿铅垂线方向到平均海水面的距离,也记为 $H_\times$("×"代表点名),大地水准面不是平均海水面(是对平均海水面的无限逼近),故海拔高高程也不容易准确确定,因此,测绘和工程建设领域一般也不采用海拔高高程。大地高高程(简称大地高)是地面点沿法线方向到参考椭球面的距离,记为 $h_\times$("×"代表点名),大地高是数学高,可以准确确定,GPS 显示的高程就是大地高。测绘工作中除了采用水准测量原理获得的高程为正常高外基本都是大地高,比如三角高程、全站仪测高等。大地高的基准面是参考椭球面,参考椭球面与大地水准面(似大地水准面)间的差距是波动的(这种差距称为高程异常,只有准确获得高程异常、大地高才能转化为正常高)。在一些特殊的场合,如地下采矿、地下施工、建筑工程、桥梁工程等为满足某些需要人们也采用相对高程,地面点沿铅垂线方向到设定水准面的距离称为该点相对于该水准面的相对高程,记为 $H^+_\times$("×"代表点名、"+"代表设定水准面),土木工程中的"±0"系统就是典型的相对高程系统,土木工程中的"±0=19.566m"是指一层地坪("±0"位置)的正常高(国家高程系统)为 19.566m。

　　两个点的高低比较是用"高差"来衡量的,所谓高差就是两点相对于同一基准面的同名高程之差,记为 $h_{+\times}$,"+""×"为 2 个点的名称,高差计算公式为

$$h_{AB} = H_B - H_A \tag{2-1}$$

h_{AB} 的含义是由 A 到 B 高程增加多少。同样,可有

$$h_{BA} = H_A - H_B \tag{2-2}$$

h_{AB} 与 h_{BA} 互称正反高差,两者互为相反数(即大小相等、符号相反)。

2.1.2 水准仪的测高原理

利用水准仪获得高程的方法称为水准测量,水准测量是利用能提供水平视线的仪器(水准仪)测定地面点间的高差,进而推算高程的一种方法。见图 2-2 中,为求出 A、B 两点高差 h_{AB},在 A、B 两点上竖立带有分划的标尺(水准尺),在 A、B 两点之间安置可提供水平视线的仪器(水准仪)。当视线水平时,在 A、B 两个点的标尺上分别读得读数 a 和 b。则

$$h_{AB} = \xi_a - \xi_b = (a - \eta_a) - (b - \eta_b) = (a - b) - (\eta_a - \eta_b) \tag{2-3}$$

式(2-3)中,η_a 为地球弯曲对 A 点标尺读数的影响量;η_b 为地球弯曲对 B 点标尺读数的影响量。

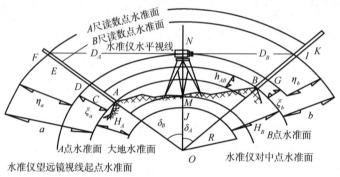

图 2-2 水准测量原理

从图 2-2 不难看出,当水准仪到 A、B 两点标尺的距离相等($D_A = D_B$)时 $\eta_a = \eta_b$,此时,式(2-3)即变为实用公式

$$h_{AB} = a - b \tag{2-4}$$

可见,只有当水准仪到 A、B 两点标尺水平距离相等时才会有水准测量原理的实用公式[式(2-4)],也就是说,水准测量时水准仪到前后标尺的水平距离相等是确保测量高差准确性的关键。只要水准仪位于 2 个标尺所在铅垂线的中分铅垂面上,水准仪到前后标尺的水平距离就相等。由于要达到这么严格的条件不易做到,因此,国家水准测量规范中规定水准仪到 A、B 标尺的距离应大致相等并规定了其不等差的范围,因而使得地球弯曲对标尺读数的影响程度得到了极大的削弱,为实用公式的普遍推广应用奠定了坚实的基础保障。

2.1.3 光学水准仪的结构及特点

水准仪是进行水准测量的主要仪器,它可提供水准测量所必需的水平视线。目前通用的水准仪从构造上可分为 3 类,一类是利用水准管来获得水平视线的水准管水准仪,称"微倾式水准仪";第二类是利用补偿器来获得水平视线的"自动安平水准仪";第三类是电子水准仪,电子水准仪配合条纹编码尺,利用数字化图像处理的方法,可自动显示高程和距离,使水准测量实现自动化。水准仪的精度可表达为 τ mm/km(即每千米往返测量高差偶然中误差不超过

τmm），目前电子水准仪的最高精度为 0.3mm/km。

　　水准仪主要由照准部和基座两部分组成，照准部上固定有望远镜（提供视线并可读出远处水准尺上的读数）和水准器（用于指示仪器或视线是否处于水平位置）；基座用于置平仪器，它支承仪器的上部并能使仪器的上部在水平方向转动。图 2-3 为国产 S3 型微倾水准仪。仪器可通过基座底板上的中心螺孔与三脚架连接，支承在三脚架上。基座上有三个脚螺旋，调节脚螺旋可使圆水准器的气泡移至中央，使仪器粗略整平。望远镜和圆水准器与仪器的竖轴联结成一体，竖轴插入基座的轴套内，可使望远镜和圆水准器在基座上绕竖轴旋转。水平制动螺旋和水平微动螺旋用来控制照准部（连带望远镜）在水平方向的转动。水平制动螺旋松开时，照准部能自由旋转；旋紧时照准部则固定不动。旋转水平微动螺旋可使照准部在水平方向作缓慢的转动，但只有在水平制动螺旋旋紧时，水平微动螺旋才能起作用。望远镜旁装有一个管水准器，转动望远镜微倾螺旋，可使望远镜连同管水准器作俯仰（微量的倾斜），从而可使视线精确整平，当管水准器中气泡居中，此时望远镜视线水平。

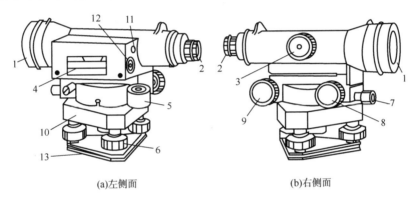

(a)左侧面　　　　　　　　　　(b)右侧面

图 2-3　国产 S3 型微倾水准仪示意图

1—物镜；2—目镜；3—调焦螺旋；4—管水准器；5—圆水准器；6—脚螺旋；7—照准部（或水平）制动螺旋；8—照准部（或水平）微动螺旋；9—望远镜微倾螺旋；10—基座上部平台；11—符合水准器抛物线观察孔；12—管水准器校正装置；13—基座底板

　　望远镜的作用，一方面是提供一条瞄准目标的视线，另一方面是将远处的目标放大、提高瞄准和读数精度。望远镜主要有物镜、目镜、调焦透镜和十字丝分划板（它是刻在玻璃片上的一组十字丝，被安装在望远镜筒内靠近目镜一端的焦平面位置）组成。水准仪上十字丝的图形见图 2-4，过圆心上下贯通的长线称为竖丝、过圆心与竖丝垂直的长线（或半长线）称为横丝（或叫中丝）、横丝上下的 2 根短线分别称为上视距丝（简称上丝）和下视距丝（简称下丝），水准测量中用它中间的横丝或楔形丝读取水准尺上的读数。十字丝交点和物镜光心的连线称为视准轴（也就是用以瞄准和读数的视线），视准轴是水准仪主要轴线之一。

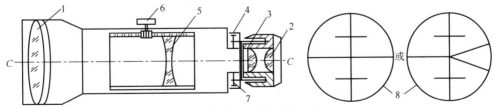

图 2-4　水准仪的望远镜与十字丝

1—物镜；2—目镜；3—十字丝分划板；4—分划板护罩；5—对光透镜；6—物镜对光螺旋；7—分划板固定螺丝；8—十字丝

水准器是用以置平仪器的一种设备,是测量仪器上的重要部件。水准器分管水准器和圆水准器两种。水准仪上管水准器是用来指示望远镜视线是否水平的装置,圆水准器用来指示照准部竖轴是否铅垂的装置。管水准器又称水准管,见图2-5,为提高管水准器气泡居中的精度,在水准仪水准管的上面安装了一套棱镜组,使两端各有半个气泡的像被反射到一起,当气泡居中时两端气泡的像就能符合,故这种水准器称为符合水准器,是微倾式水准仪上普遍采用的水准器。圆水准器是用来指示水准仪照准部水平的装置,见图2-6。

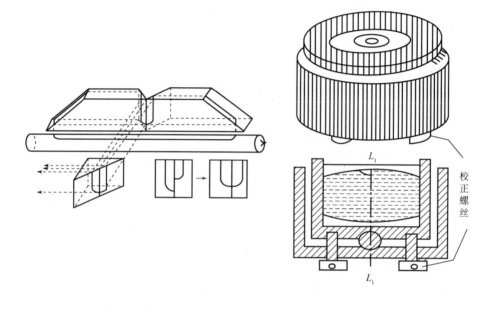

图 2-5　管水准器　　　　　　　　　　　图 2-6　圆水准器

2.1.4　水准测量的其他工具

水准测量的其他工具还有水准尺、尺垫、三脚架。

(1) 水准尺　水准尺是用优质木材或铝合金制成的,最常用的形状有杆式和箱式两种(见图2-7,长度分别为3m和5m),箱式尺能伸缩、携带方便,但接合处容易产生误差;杆式尺比较坚固可靠。水准尺尺面绘有1cm或5mm黑白相间的分格,米和分米处注有数字,尺底为零。为便于倒像望远镜读数,尺面数字常倒写。水准尺按尺面分为单面尺和双面尺两种;按尺形分为直式尺、折式尺、塔尺(见图2-8)三种。双面水准尺一面为黑色分划,分划黑白相间,称为主尺面或黑面(见图2-9),另一面为红色分划,分划红白相间,称为辅尺面或红面(见图2-10、图2-11),双面水准尺必须成对使用(每两根为一对),两根的黑面都以尺底为零而红面的尺底则分别为4687mm和4787mm(此两数称为尺常数)。利用双面尺可对读数进行检核。水准尺的关键是尺底的平面度和尺面的直线度,因此,尺底不能磕碰硬物,尺面应防止挠曲。

(2) 尺垫　尺垫的作用是在实地做一个临时性的点(称转点)用来竖立水准尺以传递高程,用钢板或铸铁制成(见图2-12),立尺前先将尺垫三个尖脚踩入土中踩实,然后竖立水准尺于半圆球体的顶上。转点位置应选在坚实的地面上。已知高程点和欲求高程点上立尺时是不可以放置尺垫的,其余点上立尺时均必须放置尺垫。

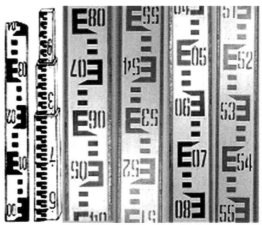

图 2-7　杆式、箱式水准测量用尺

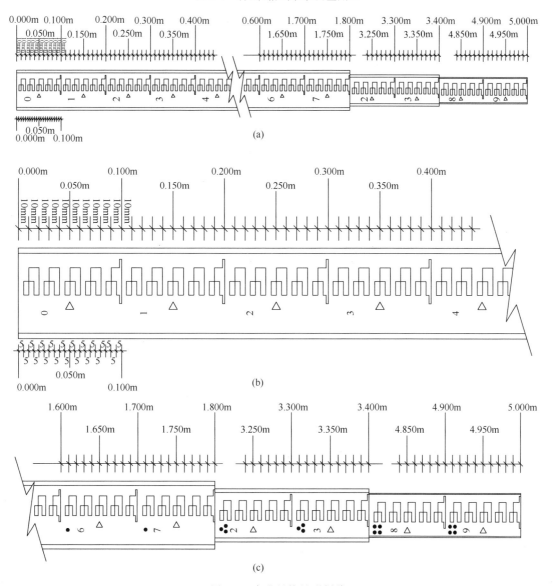

图 2-8　水准尺按尺形划分

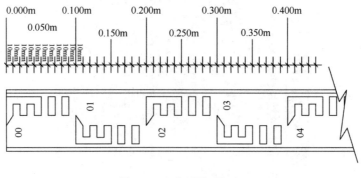

图 2-9   水准标尺(黑面)

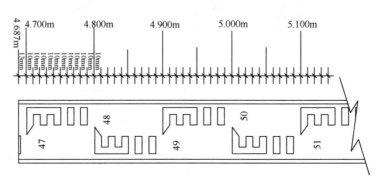

图 2-10   水准标尺(红面常数 4687)

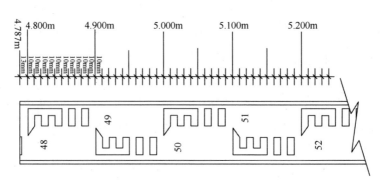

图 2-11   水准标尺(红面常数 4787)

图 2-12   尺垫

　　(3) 三脚架   三脚架是用来安置水准仪的,见图 2-13。三脚架由架头及通过架头联结在一起的 3 个架腿构成,3 个架腿可以以互成 120°的夹角在 90°的范围内自由开合。架腿有伸缩腿和带有伸缩腿止滑套的双支杆系统组成,伸缩腿可以在双支杆之间滑动从而改变架腿的长度,伸缩腿止滑套上带有伸缩腿止滑钮用来控制伸缩腿的滑动。在三脚架安装仪器前必须钮紧 3 个架腿的伸缩腿止滑钮,用手分别按一下 3 个架腿的双支杆确定 3 个架腿的伸缩腿均不滑动后方可在三脚架上安装仪器。三脚架架设时应用脚将 3 个架腿的伸缩腿腿尖踩入土中使之稳固不动,踩的方法是脚踏在伸缩腿腿尖踏脚板上,小腿贴近伸缩腿面沿伸缩腿的方向用力下踩(千万不能沿铅垂方向下踩,以免踩断架腿)。三脚架架设时应保证架头顶面水平。三脚架架头的中心孔是用来联结并固定仪器的,将中心连接螺旋从三脚架架头的下方穿过中心孔然后旋入仪器基座的中心螺孔即可将仪器固定在三脚架上。三脚架架设时 3 个架腿与地面的夹角应在 60°～75°之间,三脚架架头到地面的铅直高度应保证连接仪器后与观测者的身高相适应(即观测者能够不躬腰、不踮脚、灵活方便地使用仪器)。

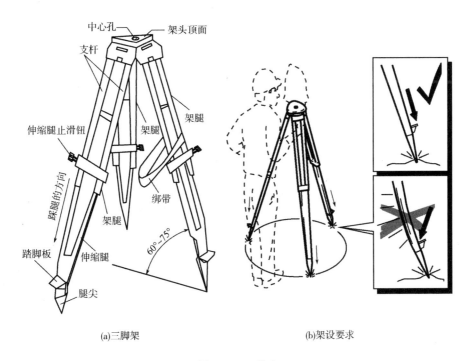

(a)三脚架   (b)架设要求

图 2-13　三脚架

2.2　光学水准仪的使用方法

2.2.1　水准测量的常规作业过程

　　当地面上两点间距离较长或高差较大时仅安置一次仪器是不能直接测得两点间高差的,所以,必须进行连续的分段测量,将所得各段高差相加,即可求得两点间的高差(见图 2-14)。A、B 两点间的高差为 n 个测站的高差之和,即

$$h_{AB} = h_{AI} + h_{12} + h_{23} + h_{34} + h_{45} + \cdots + h_{(n-2)(n-1)} + h_{(n-1)B}$$

$$= \sum_{i=A}^{B-1} h_{i,i+1} = \sum_{i=1}^{n} a_i - \sum_{i=1}^{n} b_i \tag{2-5}$$

B 点的高程 H_B 为

$$H_B = H_A + h_{AB} \tag{2-6}$$

　　由式(2-5)可以看出,A、B 两点的高差等于中间各个测站高差的代数和,也等于各个测站

所有后视读数之和减去所有前视读数之和。通常要同时用 $\sum\limits_{i=A}^{B-1} h_{i,i+1}$ 和 $\sum\limits_{i=1}^{n} a_i - \sum\limits_{i=1}^{n} b_i$ 进行计算,以检核计算结果是否有误。从上述水准测量过程可知,A 点高程就是通过转点1,转点2,转点3,…,转点$(n-1)$等点传递到 B 点的,这些用来传递高程的点,均称为转点。转点在前一测站先作为待求高程的点,然后在下一测站再作为已知高程的点,转点起传递高程的作用。读数 a_i 是在已知高程点上的水准尺读数(称为"后视读数");b_i 是在待求高程点上的水准尺读数(称为"前视读数")。高差必须是后视读数减去前视读数。高差 h_{AB} 的值可能为正、也可能为负,正值表示待求点 B 高于已知点 A,负值表示待求点 B 低于已知点 A。

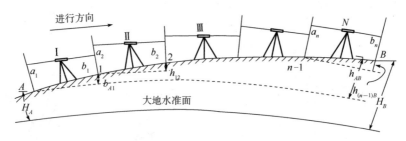

图 2-14　水准测量的常规作业过程

2.2.2　普通微倾式水准仪的使用

以下以一个测站的简单水准测量过程为例介绍水准仪的使用方法和作业过程。

(1) 安放三脚架　安放三脚架的要领是"等距、高适中、尖入土、顶平、腰牢靠"。将三脚架放置在与2个标尺大致等距的位置,可通过小碎步步量法实现,这个动作称为"等距"。旋松3个架腿的伸缩腿止滑钮,让3个伸缩腿自由滑动,使三脚架的高度与观测者的身高相适应,然后钮紧3个伸缩腿止滑钮,这个动作称为"高适中"。将三脚架3个架腿张开、以与地面成 $60°\sim75°$ 的夹角立在地面上,将脚分别踏在3个架腿伸缩腿腿尖踏脚板上,小腿贴近伸缩腿面沿伸缩腿的方向用力,将3个架腿的伸缩腿腿尖踩入土中并使之稳固不动,这个动作称为"尖入土"。观察三脚架架头顶面的水平性,若不水平则左手抓住高处(或低处)那根架腿的支杆(拇指紧贴伸缩腿的顶面),右手旋松该架腿的伸缩腿止滑钮,然后右手压在伸缩腿顶面上、左手拉动支杆使支杆降低(或升高)到三脚架架头顶面水平,然后,左手控制并保持该架腿支杆与伸缩腿间位置不变(左手拇指紧贴伸缩腿的顶面以保证伸缩腿不在双支杆间滑动)、右手钮紧伸缩腿止滑钮,这个动作称为"顶平"。用双手分别按一下3个架腿的双支杆,观察一下3个架腿的伸缩腿是否已经被各自的伸缩腿止滑钮固紧以确保观测过程中三脚架的稳固,防止三脚架摔倒并摔坏水准仪,这个动作称为"腰牢靠"。

(2) 连接水准仪　连接水准仪的基本要求是"连接可靠"。左手抓牢水准仪并将其放置在三脚架架头平面上(始终不松手),右手将水准仪的中心连接螺旋从三脚架架头下方穿过三脚架架头的中心孔旋入仪器基座底板的中心螺孔。用右手轻推仪器基座看仪器基座与三脚架架头上平面是否固联牢靠(不牢靠则须重新拧中心连接螺旋),确认无误后方可松开抓握水准仪的左手,至此,连接水准仪的工作结束。这个动作称为"连接可靠"。

(3) 粗平　粗平是指仪器的粗略整平。仪器的粗略整平是通过转动3个脚螺旋使照准部圆水准器的气泡居中来实现的。见图2-15,松开水准仪照准部(或水平)制动螺旋(牢记任何测量仪器在转动以前均必须先松开相应的制动螺旋,否则会损坏仪器)。转动照准部使望远镜视准轴的铅垂面垂直于脚螺旋 A、B 的连线,过圆水准器的零点假想一个与望远镜视准轴铅垂面平行的水准仪铅垂面,对向旋转 A、B 脚螺旋,使圆水准器气泡移到该假想水准仪铅垂面上(即通过圆水准器零点并垂直于这两个脚螺旋连线的方向上),见图 2-15,气泡自 1 位置移到 2 位置,此时,水准仪照准部在这两个脚螺旋连线方向处于水平位置。然后,单独用第三个脚螺旋 C 使气泡居中(即气泡中心通过水准器零点),此时,水准仪照准部在垂直于 A、B 两个脚螺旋连线方向也处于了水平位置。这样,水准仪照准部就水平了,粗平工作结束。如仍有偏差则重复进行上述动作。粗平操作时必须记住三条要领,即先旋转两个脚螺旋然后旋转第三个脚螺旋;旋转两个脚螺旋时必须相对地转动(即旋转方向应相反);气泡移动的方向始终和左手大拇指移动的方向一致。

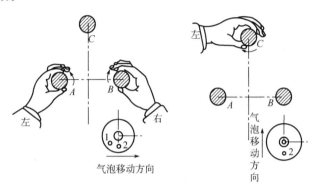

图 2-15 圆水准器的整平

(4) 后尺测量

① 粗瞄。松开水准仪照准部(或水平)制动螺旋,转动水准仪照准部,利用望远镜筒上的缺口和准星瞄准后视水准尺(三点成一面),拧紧照准部(或水平)制动螺旋。

② 操作望远镜。a. 视度调节。转动水准仪目镜上的屈光度调节筒,用眼通过目镜观察,可以看到水准仪的十字丝,当水准仪十字丝最黑、最清晰时即为你的最佳视度位置,至此,视度调节工作结束。视度调节实际上就是为你带上度数适合的眼镜,视力不同的人其最佳视度位置是不同的,也就是说一个眼近视的人调清了它认为看得最清晰的十字丝后,另一个眼不近视的人看此时的十字丝是不清晰的。一般测量仪器屈光度调节筒的调节范围是 $-5\sim+5$ 个屈光度(相当于 500 度近视镜~500 度老花镜间的范围)。这个动作简称为"调屈"。b. 调焦。转动水准仪望远镜上的调焦螺旋,用眼通过目镜观察,使后视水准尺(后尺)呈像最清晰。这个动作称为"调焦"。c. 精瞄。转动水准仪照准部(或水平)微动螺旋,使水准仪照准部在水平面内做缓慢的小幅转动,若微动螺旋转不动,则反向转动到适中位置,再松开水准仪照准部制动螺旋通过望远镜重新瞄准,瞄好后拧紧照准部制动螺旋,然后再转动水准仪照准部微动螺旋进行微调,使望远镜十字丝竖丝平分后视水准尺。d. 观察与消除视差。视差是物体通过望远镜成像后未成像在设计成像面(十字丝刻划面)上的现象。观测时把眼睛在目镜处稍作上下移动,若水准标尺的像与十字丝间有相对的移动(读数有改变),则表示有视差存在,存在视差时是不可能得出准确读数的。消除视差的方法是再"调焦",若仍然不行则"调屈"、"调焦"、…、"调屈"、"调焦",直到望远镜中不再出现水准标尺的像和十字丝间有相对移动为止(水准标尺的像与十字丝在同一平面上)。

③ 精平。精平是使望远镜视准轴水平的工作。操作时慢慢转动望远镜的微倾螺旋,用眼从侧面观察管水准器气泡的移动,当管水准器气泡移动到中间位置时,将眼睛转向管水准器位于目镜端的气泡精细影像(抛物线)。观察圆孔(在目镜左侧圆水准器上方)可看到 2 个半抛物

线[图 2-16(a)]，继续缓慢转动望远镜微倾螺旋使 2 个半抛物线相接构成一个抛物线[图 2-16(b)]。此时，望远镜视准轴就水平了，此时读出的横竖丝交点处的标尺读数即为式(2-3)或式(2-4)中的 a。观察 3 秒钟，若构成的一个抛物线稳定(偏离量不超过半个抛物线宽度)，此项工作结束；否则应继续缓慢调整抛物线直到抛物线满足观测读数要求为止。

④ 读数。在保证构成的一个抛物线稳定不动的情况下应连续读出中丝、上丝、下丝在后视水准标尺上的读数 a、S_A、X_A，后尺测量结束。图 2-17 所示后视水准标尺上的读数 $a = 2043mm$、$S_A = 1941mm$、$X_A = 2146mm$。上、下丝读数 S_A、X_A 之差乘以 100 即为水准仪到后视水准标尺的大概水平距离 D_A(精度 1/100)，即 $D_A \approx |S_A - X_A| \times 100$，将 $S_A = 1941mm$、$X_A = 2146mm$ 代入可得水准仪到后视水准标尺的大概水平距离 D_A 为 20.5m。D_A 称为后视距离(简称后距)。

(5) 前尺测量

① 粗瞄。松开水准仪照准部(或水平)制动螺旋，转动水准仪照准部，利用望远镜筒上的缺口和准星瞄准前视水准尺(三点成一面)，拧紧照准部(或水平)制动螺旋。

② 操作望远镜。先视度调节，再调焦，再精瞄，再观察与消除视差。动作同前尺测量。

③ 精平。动作同前尺测量。

④ 读数。动作同前尺测量。在保证管水准器构成的一个抛物线稳定不动的情况下应连续读出中丝、上丝、下丝在前视水准标尺上的读数 $b = 4267mm$、$S_B = 4205mm$、$X_B = 4325mm$(见图 2-18，以塔尺为例)，前尺测量结束。前尺上、下丝读数 S_B、X_B 之差乘以 100 即为水准仪到前视水准标尺的大概水平距离 $D_B = 12.0m$。D_B 称为前视距离(简称前距)。

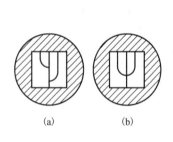

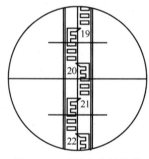

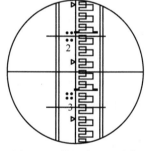

图 2-16　管水准器精细影像　　　图 2-17　后视水准尺读数　　　图 2-18　前视水准尺读数

至此完成了一个测站上的高差测量工作。测站高差 $h_{AB} = a - b = -2.224m$，测站路线长 $L_{AB} = D_A + D_B = 32.5m$。测站读数的准确性(不是测量的准确性)可通过式(2-7)、式(2-8)大致进行检验，即

$$b \approx (S_B + X_B)/2 \qquad\qquad (2-7)$$

$$a \approx (S_A + X_A)/2 \qquad\qquad (2-8)$$

b 与 $(S_B + X_B)/2$ 的较差以及 a 与 $(S_A + X_A)/2$ 的较差一般不宜超过 3mm。

利用微倾式水准仪进行水准测量的关键要领是"读数必调抛物线"。为防止在一个测站上发生错误而导致整个水准路线结果的错误，可在每个测站上对观测结果进行检核，方法有两次仪器高法和双面尺法。两次仪器高法是在每个测站上一次测得两转点间的高差后，改变一下水准仪的高度再次测量两转点间的高差，对一般水准测量当两次所得高差之差小于 5mm 时可认为合格并取其平均值作为该测站所得高差(否则应进行检查或重测)。双面尺法利用双面水准尺分别由黑面和红面读数得出的高差，扣除一对水准尺的常数差后，两个高差之差小于

5mm 时可认为合格(否则应进行检查或重测),水准仪在视线不动情况下对同一把尺的黑面和红面进行读数的读数差应等于该水准尺的尺常数(读数差与尺常数之差小于 3mm 时可认为合格,否则应进行检查或重测)。

2.2.3　测量数据处理的基本规则

任何测量数据均必须经过适当的数据处理后才会变得可靠与精确。"真值"只能无限逼近却无法确知,真值就是事物的本原、是唯一的、具有不可确知性(用 X 表示),观测值就是对事物进行测量的结果(可以有无数个,每次测量的观测结果用 x_i 表示)。事物的真值不可确知但可以测度,我们将特定观测条件下获得的最接近真值的值作为事物真值的替代品,这个值被称为"最或然值"或叫"最是值"或叫"视在真值",用"X'"或"$\bar{x}$"表示,观测条件不同获得的观测结果也不同,因此"最或然值"是有无穷多个的,"最或然值"的准确度决定于观测条件,"最或然值"可以视为"真值"。观测值与真值的较差 Δ_i' 称为真误差,由于真值不可确知,因此真误差也不可确知,真误差的表达式为 $X = x_i - \Delta_i'$,很显然,观测值减掉其包含的真误差就是真值。观测值与"最或然值"的较差 Δ_i 称为似误差(简称误差),其表达式为 $X' = x_i - \Delta_i$,同样很显然,观测值减掉其包含的误差就是"最或然值"。观测值包含误差,如果我们对观测值施加一个"修正值"也可以把它改造为"最或然值",这个"修正值"测量上称为"改正数",用 v_i 表示,其表达式为 $X' = x_i + v_i$,因此,"改正数"就是对观测值施加的"修正值","改正数"与误差(似误差)是相反数(即 $v_i = -\Delta_i$)。观测条件决定"最或然值"的准确度,观测条件越优越,"最或然值"的准确度越高,观测者、量具(测量的工具)、频度(测量的次数)、观测环境构成"观测条件",其中最关键的因素是"量具"和"频度",量具精度越高、频度越高获得的"最或然值"的准确度就越高。

对一个量进行观测总会出现误差是不可避免的。观测误差按其性质的不同可分为系统误差和随机误差两类。系统误差是指误差的变化有明显的数学规律性、可以用确切的函数式进行表达的误差,应根据其变化规律在观测中采取相应措施予以消除。随机误差是指误差的变化没有明显的数学规律性、呈现一种随机波动、不能用确切的函数式进行表达、具有一定统计特征的误差。随机误差又可分两种,一种是误差的数学期望不为零的,称为"随机性系统误差";另一种是误差的数学期望为零的,称为偶然误差。这两种随机误差经常同时发生,偶然误差可以通过多次观测取平均加以削弱。通常情况下,人们习惯将"随机性系统误差"归为"系统误差",因此,将观测误差分为系统误差和偶然误差两类。另外,如果观测不认真还会出现观测错误,观测错误得到的观测值称为"错误观测值","错误观测值"是应舍弃的。"错误观测值"与"最或然值"的较差也被称为"粗差"。

当观测值中剔除了粗差观测值,排除了系统误差的影响,或者与偶然误差相比系统误差处于次要地位后,占主导地位的偶然误差就成了我们研究的主要对象。大量实验统计结果证明,偶然误差具有四个特性,即有界性——在一定的观测条件下,偶然误差的绝对值不会超过一定的限度;聚集性——绝对值较小的误差比绝对值较大的误差出现的次数多;对称性——绝对值相等的正误差与负误差出现的次数大致相等;抵偿性——当观测次数无限增多时,偶然误差的算术平均值趋近于零。

观测值的误差大小可以用精度来衡量,所谓"精度"是指误差分布聚集或离散的程度。精度可以用中误差、相对误差、允许误差等不同的指标表示。中误差 m 的理论计算公式为 $m = \pm\{[\Delta'\Delta']/n\}^{1/2} = \pm\{\sum(\Delta_i'^2)/n\}^{1/2}$,测量中,"[ ]"代表求和(即"[ ]"就是"$\sum$")。中误差 m 的实用计算公式为 $m = \pm\{[V'V']/(n-1)\}^{1/2} = \pm\{\sum(V_i'^2)/(n-1)\}^{1/2}$。$m$ 越大、精度越高。

相对中误差 K（或相对误差,它是中误差的绝对值 $|m|$ 与观测值 x 的比值,通常用分子为 1 的分数表示),即 $K=|m|/x$ 或 $K=|m|/X'$,K 值越小、精度越高。允许误差也称为极限误差、容许误差、限差,允许误差 σ_M 的表达式为 $\sigma_M=2m$ 或 $\sigma_M=3m$,测量上设定允许误差的目的是确定错误观测值,当某观测值的改正数 $|v_i|>\sigma_M$ 时该观测值即为错误观测值。错误观测值应弃去或重测。

阐述观测值中误差与观测值函数中误差之间关系的定律称为误差传播定律。假设函数 Z 由 x_1、x_2、x_3、x_4、$\cdots$、x_n 等 n 个自变量构成,其函数式为 $Z=f(x_1,x_2\cdots,x_n)$,其中 x_1、x_2、x_3、x_4、$\cdots$、x_n 是相互独立的观测值,其中误差分别为 m_{x1}、m_{x2}、m_{x3}、m_{x4}、$\cdots$、m_{xn},则一般函数中误差的平方等于该函数对每个独立观测值所求的偏导数值与相应的独立观测值中误差的乘积的平方和,即 $m_Z^2=\left(\dfrac{\partial Z}{\partial x_1}\right)^2 m_{x_1}^2+\left(\dfrac{\partial Z}{\partial x_2}\right)^2 m_{x_2}^2+\cdots+\left(\dfrac{\partial Z}{\partial x_n}\right)^2 m_{x_n}^2$。

观测条件完全相同的一系列观测称为等精度观测,测量仪器（或工具）精度等级一样、测量次数一样即可视之为等精度。等精度观测的最或然值 X' 就是观测值的算术平均值,$x=\dfrac{[L]}{n}=\dfrac{L_1}{n}+\dfrac{L_2}{n}+\cdots+\dfrac{L_n}{n}$,$X'$ 的中误差可表达为 $M_x=\pm\dfrac{m}{\sqrt{n}}$。

不等精度观测是指观测条件不同的一系列观测,各观测值 x_i 的权 P_i 为 $P_i=\dfrac{\mu^2}{m_i^2}$,m_i 为观测值 x_i 的中误差、μ 为定权系数（可为任意常数）。若对某量进行了 n 次非等精度观测,观测值分别为 L_1、L_2、$\cdots$、L_n,相应的权为 P_1、P_2、$\cdots$、P_n,则加权平均值 x 就是非等精度观测值的最或然值,即 $x=\dfrac{P_1L_1+P_2L_2+\cdots+P_nL_n}{P_1+P_2+\cdots+P_n}=\dfrac{[PL]}{[P]}$。加权平均值的中误差 M 可表达为 $M^2=\dfrac{P_1^2}{[P]^2}m_1^2+\dfrac{P_2^2}{[P]^2}m_2^2+\cdots+\dfrac{P_n^2}{[P]^2}m_n^2$,单位权中误差 μ 可表达为 $\mu=\pm\sqrt{\dfrac{[PV]}{n-1}}$,加权平均值的中误差可进一步表达为 $M=\pm\dfrac{\mu}{[P]}=\pm\sqrt{\dfrac{[PV]}{[P](n-1)}}$。

2.2.4　附合水准路线内业计算

水准测量基准点的建造形式见图 2-19。附合水准路线内业计算的目的是最大限度地消除水准测量观测值中的误差。见图 2-20,图中 A、B 为已知水准点（高程分别为 H_A、H_B）,通过水准测量获得了各个测段的测段高差 $h_{i,(i+1)}$、测段长 $D_{i,(i+1)}$,因此,也就知道了各个测段的设站数 $n_{i,(i+1)}$,要求计算出各未知点（1、2、3、4）的最或然高程 H_i'。对每个测段来讲,通过水准测量可获得 3 个成果,即测段高差 h、测段长 D、测站数 n。测段高差 h 是测段内每站高差的总和[见式(2-5)],测段长 D 是测段内每站前距 D_B 和后距 D_A 的总和。附合水准路线计算过程如下。

（1）计算路线高差总误差 f_h

路线的观测高差 h_{AB} 为

$$h_{AB}=\sum_{i=A}^{B-1}h_{i,(i+1)} \tag{2-9}$$

路线的真高差 h'_{AB} 为

$$h'_{AB}=H_B-H_A \tag{2-10}$$

可得路线高差总误差 f_h

$$f_h = h_{AB} - h'_{AB} = \sum_{i=A}^{B-1} h_{i,(i+1)} - (H_B - H_A) \qquad (2\text{-}11)$$

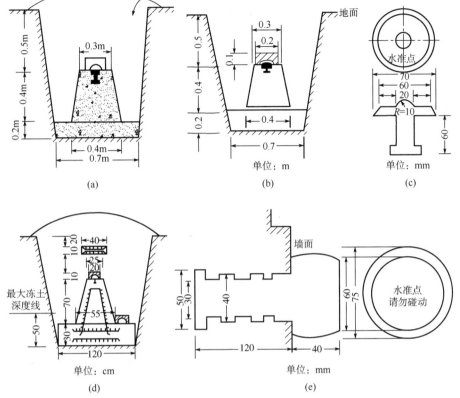

图 2-19 水准基准点的建造形式

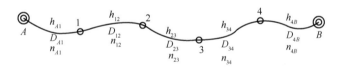

图 2-20 附合水准路线

f_h 反映的是整个路线的总观测误差,其大小反映了测量成果的精度,其中很可能还包含错误。怎样才能知道有没有错误呢?因此,必须对总观测误差加上一个限制条件,即命令它不得超过一定的限度(测量称限差),若超过这个限度则认为观测过程有错误必须重新测量某个问题测段。测量中,为了防止错误、提高精度对任何测量过程都有限差要求。

水准测量路线总观测误差的限差 F_h 为

平地 $\qquad\qquad\qquad F_h = \pm aL^{1/2} (\text{mm}) \qquad\qquad\qquad (2\text{-}12)$

山地 $\qquad\qquad\qquad F_h = \pm bN^{1/2} (\text{mm}) \qquad\qquad\qquad (2\text{-}13)$

式中,L 为附合水准路线(或闭合水准路线)的线路总长度 $L = \sum D_{i,(i+1)}$,在支水准路线上 L 为测段长,均以 km 为单位,L 不足 1km 时取 1km。N 为线路总测站数 $N = \sum n_{i,(i+1)}$。

a、b 的取值可查国家规范或行业规范,水准测量等级越高,a、b 值越小。当用 S3 级水准仪和单面水准尺进行普通水准测量时 $a = 27$,$b = 8$。

若 $|f_h| \leqslant |F_h|$,说明测量合格、没有错误,可以继续进行计算。否则,应该返工有问题的

测段,直到合格为止。

（2）计算测段高差改正数 $v_{i,(i+1)}$

f_h 是路线上各个测段观测误差综合作用产生的,测段路线越长或测站数越多对 f_h 的影响越大,因此,其分摊的误差量也应该越大,故测段高差的改正数与测段路线长（或测站数）成正比,有

$$v_{i,(i+1)} = -\left[f_h/\left(\sum_{i=A}^{B-1}D_{i,(i+1)}\right)\right]D_{i,(i+1)} \tag{2-14}$$

由于,通常情况下根据式（2-14）计算的 $v_{i,(i+1)}$ 一般为非整除数,因此,必须对 $v_{i,(i+1)}$ 进行凑整处理（凑整处理的原则是四舍六入、恰五配偶。比如 1.5、1.6、2.4、2.5 取位到整数的结果都是 2）。$v_{i,(i+1)}$ 的取位应与水准测量高差观测值的取位相同,即水准测量高差观测值取位到 mm 则 $v_{i,(i+1)}$ 也取位到 mm。$v_{i,(i+1)}$ 凑整处理后会带来一个总观测误差分摊不完全的问题,因此,必须求出总观测误差分摊后的残余误差 δ_Δ（或残余改正量 δ_v）,即

$$\delta_v = \sum_{i=A}^{B-1}v_{i,(i+1)} + f_h \tag{2-15}$$

若根据式（2-15）计算出的 $\delta_v = 0$ 则说明分摊完善,若 $\delta_v \neq 0$ 则需要进行二次分摊。

当 $\delta_v \neq 0$ 时 δ_v 的值通常都很小（数值在最小保留位数档,数目字远小于测段个数）,二次分摊的原则是将 δ_v 拆单（拆成若干个 1）；按照 $v_{i,(i+1)}$ 由大到小的顺序依次分摊、直到全部分摊完毕为止。比如图 2-20 计算的 $\delta_v = -3mm$（说明欠 3mm）,则给最长的测段的高差改正数增加 1mm、给第二长的测段的高差改正数增加 1mm、给第三长的测段的高差改正数增加 1mm、其余测段高差改正数不变。

这样,二次分摊后各测段的高差改正数就变成了 $v_{i,(i+1)}'$,应再次校核一下

$$\sum_{i=A}^{B-1}v'_{i,(i+1)} = -f_h \tag{2-16}$$

校核无误方可进行下一步计算。

（3）计算测段高差最或然值 $h'_{i,(i+1)}$

$$h'_{i,(i+1)} = h_{i,(i+1)} + v'_{i,(i+1)} \tag{2-17}$$

为了防止计算错误,应校核

$$\sum_{i=A}^{B-1}h'_{i,(i+1)} = H_B - H_A \tag{2-18}$$

若式（2-18）不满足,则说明前述计算有误。

（4）计算各未知点最或然高程 H_i'

$$H'_{i+1} = H_i' + h'_{i,(i+1)} \tag{2-19}$$

从 A 点开始一直计算到 B,求出 H_B'。

为了防止计算错误,应校核

$$H_B = H_B' \tag{2-20}$$

若式（2-20）不满足,则说明前述计算有误,应重新认真计算。

以上是按测段路线长 D 进行误差分摊和数据处理的。同样,我们也可按测站数 n 分摊误差、处理数据。按测站数分摊误差、处理数据时只需将前述计算中的 $D_{i,(i+1)}$ 换成 $n_{i,(i+1)}$、限差采用式（2-13）即可,其余不变。

2.2.5　闭合水准路线内业计算

闭合水准路线的计算方法与附合水准路线完全相同,只需将 2.2.4 中的 B 点当作 A 点即可[即式(2-10)、式(2-11)中 $H_B - H_A = 0$],闭合水准路线实际上就是将附合水准路线中的 B 与 A 重合的结果(见图 2-21)。

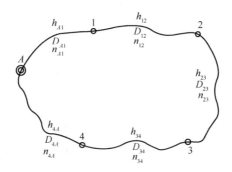

图 2-21　闭合水准路线

2.2.6　支水准路线内业计算

支水准路线必须进行往测和返测,假设某测段往测高差为 $h_{i,(i+1)}$、返测高差为 $h_{(i+1),i}$,则当 $h_{i,(i+1)} + h_{(i+1),i} \leqslant F_h$ 时该测段观测合格;否则不合格。测段观测合格后,该测段高差最或然值 $h_{i,(i+1)}' = [h_{i,(i+1)} - h_{(i+1),i}]/2$,$(i+1)$ 点的最或然高程 $H_{i+1}' = H_i' + h_{i,(i+1)}'$。以此类推,支水准路线其他测段的处理方法相同。

2.2.7　附合水准路线内业计算算例

见图 2-20。已知 $H_A = 63.132$m、$H_B = 83.905$m、$h_{A1} = 6.710$m、$h_{12} = 7.395$m、$h_{23} = -3.082$m、$h_{34} = 5.441$m、$h_{4B} = 4.216$m、$n_{A1} = 37$ 站、$n_{12} = 48$ 站、$n_{23} = 56$ 站、$n_{34} = 24$ 站、$n_{4B} = 63$ 站、$F_h = \pm 8N^{1/2}$(mm)。求各未知点(1、2、3、4)的最或然高程 H_i'。计算过程如下。

(1)计算路线高差总误差 f_h

根据式(2-9),$h_{AB} = \sum\limits_{i=A}^{B-1} h_{i,(i+1)} = 20.680$m

根据式(2-10),$h_{AB}' = H_B - H_A = 20.773$m

根据式(2-11),$f_h = h_{AB} - h_{AB}' = \sum\limits_{i=A}^{B-1} h_{i,(i+1)} - (H_B - H_A) = -0.093$m $= -93$mm

根据式(2-13),$F_h = \pm 8N^{1/2} = \pm 8 \times 228^{1/2} = 120.8$mm

$|f_h| \leqslant F_h$ 测量合格。

(2)计算测段高差改正数 $v_{i,(i+1)}$

根据式(2-14)可得,$v_{A1} = 15$mm、$v_{12} = 20$mm、$v_{23} = 23$mm、$v_{34} = 10$mm、$v_{4B} = 26$mm

根据式(2-15),$\delta_v = \sum\limits_{i=A}^{B-1} v_{i,(i+1)} + f_h = 94 - 93 = 1$mm

计算结果说明多改正了 1mm,应该让最大的测段改正数减少 1mm。

处理余数 1 后的新改正数 $v_{i,(i+1)}'$ 为

$v_{A1}' = v_{A1} = 15$mm、$v_{12}' = v_{12} = 20$mm、$v_{23}' = v_{23} = 23$mm、$v_{34}' = v_{34} = 10$mm、$v_{4B}' = v_{4B} - 1$mm $= 26 - 1 = 25$mm

经校核 $v'_{i,(i+1)}$ 满足式(2-16),改正完善。

（3）计算测段高差最或然值 $h'_{i,(i+1)}$

根据式(2-17), $h'_{A1}=6.725\mathrm{m}$, $h'_{12}=7.415\mathrm{m}$, $h'_{23}=-3.059\mathrm{m}$, $h'_{34}=5.451\mathrm{m}$, $h'_{4B}=4.241\mathrm{m}$

经校核 $h'_{i,(i+1)}$ 满足式(2-18),计算无误。

（4）计算各未知点最或然高程 H'_i

根据式（2-19）, $H'_1=69.857\mathrm{m}$、$H'_2=77.272\mathrm{m}$、$H'_3=74.213\mathrm{m}$、$H'_4=79.664\mathrm{m}$、$H'_B=83.905\mathrm{m}$

经校核 $H_B=H'_B$,计算无误,计算结束。

2.2.8　自动安平水准仪的使用

自动安平水准仪(图 2-22)是借助于自动安平补偿器获得水平视线的一种水准仪。它的特点主要是当望远镜视线有微量倾斜时,补偿器在重力作用下对望远镜做相对移动,从而能自动而迅速地获得视线水平时的标尺读数。自动安平补偿器按结构可分为活动物镜、活动十字丝和悬挂棱镜等多种。补偿装置都有一个"摆",当望远镜视线略有倾斜时,补偿元件将产生摆动,为使"摆"的摆动能尽快地得到稳定,必须安装空气阻尼器或磁力阻尼器。这种仪器较微倾水准仪工效高、精度稳定,尤其在多风和气温变化大的地区作业更为显著。

图 2-22　自动安平水准仪

自动安平水准仪的特点是不用水准管和微倾螺旋,只用圆水准器进行粗平,然后借助一种补偿器装置即可读出视线水平时的读数。为使仪器的视线恢复至水平位置,补偿器常采用两种工作机构设计,即自动补偿机构或自动安平机构。自动补偿机构原理见图 2-23,望远镜倾斜时仪器内部的补偿器 K 使水平视线在望远镜分划板上所成的像点位置折向望远镜十字丝中心 Z,从而使十字丝中心发出的光线在通过望远镜物镜中心后成为水平视线,即 $\alpha f=s\beta$。自动安平机构原理见图 2-24,视准轴稍有倾斜时仪器内部的补偿器使得望远镜十字丝中心 Z 自动移向水平视线位置,从而使望远镜视准轴与水平视线重合,从而可以读出视线水平时的读数。

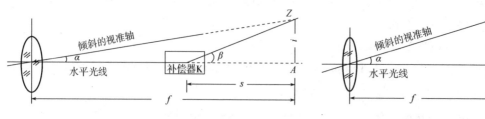

图 2-23　自动补偿机构原理　　　　图 2-24　自动安平机构原理

由于自动安平水准仪无需进行精平,因此可大大缩短观测时间、简化操作,还可防止因观测者疏忽造成的粗差,并可在一定程度上减小仪器和水准尺下沉以及风力、温度、震动等外界条件对测量成果的影响。自动安平水准仪优点很多,现代各种精度的水准仪已普遍采用自动补偿装置。

自动安平水准仪的使用方法较微倾式水准仪简便。首先旋转脚螺旋使圆水准器气泡居中,完成仪器的粗平。然后用望远镜照准水准尺,即可用十字丝横丝读取水准尺读数,所得的就是水平视线读数。自动安平水准仪补偿器是有一定工作范围的(即能起补偿作用的范围),因此使用自动安平水准仪时要防止补偿器贴靠周围部件而不处于自由悬挂状态。有自动安平水准仪在目镜旁有按钮,可直接触动补偿器,读数前可轻按此按钮以检查补偿器是否处于正常工作状态,也可消除补偿器存在的轻微贴靠现象。如果每次触动按钮后水准尺读数变动后又能恢复原有读数则表示工作正常。如果仪器上没有这种检查按钮则可用脚螺旋使仪器竖轴在视线方向稍作倾斜,若读数不变则表示补偿器工作正常。由于要确保补偿器处于工作范围内,使用自动安平水准仪时应十分注意圆水准器气泡的居中。

2.2.9 跨河水准测量

跨河水准测量的现场布置见图 2-25。测量过程主要有 3 步,即置水准仪于 I_1 先读本岸 A 点的尺读数、再读对岸 B 点的尺读数;保持望远镜的对光不变将水准仪迅速移至对岸 I_2 后先读对岸 A 点的尺读数、后读本岸 B 点的尺读数;取两次所得高差的平均值作为一测回值(河面宽度在 $200\sim400$m 时应进行两个测回的观测)。

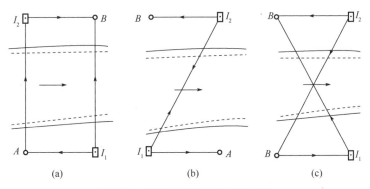

图 2-25 跨河水准测量的现场布置

2.3 电子水准仪的构造

电子水准仪通常是与条码水准尺配合作业的,因而测量精度较高(见图 2-26)。电子水准仪的基本原理见图 2-27 和图 2-28。

图 2-26 电子水准仪与条码水准尺

图 2-27　电子水准仪的工作原理

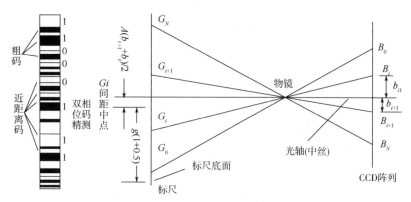

图 2-28　德国 ZEISS 电子水准仪的测量原理(几何法)

下面以 Trimble ZEISS DiNi 12 电子水准仪为例介绍一下电子水准仪的基本情况。DiNi 的特点是精度高(每千米往返测中误差 0.3mm)、具有先进的感光读数系统、宽大图形液晶显示屏(可输入字母和数字)、感应可见白光即可测量,测量仅需读取条码尺 30cm 的范围。DiNi 的典型构造特征见图 2-29～图 2-33。

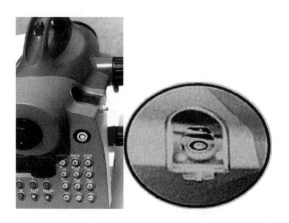

图 2-29　可多角度观测的水准气泡

图 2-30　集成的弧形提手

图 2-31　测量快捷键

图 2-32　标配 2M 内存的 PCMCIA 数据存储卡

图 2-33　宽大图形液晶显示屏

Trimble ZEISS DiNi 12 电子水准仪具有多种水准导线测量模式并具平差功能,具有快速高程放样功能,可进行角度、面积、坐标等的测量工作,其快速测量时间<3 秒,采用低电耗设计(一个电池可使用 3 天),其工作温度为－20℃～＋50℃、重量轻(仅 3.5kg),电子水准中的许多原理和方法与光学水准相同。Trimble ZEISS DiNi 12 电子水准仪利用仪器里的十字丝瞄准的电子图像感应器(CCD),在你按下 Measure 测量键时仪器就会把你瞄准并调焦好的尺子上的条码图片拍一个快照,然后把它和仪器内存中的同样的尺子条码图片进行比较和计算,这样,一个尺子的读数就可以计算出来并保存在内存中了。DiNi 12 电子水准仪的相关部件名称及条码尺见图 2-34。DiNi 12 电子水准仪的主测量屏幕见图 2-35。DiNi 12 电子水准仪的键盘和按键分部见图 2-36。

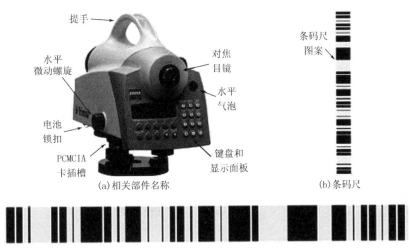

图 2-34　DiNi 12 电子水准仪的相关部件名称及条码尺

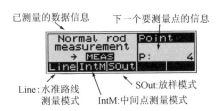

图 2-35　DiNi 12 电子水准仪的主测量屏幕

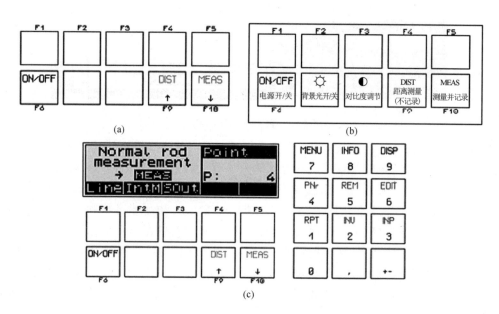

图 2-36　DiNi 12 电子水准仪的键盘和按键分部

2.4　电子水准仪的使用方法

下面仍以 Trimble ZEISS DiNi 12 电子水准仪为例介绍电子水准仪的基本使用方法。

2.4.1　DiNi 12 电子水准仪键盘和按键分部的特点及使用方法

当处于主测量显示屏时其数字键有以下 9 方面功能（见图 2-37），即重复测量模式（RPT）、倒尺测量（INV）、输入尺子读数（INP）、输入点号（PNr）、输入记忆代码（REM）、编辑功能（EDIT）、仪器设置等菜单（MENU）、一般信息（INFO）、相关显示（DISP）等。

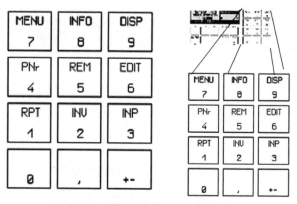

图 2-37　主测量显示屏数字键及功能

（1）键盘 RPT 键的功能　见图 2-38。通过 RPT（♯1key）既可设置每次测量的重复次数，也可设置重复次数测量后的最大标准误差，如果测量时的误差超过你设置的最大误差 DiNi 会提醒你。

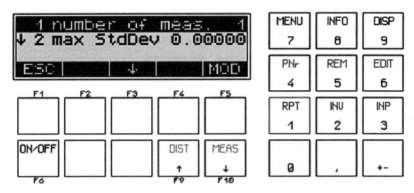

图 2-38 键盘 RPT 键的功能

（2）键盘 INV 键的功能　使用 INV（♯2key）键时应注意设置正常和倒尺模式后仪器上的显示（见图 2-39）。如果设置仪器的立尺人把尺子倒过来则可以设置仪器读数并获得尺子上方的高程（见图 2-40）。

图 2-39 正常和倒尺模式后的仪器显示

图 2-40 倒尺仪器读数

（3）键盘 INP 键的功能　INP（♯3key）允许手工输入数据（见图 2-41）。当立尺人扶尺时，操作仪器的人可以自己从照准部读出尺子的读数，然后估算出距离和读数，再像普通光学水准仪手工记录一样手工输入到仪器内存中去（见图 2-42）。

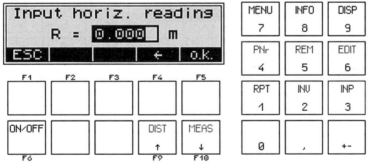

图 2-41 手工输入数据状态

（4）键盘 PNr 键的功能　PNr（♯4key）键的界面见图 2-43。PNr（♯4key）允许输入点号（可以输入数字和字母），有两种类型（即 cPNo 和 iPNo，见图 2-44），cPNo 的作用是输入当前点号且可以自动增加点号，iPNo 也可输入点号，但它是独立点。下一个继续 cPNo 输入的点号会自动增加。

图 2-42　手工输入时的屏幕显示

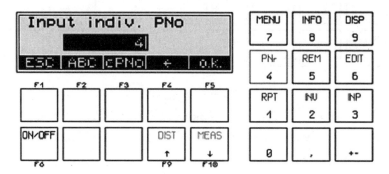

图 2-43　PNr(♯4key)键的界面

图 2-44　cPNo 和 iPNo 的界面

（5）键盘 REM 键的功能　REM(♯5key)键的界面见图 2-45。REM(♯5key)允许使用者输入正在测量点的代码，用于记忆和保存，见图 2-46。一旦代码被输入，它会一直保持到你修改后，你可以输入字母和数字，甚至可以输入更长的点代码。字母和数字的输入方法见图 2-47。

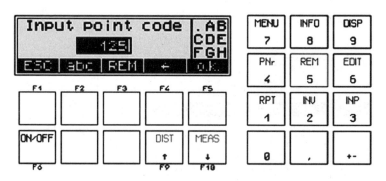

图 2-45　REM(♯5key)键的界面

图 2-46　输入正在测量点的代码

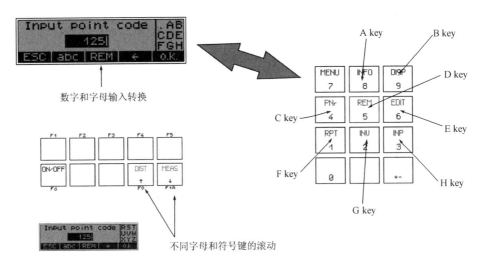

图 2-47 字母和数字的输入方法

（6）键盘 EDIT 键（编辑键）的功能　EDIT（♯6key）键的界面见图 2-48。EDIT（♯6key）是一个单一的编辑功能（见图 2-49），其中，按 ESC 可退出这个屏幕；按 DISP 可显示每行数据的信息；按 DEL 可从内存中删除信息；按 INP 允许输入数据到内存；按 PRJ 进入项目设置的二级界面（见图 2-50）。按 PRJ 进入项目设置的二级界面后可使用箭头选择相关项目，可输入项目名，也可创建目录和输入项目名（见图 2-51）。

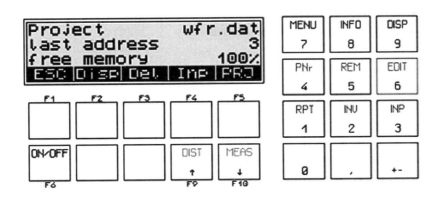

图 2-48　EDIT（♯6key）键的界面

图 2-49　EDIT（♯6key）的编辑功能

（7）键盘 MENU 键（菜单键）的功能　MENU（♯7key）键的界面见图 2-52。MENU（♯7key）是进行仪器设置和功能设置的，也可据以查看下一个项目的详细解释，或使用上下箭头来滚动，按 YES 键选择（见图 2-53）；还可在菜单中循环，或直接输入数字键而直接进入你所想要的选项（见图 2-54）。

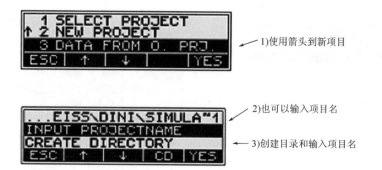

图 2-50　按 PRJ 进入的项目设置二级界面

图 2-51　在项目菜单中的选项

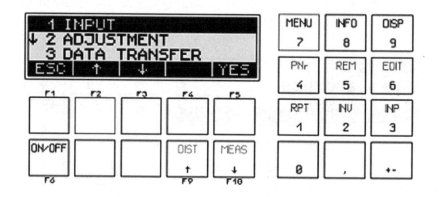

图 2-52　MENU(♯7key)键的界面

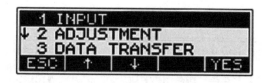

图 2-53　用上下箭头滚动选择相关设置项目

(8) 键盘 INFO 键的功能　INFO(♯8key)键的界面见图 2-55。INFO(♯8key)的作用是处理一些和水准相关的信息(见图 2-56),比如,进行水准测量时要检查前视和后视的距离是否相等(它们的差值要在一定限度内);电池容量表示;日期和时间等。

(9) 键盘 DISP 键的功能　DISP(♯9key)键的界面见图 2-57。当有更多信息要显示时你可以按下这个键来显示相关的不同的信息,见图 2-58。

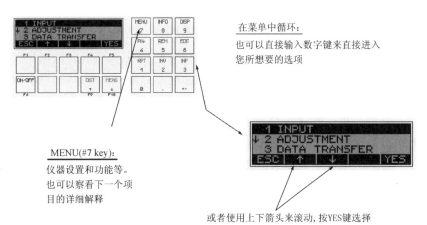

在菜单中循环:

也可以直接输入数字键来直接进入您所想要的选项

MENU(#7 key):

仪器设置和功能等。也可以察看下一个项目的详细解释

或者使用上下箭头来滚动,按YES键选择

图 2-54 在菜单中循环选择项目

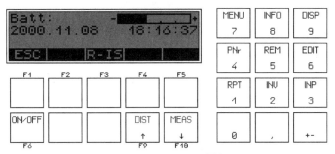

图 2-55 INFO (♯8key)键的界面

电池容量表示

日期和时间

记录当前仪器设置到内存中,也就意味着在开始测量时可以记录下仪器的各种参数

图 2-56 与水准相关的信息

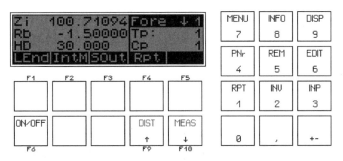

图 2-57 DISP(♯9key)键的界面

图 2-58 按键显示相关的不同信息

2.4.2　DiNi 12电子水准仪菜单项的特点及使用方法

（1）输入功能　菜单项中输入菜单的界面见图2-59，其中，Max dist 的作用是输入最大测量距离（这项指标一旦设定则当测量的距离超过此距离时水准仪会对用户发出警告）；Min sight 的作用是输入最小视高；Max diff 的作用是输入采用 BFFB 模式线路测量时的一测站最大偏差；Refr coeff 的作用是输入大气折射率参数；Vt offset 的作用是输入尺子读数的改正数；Date 的作用是设置日期；Time 的作用是设置时间。

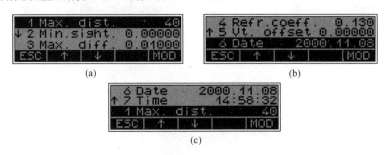

图 2-59　输入菜单的界面

（2）调节功能　菜单项中调节菜单的界面见图2-60，调节仪器选项可以让用户运行"peg test"，从而可以选择不同的方法来得到正确的改正数（你不需要自己去改正它，在仪器内部它会自动把改正数加到测量的数据里面），见图2-61。

图 2-60　调节菜单的界面

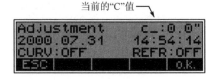

图 2-61　自动改正

（3）数据传输功能　菜单项中数据传输菜单的界面见图2-62，在数据传输的选项下可以看到设置数据传输有两个不同的端口，可通过相应的通信参数设置这两个端口的各种协议（这样，不需要重新初始化端口就可直接进行数据传输），相应的通信参数有 INTERFACE 1、IN-TERFACE 2、PC-DEMO、UPDATE/SERVICE。INTERFACE 1 的作用是选择端口 1（可能是 PC 电脑）；INTERFACE 2 的作用是选择端口 2（可能是打印机）；PC DEMO 的作用是确保电脑、连接电脑显示屏以及仪器同步显示；UPDATE/SERVICE 的作用是进行软件更新（前提是必须和特定的监控软件连接）。

图 2-62　菜单项中的数据传输菜单界面

（4）记录功能　菜单项中记录菜单的界面见图2-63，有 RECORDING OF DATA 和 PA-RAMETER SETTING 等 2 个二级菜单。PARAMETER SETTING 的作用是设置数据记录时通信参数（协议和波特率）。RECORDING OF DATA 二级菜单的界面见图2-64，其中，RE-

MOTE CONTRL 的作用是设置记录数据到外部电脑;RECORD 的作用是记录数据到哪里;ROD READINGS 的作用是记录时记录数据的那些选项,比如测量原始数据(RM)或是计算数据(RMC);PNO INCREMENT 的作用是确定点号自动增加步长;TIME 是测量时时间记录的开关。

图 2-63　菜单项中记录菜单的界面

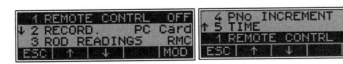

图 2-64　RECORDING OF DATA 二级菜单的界面

（5）仪器设置功能　菜单项中仪器设置菜单的界面见图 2-65,其中,HEIGHT UNIT 的作用是确定测量高程的单位和记录到内存的单位;INPUT UNIT 的作用是手工输入单位;DISPLAY RESOLUTION 的作用是确定最小显示单位;SHUT OFF 的作用是设定自动关机时间;SOUND 是蜂鸣开关;LANGUAGE 是语言设置;DATE 的作用是设置日期格式;TIME 的作用是设置时间格式。MOD 键可以修改反亮条的选项,见图 2-66。

图 2-65　菜单项中仪器设置菜单的界面

MOD 键可以修改反亮条的选项
图 2-66　MOD 键的作用

（6）测段平差功能　菜单项中测段平差菜单的界面见图 2-67,路线平差功能可以对闭合路线和附合路线进行平差。在你对一个内存中的闭合环进行平差后,被平差过的信息会被保存起来。因此,一定要记住在平差之前要下载下来它的原始数据,平差后的数据会被永久的记录下来。

图 2-67　菜单项中测段平差菜单的界面

2.4.3　DiNi 12 电子水准仪的测量功能及其应用

见图 2-68,DiNi 电子水准仪有 3 个主要功能,即 Line、IntM、SOut。Line 的作用是进行水准路线测量(仪器会一直跟踪测量信息),测量两个已知点间的路线时仪器会在最后自动给出路线的闭合差。IntM 的作用是进行中间点或支点测量,这个功能对于沉降监控、闭合环测量、支点高程测量非常有用。SOut 的作用是放样设计的高程(高程可以手工输入也可以从内存中调出)。

图 2-68　DiNi 电子水准仪的 3 个主要功能

(1) 观测一个测段　见图 2-69,开始路线测量前应依次按下在线路测量 Line 屏幕下的箭头所指的按键;按下新建路线 new line;输入路线号(一个路线号是项目文件下一个水准环的标示,在一个项目文件下可以有不同的路线号);选择你的测量模式(BF,BFFB,BBFF,BF-BF);输入后视点高程(如果你想另外计算可以输入 0);输入点号 BM(如果你喜欢还可以输入代码)。然后,即可开始测量。

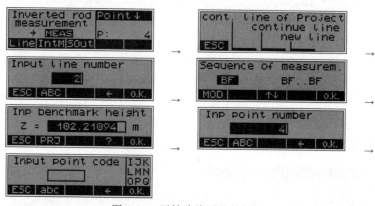

图 2-69　开始路线测量前设置

见图 2-70 和图 2-71,开始测 BM 高程时应按下测量键 MEASURE(要记住你观测的是哪一边)并选择下一个要观测的方向(Back 代表后视;Fore 代表前视;Rb 为后视尺子的读数;HD 为测量的距离;Tp 为所处的转点数;Cp 为当前点号,控制点或者后视)。

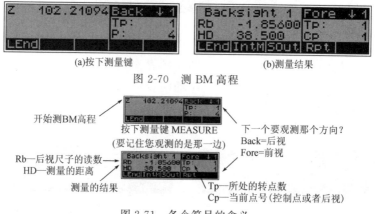

图 2-71　各个符号的含义

(2) 观测和中断测段的测量　前视观测结束后就可以换站了,将水准仪关闭后换站。换站打开仪器后可以直接进入你刚才所在的地方并可继续你的水准路线测量,在水准环测量中的按键显示见图 2-72。当你已经观测结束且已经观测了最后的闭合点就可以按下测段结束键。当你已经观测了一整条测段时,你可以考虑是否把最后一站闭合到已知点,见图 2-73。

图 2-72 水准环测量中的按键

图 2-73 测段结束按键

(3) 结束一条测段 结束一条测段的按键过程见图 2-74。通过按下 YES 键可以看到相应的提示信息(比如已知点高程、点号、代码等)并会获得一些计算结果,见图 2-75,其中,Sh 为起始点和终点的高程之差(若起始点高程是 635、终点高程是 634,则 Sh 就是-1.00);如果你测量的是闭合环,那这个值就是最后的 dz(即你输入的一点的高程与仪器测量所得高程的差值);Db 为后视点距离的总和;Df 为前视点距离的总和。

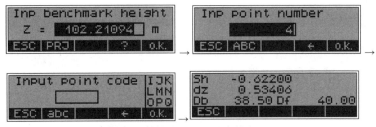

图 2-74 结束一条测段的按键过程

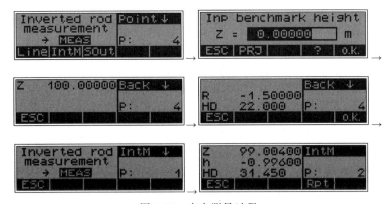

图 2-75 计算结果

(4) 支点测量(INTM) 见图 2-76,支点测量(INTM)过程依次为:按 IntM 对应的按键;输入测点的高程;测量后视;按下 Ok 来确认测量设置完毕;开始测量。测量结果的屏幕显示见图 2-77,进行中间点测量时测完中间点后这个屏幕可以显示结果且所有的这些都会被记录在内存中(应注意屏幕右上方的模式标识,在屏幕右上方标着的就是你正在使用的模式)。

图 2-76 支点测量过程

刚刚测量点的高程　　　　　下一个测量点的点号

图 2-77　测量结果的屏幕显示

（5）放样测量（SOut）　见图 2-78，放样测量（SOut）过程依次为按下 SOut 下面对应的键开始放样；输入后视点高程；照准后视并测量；通过按下对应着 ok 的按键确认（仪器会给你一个标准的高程，这个高程也就是你所设计和需要测量的点的高程）；测量这个点；得到结果（见图 2-79。这样要设计的高程就可以通过挖掘或者充填来实现了。

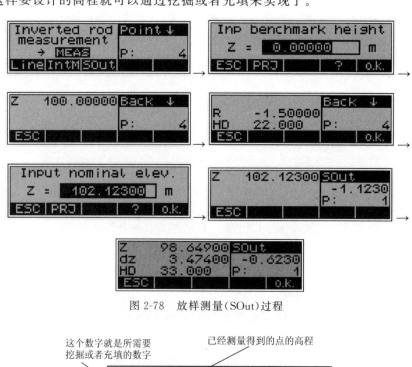

图 2-78　放样测量（SOut）过程

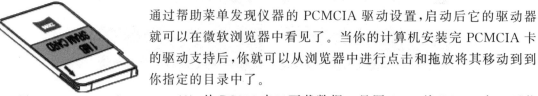

这个数字就是所需要挖掘或者充填的数字　　　　　已经测量得到的点的高程

一直显示的模式会一直显示我们在放样点的高程

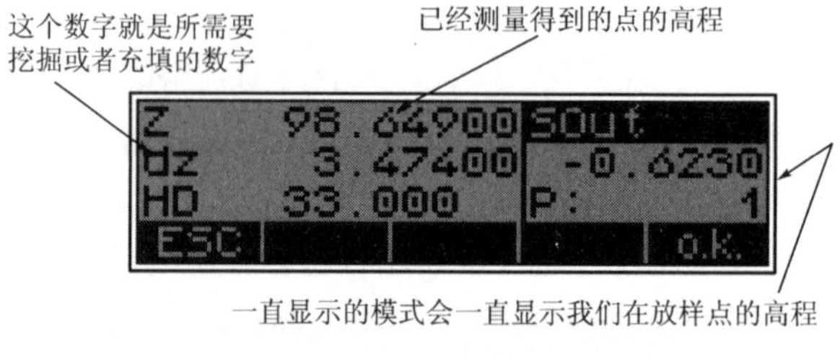

图 2-79　放样结果显示

2.4.4　DiNi 12 电子水准仪的数据通信

（1）从 PCMCIA 卡中下载数据　图 2-80 为 PCMCIA 卡。见图 2-81，在微软浏览器中可通过帮助菜单发现仪器的 PCMCIA 驱动设置，启动后它的驱动器就可以在微软浏览器中看见了。当你的计算机安装完 PCMCIA 卡的驱动支持后，你就可以从浏览器中进行点击和拖放将其移动到到你指定的目录中了。

图 2-80　PCMCIA 卡

（2）从 RS232 串口下载数据　见图 2-82，从 RS232 串口下载数据时由 DiNi 到超级终端的设置和过程应遵守相关规定,超级终端的设置应符合要求,连接时使用的端口为 Com1(或者通过电缆连接其他的端口)、波特率为 9600、数据位为 8、奇偶检较为 None、停止位为 1、流量控制为 Xon-Xoff。最好在设置了传输参数后创建一个桌面的快捷方式,还应创建一个 DiNi 传输的目录路径,这样以后的数据就会全放在里面了。

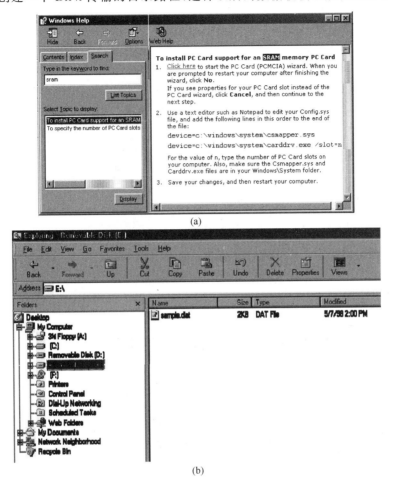

图 2-81　从 PCMCIA 卡中下载数据

（3）DiNi 数据传输参数和过程

① 在电脑上的传输,见图 2-83。传输过程依次为点击超级终端或者快捷方式;从数据传输菜单中选择下载捕获文本文件的方式;给出文件名和路径;已经准备好了即可接收数据了。

② 在电子水准仪上的设置。依次为按下菜单键(7);选择数据传输;选择端口 2(假设端口 1 可能接在打印机上,端口 2 接在计算机上);选择 Dini-PERIPHERY(电子水准仪到外围设备) 来下载数据(见图 2-84,通信参数可以修改在这个屏幕上,参数必须按规定设置,即 Format 设置为 REC_ E;Protoc 设置为 Xon/Xoff;Baud 设置为 9600;Parity 设置为 none;Stop Bit 设置为 1;Timeout 设置为 10s;Linefeed 设置为 Yes);选择你要传输的数据(比如:所有的数据);选择 YES 开始测量。

（4）其他软件传输 DiNi 数据　也可以采用其他软件传输和处理 DiNi 数据,比如 Lengt500g 数据传输软件(见图 2-85),还可进行电子水准仪数据处理。

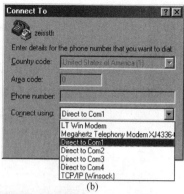

(a)　　　　　　　　　　　(b)

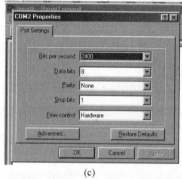

(c)

图 2-82　从 RS232 串口下载数据

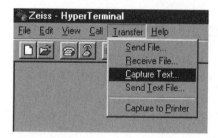

图 2-83　在电脑上传输

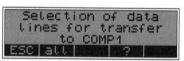

图 2-84　选择 Dini-PERIPHERY 下载数据

图 2-85　Lengt500g 数据传输处理软件的界面

2.4.5 DiNi 12电子水准仪使用的关键注意事项

DiNi 12电子水准测量时要求的最基本条件是尺子上必须有30cm的刻度区域可见(也就是大约在十字丝上方必须有15cm的条码可见)。其电池为镍氢电池,一次充电1.5小时可连续使用3个工作日。电子水准仪是高精度仪器需要小心使用,其日常护理和检查非常必要。应重视圆气泡的调节工作。

2.4.6 电子水准仪的常规注意事项

使用仪器前务必应检查并确认仪器各项功能运行正常。①应避免条码尺面和每节标尺连接处被弄脏或损伤,因仪器需要读出标尺的黑白条形码作为电信号。在标尺存放或运输时条码尺面和连接处可能会受到碰撞和损伤,如果条码被弄脏或损伤就难以精确读数和测量,且仪器的测量精度也会由此而降低。②水准仪应尽量使用木制三脚架且三脚架每根腿上的螺旋必须切实固紧(使用金属三脚架可能会产生晃动从而影响测量精度)。③三角基座要符合要求,基座安装不正确会影响测量精度,应经常检查基座上的校正螺丝,基座上的中心固定螺旋要旋紧。④仪器应按规定装箱并应防止仪器受震,电子水准仪是精密测量仪器,运输过程中应尽可能减小震动或冲击(剧烈震动可能导致测量功能受损),仪器装箱时务必关闭电源并取下电池。搬动仪器应遵守规定并应仔细、小心,必须握住提手且应把仪器从三脚架上取下。⑤应避免仪器直接受到日晒雨淋或受潮,长时间将仪器放置在高温(+50℃)环境下会对仪器的使用产生不良影响,不要将仪器的物镜对准太阳光,否则会损坏仪器内部的部件。应避免使仪器处于温度突变状态,仪器温度突变会导致测程缩短,当仪器从很热的汽车中搬出时要让仪器逐渐适应周围温度后方可使用。⑥应重视电池检查工作,作业前应确认电池剩余电量。⑦条码标尺使用应遵守相关规定,使用条码标尺应戴手套。

应安全使用电子水准仪。①严禁将仪器靠近燃烧的气体、液体、易爆物使用,不要在煤矿、高粉尘场所使用电子水准仪,以免发生燃烧爆炸。②严禁擅自拆卸或修理仪器,以免发生火灾、电击或损坏物体的危险,拆卸和修理应由仪器制造企业及其授权代理商进行。③严禁用望远镜直接观察太阳或经棱镜等反射物反射的阳光,以免对眼睛造成严重损伤。④在高压线或变压器附近使用标尺作业时应特别小心,以免接触造成触电事故。⑤严禁在雷电时使用标尺,以免雷电引发的严重伤害或死亡。⑥严禁使用非生产商指定的充电器电池,以免引起火灾。⑦严禁使用坏的电源电缆、插头和插座,以及潮湿的电池或充电器避免火灾或电击危险;严禁将电池放在火里或高温环境中;严禁使用非生产商说明书中指定的电源;存放电池时不要使之短路;严禁用湿手拆装仪器及操作电源插头;严禁在充电时将充电器盖住,以免高温引起火灾;不要接触电池渗漏出的液体,以免有害化学物灼伤皮肤。

不当使用电子水准仪可能会导致人员伤害或损坏物体,伤害可能是烧伤、电击等,损坏指对建筑物、仪器设备或家具引起严重的破坏。翻转仪器箱可能会损坏仪器。不要在仪器箱上站或坐并应防止滑倒受伤。不要使用箱带、搭扣、合页、提手已损坏的仪器箱,以免造成仪器损坏或仪器箱跌落伤人。架设或搬运仪器时应防止三脚架的脚尖伤人。应正确架设三角基座,以免三角基座掉落使仪器受到严重损伤。在三脚架上架设仪器时务必应将三脚架的中心螺丝旋紧以防仪器跌落下来造成严重后果。架设仪器前务必应将三脚架伸缩固定、螺丝旋紧以防三脚架倾倒造成严重后果。搬运三脚架时务必应将三脚架伸缩固定螺丝旋紧以防三脚架腿滑出伤人。

电子水准仪只能由专业人员使用。使用者必须是有相当水平的测量人员或有相当的测量知识。使用仪器时应穿上必要的安全装(比如安全鞋、安全帽等)。严禁将仪器直接放在地上,观测者离开仪器时应将尼龙套(如有)罩在仪器上。

仪器的运输、存贮和清洁应遵守相关规定。野外测量中可以将仪器放在原包装箱内或者将固定仪器的脚架直立放在肩上保持仪器向上。公路运输时仪器箱之间不能太松散以避免仪器的碰撞。仪器在飞机、火车或轮船上运输时必须把仪器装在原包装箱或运输箱中;电池的运输需提前充分了解国内和国际的相关法规。保管仪器要注意温度限制,尤其注意炎热夏季放置仪器的车内温度;仪器需要长时间储藏时应取出电池以避免电池泄漏损坏仪器;不要将潮湿的仪器在未擦干前装箱。电子水准仪使用后应清洁仪器,仪器沾上海水时应用湿布擦去盐水、然后用干布擦干。应使仪器和仪器箱在干燥的环境中晾干;应用干净的刷子刷去仪器上的灰尘并用软布擦去;酒精和乙醚的混合物可用来擦拭透镜表面,用棉布沾上轻轻地擦,布上不应有油和胶水;擦拭塑料部分时不要使用稀释剂和苯等易发挥性溶液,可用中性清洁剂或水。长期使用后应检查三脚架的每一部分,确保螺丝、制动部分不松动;使用后应擦干净条码标尺,条码标尺的清洁度会影响测量的精度。应用干净的刷子刷去标尺表面或连接处的灰尘并用湿布和干布擦拭,擦拭不要使用稀释剂和苯等易发挥性溶液;应安全存放条码标尺,一般应用布盖好标尺条码及连接处使之受到保护。

2.4.7　电子水准仪的检验与校正

电子水准仪应适时校准,以 DL07 电子水准仪为例,DL07 电子水准仪的构造见图 2-86,其中,"6—目镜"用于调节十字丝的清晰度;旋下"7—目镜护罩"可以对分划板进行机械调整以调整光学视准线误差;"8—数据输出插口"用于连接电子手簿或计算机;"15—调焦手轮"用于标尺调焦;"16—电源开关/测量键"用于仪器开关机和测量;"17—水平微动手轮"用于仪器水平方向的调整;"18—水平度盘"用于将仪器照准方向的水平方向值设置为零或所需值。

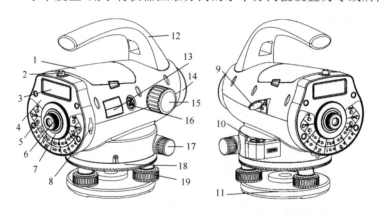

图 2-86　DL07 电子水准仪的构造

1—电池;2—粗瞄器;3—液晶显示屏;4—面板;5—按键;6—目镜;7—目镜护罩;8—数据输出插口;9—圆水准器反射镜;10—圆水准器;11—基座;12—提柄;13—型号标贴;14—物镜;15—调焦手轮;16—电源开关/测量键;17—水平微动手轮;18—水平度盘;19—脚螺旋

(1) 圆水准器的检校　将仪器安置在三脚架上,利用三个脚螺旋使圆水准器气泡精确位于中心。将望远镜绕竖轴旋转180°,若气泡偏离中心则应按下列步骤进行校正:首先找到气泡偏移方向处的圆水准器校正螺丝并固紧该螺丝(使气泡返回总偏移量的一半);再用三个脚螺旋重新整平圆水准器(此时当望远镜绕竖轴旋转时气泡保持居中状态,若气泡不居中则应重复以上校正操作,直到望远镜旋转时气泡一直保持居中为止)。

(2) 仪器的视准线误差检校

① 方法Ⅰ。见图 2-87,两标尺约相距 50m,在中间位置架设三脚架,在三脚架上安置并整平仪器。检校步骤共有 16 步:①在菜单屏幕"检校模式"提示下按[ENT];②按[▲]或[▼]选择方法类型然后再按[ENT];③输入作业号后按[ENT];④输入注记 1 后按[ENT];⑤输入注记 2 后按[ENT];⑥输入注记 3 后按[ENT];⑦瞄准(a)点的标尺并按[MEAS],见图 2-87(a),这时仪器会测量并显示 Aa;⑧瞄准 b 点的标尺并按[MEAS],见图 2-87(a),这时仪器会测量并显示 Ab;⑨将仪器移至 B 点后整平仪器,见图 2-87(b),此时可以关仪器的电源以节约电池的电量;⑩瞄准 a 点的标尺并按[MEAS],见图 2-87(a),这时仪器会测量并显示 Ba;⑪瞄准 b 点的标尺并按[MEAS],见图 2-87(a),这时仪器会测量并显示 Ab;⑫显示改正值(要继续校正可按[ENT]键);⑬按[ENT]键显示 b 点的标尺读数;⑭翻转 b 点的标尺读数、拆下目镜护罩 1,图 2-88,用拨针旋转目镜下方的十字丝校正螺钉 2;⑮瞄准标尺进行人工读数,上下移动十字丝,直至水平线与上述正确读数一致;⑯按[ENT]键(显示返回到检校菜单)。要停止检校过程只要在步骤①至⑪任何时候按[ESC]即可。显示错误信息时可按[ESC]并继续检校过程。

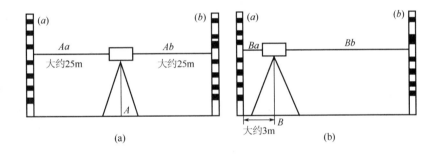

图 2-87　仪器的视准线误差校准方法Ⅰ

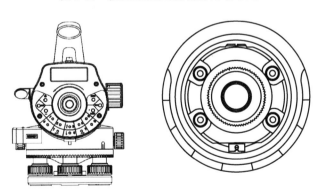

图 2-88　仪器的视准线误差校准位置

② 方法Ⅱ。见图 2-89,将仪器安置在三脚架上并使脚架位于相距约 50m 的两根水准尺之间的 A 处(A、B 两点将两水准尺间的距离分成三个等分),整平仪器,检校步骤与方法Ⅰ基本相同。

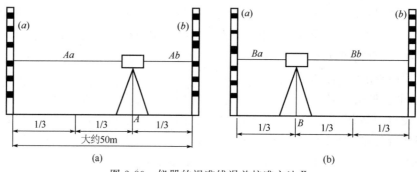

图 2-89 　仪器的视准线误差校准方法Ⅱ

2.4.8 　电子水准仪的常规使用方法

（1）电子水准仪的标准测量模式　电子水准仪的标准测量模式通常包含标准测量、高程放样、高差放样和视距放样等。标准测量通常只用来测量标尺读数和距离而不进行高程计算。高程放样模式下，电子水准仪由已知点 A 的高程 H_A 推算出的高程值 $H_A+\Delta H$，仪器可以根据输入的高程值 $H_A+\Delta H$ 来测出相应的地面点 B，高程放样测量通常不存储。高差放样模式下，由已知 A 点到 B 点的高差 ΔH，仪器可以根据输入的高差值 ΔH 来测出相应的地面点 B，高差放样测量通常也不存储。视距放样模式下，由已知 A 点到 B 点的距离 D_{AB} 仪器可以根据输入的距离值 D_{AB} 来测出相应的地面点 B，电子水准仪测量通常也不存储。

（2）电子水准仪的线路测量模式　通常情况下，线路测量中"数据输出"必须设置为"内存""SD 卡"，若要将线路水准测量数据直接存入数据存储卡内则"数据输出"必须设置为"SD卡"。"开始线路测量"用来输入作业名、基准点号和基准点高程，输入这些数据后即可开始线路的测量。"线路测量模式"通常有 4 种选择，即水准测量 1——后前前后（BFFB）、水准测量 2——后后前前（BBFF）、水准测量 3——后前/后中前（BF/BIF）、水准测量 4——往返测，后前前后/前后后前（aBFFB）。一个测站测量完后用户可以关机以节约电源，再次开机后仪器会自动继续下一个站点的测量，若当前测站未测量完成就关机则再次开机后需重新测量此测站。线路测量应按设定进行后视、前视观测数据的采集。

"水准测量 1"测量完毕电子水准仪可显示各种相关的数据。在多次测量的情况下显示到后视点的距离、N 次测量平均值、连续测量中最后一次测量值、总的测量次数 N、标准偏差 δ、后视点号、到前视点的距离、前视点地面高程、前后视距差 Δd、前视点号、到后视点的距离、高差之差［EV＝（后 1－前 1）－（后 2－前 2）］、d（后视距离总和－前视距离总和）、Σ（后视距离总和＋前视距离总和）等。

"水准测量 2"测量完毕，电子水准仪也可显示各种相关的数据。在多次测量的情况下显示到后视点的距离、N 次测量平均值、连续测量最后一次测量值、总的测量次数 N、标准偏差 δ、后视点号、到后视点的距离、到前视点的距离、前视点地面高程、到前视点的距离、高差之差［EV＝（后 1－前 1）－（后 2－前 2）］、d（后视距离总和－前视距离总和）、Σ（后视距离总和＋前视距离总和）、前视点号、前视点地面高程等。

"水准测量 3"中间点测量完毕可显示到中间点的距离、N 次测量平均值、连续测量最后一次测量值、标准偏差 δ、中间点的高程、中间点的点号（需存储后点号才会递增或递减）等。高程放样测量完毕可显示标尺的测量值、N 次测量平均值、连续测量最后一次测量值、放样标尺的上移或下移距离、标准偏差 δ、放样点的视距、放样点的高程等。

"水准测量4"在往测或过渡点测量完毕后电子水准仪可显示上次过渡点到本次过渡点的高差 Δh_{CP}、从起始点到本次过渡点的高差 $\Delta h_{\Sigma CP}$、上次过渡点到本次过渡点的视距 ΣD_{CP}、从起始点到本次过渡点的视距 ΣD_{BM}、本过渡点的高程 GH_{BM} 等。后视1(Bk1)测量完毕可显示(只在多次测量的情况下)到后视点的距离、N 次测量平均值、连续测量最后一次测量值、总的测量次数 N、标准偏差 δ、后视点号等。前视1(Fr1)测量完毕可显示到前视点的距离、N 次测量平均值、连续测量最后一次测量值、总的测量次数 N、标准偏差 δ、前视点地面高程等。前视2(Fr2)测量完毕可显示到前视点的距离、N 次测量平均值、连续测量最后一次测量值、总的测量次数 N、标准偏差 δ、d(后视距离总和－前视距离总和)、Σ(后视距离总和＋前视距离总和)、前视点号等。后视2(Bk2)测量完毕可显示到后视点的距离、N 次测量平均值、连续测量最后一次测量值、标准偏差 δ、高差之差[EV＝(后1－前1)－(后2－前2)]、d(后视距离总和－前视距离总和)、Σ(后视距离总和＋前视距离总和)、前视点地面高程、后视点号等。

线路测量中点号一般有相应的设置原则,点号的修改可通过"更改点号"实现(在前视测量前可更改点号),点号中的可用字符有专门规定,通常在点号中可使用数字、大写字母和"－"。最多可用8位字符,已用过的点号可以再次使用。点号可以自动递增与递减,通过"设置模式"可设定自动递增步长、数字自动增大、自动递减步长。

(3)电子水准仪的一些特定功能键 电子水准仪的重复测量键[REP]用于测站观测。中间点测量键[IN/SO]用来在线路测量中采集中间独立点和侧视点。放样测量键[IN/SO]用来放样指定高程的点,放样点坐标文件按照记录模式的设置可储存在"内存"或"SD卡"的文件夹内。"过渡点上终止线路测量"可在过渡点暂停线路测量作业。"水准点上终止线路测量",若水准点结束线路测量,则此线路测量作业已结束,将无法再次继续测量。"继续线路测量"模式用来继续线路测量作业,设置模式中的"数据输出"应设置为"内存"或"SD"卡,线路测量作业循环必须以"过渡点闭合"结束,作业数据必在"数据输出"下选择"SD卡"或"内存"。手工输入数据键[MANU]可实现手工输入,若由于某些原因无法用[MEAS]进行测量则可利用[MANU]手工输入标尺读数和仪器至标尺的平距。距离显示键[DIST]的作用是确保前视与后视距离相等,实际测量前可用[DIST]键检查距离。标尺倒置模式键可将标尺倒置用于天花板、隧道拱顶测量。记录数据查询键[SRCH]可用来查询和显示记录的数据。水平角测量功能,电子水准仪有一个水平度盘(整个度盘从 $0°$ 到 $360°$,角值按顺时针增大)可用来测量水平角,水平度盘每 $1°$ 一个划分、每 $10°$ 有一注记。视距测量功能用来进行视距测量。

(4)电子水准仪的数据卡/内存的格式化 格式化功能用来删除记录在内存或数据卡中的所有文件,删除后的文件不能恢复。为避免错误操作而不小心删除数据通常应输入密码,密码一般是由厂家设置的,用户无法更改,必须牢记。格式化功能可实现数据卡的格式化和内存的格式化。

(5)电子水准仪的数据管理 电子水准仪利用主菜单中数据管理功能来管理内存(RAM)和数据卡(SD卡),其功能包括:在SD卡上创建一个文件夹;查找作业(功能同SRCH);复制一个作业(从内存到数据卡,从数据卡到内存);删除内存或数据卡中的一个作业;检查内存或数据卡的容量;作业文件数据输出到电脑;内存中不存在文件夹;在数据卡中一个文件夹中不可以有相同的作业名;根据文件类型按相关规则自动加上扩展名(L为线路测量数据文件、M为标准测量数据文件、A为检校数据文件、H为高程高差文件、T为输入点文件等)。用户可以按类型将输入点、标准测量、线路测量,高程高差文件通过USB接口发送给计算机,常见的默认通信格式为波特率9600、数据位8、停止位1、无校检。内存和SD卡中的数据格式通常在电子水准仪配送的光盘中有说明,用户可以通过制造公司的软件进行数据传输和处理,也可以将文件通过 SD 卡将数据拷贝至电脑后通过记事本打开进行编辑和处理。可以在数据卡上创建一个文件夹(为了便于查阅可创建成一个或多个文件夹)。可以查找一个作业,可以复制作业(数据卡内的作业数据可以复制到内存,反之亦然),可以删除作业(按照"数据输出"的设置可将存储在数据卡或内存中的作业数据删除),可以检查内存或数据卡的容量(可按仪器规定的方法检查内存或数据卡的容量),可以输出内存或数据卡中的文件。

(6) 电子水准仪的设置模式　电子水准仪的设置模式是用来设置水准测量的各种选择项的,用户可据以选择测量单位、通信参数等,关机后设置保持不变。设置模式菜单包括测量模式、最小读数、标尺倒置、显示单位、数据输出、点号模式、显示时间、通信参数、自动关机、对比度、背景光、仪器信息、限差、累积视距差、高差限差、高差之差限差、视距限值、高度限值、更改设置模式等。

2.4.9　电子水准仪的水准测量自动平差功能

电子水准仪一般都配有水准测量自动平差软件,可在水准测量结束后马上给出各个未知点的最或然高程。以下是本书作者为某电子水准仪厂家开发的水准测量自动平差软件的计算原理,从一个已知点 B 经过若干未知点测到另一个已知点 C 时,若 C 点的测量高程与其已知高程不同,则可按水准路线长 D(或测站数 N)直接对各个未知点测量高程施加改正数。假设 C 点的测量高程为 $H_C{}'$、已知高程为 H_C,则高程闭合差 $F_H = H_C{}' - H_C$。若 $|F_H| \leqslant |F_{max}|$,则每个未知点的最或然高程 H_I 等于其测量高程 $H_I{}'$ 加上改正数 V_{HI},改正数 V_{HI} 的计算公式为 $V_{HI} = -F_H D_{BI}/D_{BC}$ 或 $V_{HI} = -F_H N_{BI}/N_{BC}$,其中,$D_{BI}$ 为 B 点到 I 点的水准测量线路总长、D_{BC} 为 B 点到 C 点的水准测量线路总长、N_{BI} 为 B 点到 I 点的水准测量总设站数、N_{BC} 为 B 点到 C 点的水准测量总设站数。电子水准仪水准测量自动平差后各个未知点的最或然高程 H_I 为 $H_I = H_I{}' - F_H D_{BI}/D_{BC}$ 或 $H_I = H_I{}' - F_H N_{BI}/N_{BC}$。

2.5　光学水准仪的检验与校正

为保证测量工作能得出正确的成果,工作前必须对所使用的仪器进行检验和校正。

2.5.1　微倾式水准仪的检验和校正

微倾式水准仪的主要轴线有圆水准轴、竖轴、水准管轴、视准轴和十字丝的横丝,见图 2-90,它们之间应满足的几何条件主要有 3 个:圆水准器轴平行于仪器的竖轴;十字丝的横丝垂直于仪器的竖轴;水准管轴平行于视准轴。水准管轴和视准轴在铅垂面内平行的校正称为 i 角(水准管轴和视准轴在铅垂面内投影的夹角称为 i 角)校正;在水平面内平行的校正称为交叉误差校正(精度低于 1mm/km 的水准仪只校准 i 角。高精度水准仪应校准交叉误差且应在 i 角检验校正之前进行)。

(1) 圆水准器的检验和校正

① 检验。安置仪器后先调脚螺旋使圆水准器气泡居中[见图 2-91(a)],然后将仪器旋转 180°,若气泡仍然居中则说明条件满足,若气泡有了偏移[见图 2-91(b)]则说明条件不满足,需要校正。

② 校正。见图 2-91(b),圆水准轴偏离铅垂线是由两个等量因素构成的,一是竖轴偏离铅垂线,二是圆水准轴不平行竖轴。由此可见,圆水准轴与竖轴间的误差仅占气泡偏移量的一

半。另一半是由于竖轴偏斜引起的。因此,校正时先调脚螺旋使气泡向中央移回一半[见图 2-91(c),此时竖轴已处于铅垂位置],然后用校正针拨动圆水准器底下三个校正螺旋(见图 2-92)使气泡居中,此时,圆水准轴也处于铅垂位置。至此,条件获得满足[如图 2-91(d)所示]。校正后应将仪器旋转 180°再次进行检验,若气泡仍不居中应再进行校正,如此反复进行直至条件完全满足为止。常见的圆水准器校正装置的构造有两种,一种在圆水准器盒底有三个校正螺旋[见图 2-93(a)],盒底中央有一球面突出物顶着圆水准器的底板,三个校正螺旋则旋入底板。拉住圆水准器,旋紧校正螺旋时可使水准器该端降低,旋松时则可使该端上升。另一种构造是在盒底有四个螺旋[见图 2-93(b)],中间一个较大的螺旋用于连接圆水准器和盒底,另三个为校正螺旋,它们顶住圆水准器底板,当旋紧某一校正螺旋时水准器在该端升高,旋松时则该端下降,其移动方向与第一种相反。校正时,无论对哪一种构造,当需要旋紧某个校正螺旋时必须先旋松另两个螺旋,校正完毕时必须使三个校正螺旋都处于旋紧状态。圆水准器的检验校正实况见图 2-94。

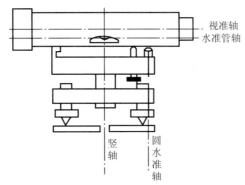

图 2-90 微倾式水准仪的主要轴线

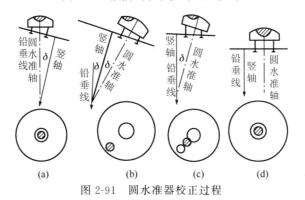

图 2-91 圆水准器校正过程

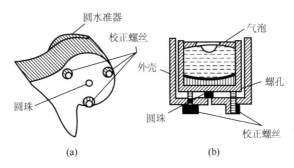

图 2-92 圆水准器校正螺丝的位置

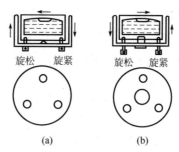

图 2-93　圆水准器校正装置的构造

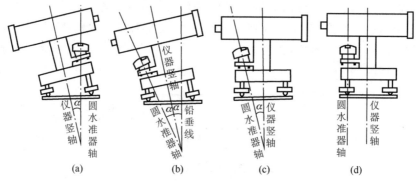

图 2-94　圆水准器的检验校正实况示意

（2）十字丝横丝的检验与校正

① 检验。整平仪器后，用横丝瞄准墙上一固定点 P［见图 2-95(a)］，转动水平微动螺旋若点子离开横丝［见图 2-95(b)］则表示横丝不水平需要校正；若点子始终在横丝上移动［见图 2-95(c)、(d)］则表示横丝水平。

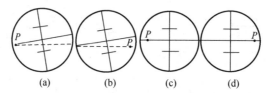

图 2-95　望远镜十字丝横丝水平的检验与校正

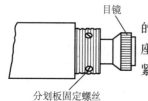

图 2-96　望远镜十字丝
分划板固定
螺丝

② 校正。打开十字丝分划板的护罩，可见到三个或四个分划板的固定螺丝（见图 2-96），松开这些固定螺丝后用手转动十字丝分划板座使横丝水平然后再上紧固定螺丝，此项校正需反复进行。最后应旋紧所有固定螺丝。

（3）i 角的检验与校正

① 检验。见图 2-97，在比较平坦的地面上安置水准仪，从仪器向两侧各约 40～50m 定出等距的 A、B 两点打下木桩或尺垫标志并竖立水准尺，若水准管轴不平行于视准轴，其夹角为 i，此时，因水准仪在两尺点的中央，夹角 i 在两尺上所产生读数误差均为 Δ。设 A、B 两尺上读数分别为 a_1 及 b_1，因 $a_1 = a_1' + \Delta$，$b_1 = b_1' + \Delta$，则 $a_1 - b_1 = (a_1' + \Delta) - (b_1' + \Delta) = a_1' - b_1' = h_{AB}$，这说明仪器本身虽有误差，只要安置在两点等距离处，由两读数之差仍可求得两点高差的正确值。假设图 2-97 中测得 $a_1 = 1.506\text{m}$，$b_1 = 1.301\text{m}$，则 $h_{AB} = 1.506 - 1.301 = 0.205\text{m}$。然后将水准仪搬

到离 B 点约 $2\sim3m$ 处（即水准仪望远镜的最短明视距离位置，当物体与望远镜间的距离小于明视距离位置时通过望远镜将无法看清物体）先读取近尺读数 b_2（假设为 $1.395m$，由于仪器距 B 点很近，故可将 B 近似地看作视线水平时的尺上读数 b_2'），由此可计算视线水平时远尺的正确读数 $a_2'=b_2'+h_{AB}=b_2+h_{AB}=1.395+0.205=1.600m$，如果远尺的实际读数不是 a_2' 而是 a_2（假设为 $1.612m$，即比 a_2' 大 $0.012m$，亦即 $\Delta_A=0.012m$）则说明水准管轴不平行于视准轴（$\Delta_A=0.012m$，说明视准轴向上倾斜）需要校正。i 角的大小为 $i=(\Delta_A/D_A)\times\rho''$。

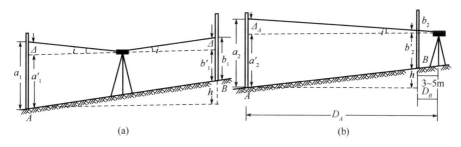

图 2-97　i 角的检验与校正现场示意

② 校正。转动微倾螺旋使远尺读数从 $a_2=1.612m$ 改成 $a_2'=1.600m$，此时视准轴水平但气泡已偏离中点，拨动水准管一端的上下两个校正螺丝（见图 2-98）使水准管气泡居中（此时水准管轴也在水平位置，于是水准管轴与视准轴就平行了）。此项工作要反复进行几次，直到 i 角小于 $20''$ 为止（$20''$ 是对 S_3 水准仪而言的，大致相当于检验远尺的读数与计算数值之差不大于 $5mm$）。水准管校正螺旋的位置见图 2-99，校正时应先松动左右两校正螺旋，然后拨动上下两校正螺旋使气泡符合，拨动上下校正螺旋时应先松一个再紧另一个逐渐改正，最后校正完毕后所有校正螺旋都应适度旋紧。

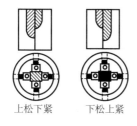

上松下紧　　下松上紧

图 2-98　i 角校正示意

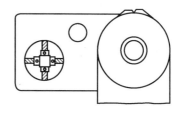

图 2-99　水准管校正螺旋的位置

（4）交叉误差的检验和校正

① 检验。在离水准仪约 $50m$ 处竖立水准尺，仪器安置成图 2-100 所示样子，使一个脚螺旋在视线方向上。仪器整平并使水准管气泡符合后读出水准尺上读数。然后旋转在视线两侧的两个脚螺旋，按相对的方向各旋转约两周并使水准尺读数不变，然后再按相反方向旋转位于视线两侧的脚螺旋使仪器绕视准轴向另一侧倾斜并保持原读数不变。转动中应注意观察仪器向两侧倾斜时气泡移动的情况。可能出

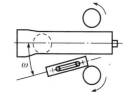

图 2-100　仪器的安置位置

现图 2-101 中的四种情况，图 2-101(a)表示既没有交叉误差也没有 i 角误差；(b)表示没有交叉误差、有 i 角误差；(c)表示有交叉误差、没有 i 角误差；(d)表示既有交叉误差又有 i 角误差。

② 校正。拨水准管一端的横向校正螺旋，反复检验和校正，使仪器向两侧倾斜时气泡的移动只出现图 2-101(a)、(b)两种情况，此时就已没有交叉误差了。

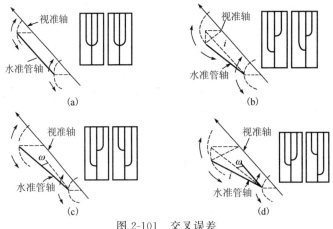

图 2-101　交叉误差

2.5.2　自动安平水准仪的检验和校正

自动安平水准仪应满足的条件主要有 4 个,即圆水准器轴平行于仪器的竖轴;十字丝横丝垂直于竖轴;水准仪在补偿范围内应能起到补偿作用;视准轴经过补偿后应与水平线一致。前两项的检验校正方法与微倾式水准仪相应项目的检校方法完全相同。

(1) 水准仪补偿性能的检验与校正　将水准仪安置在一点上,在离仪器约 50m 处竖立一水准尺。安置仪器时使其中两个脚螺旋的连线垂直于仪器到水准尺连线的方向。用圆水准器整平仪器并读取水准尺上读数。旋转视线方向上的第三个脚螺旋,让气泡中心偏离圆水准器零点少许,即使竖轴向前稍倾斜。读取水准尺上读数,然后再次旋转这个脚螺旋使气泡中心向相反方向偏离圆水准器零点并读数。重新整平仪器,用位于垂直于视线方向的两个脚螺旋,先后使仪器向左右两侧倾斜,分别在气泡中心稍偏离圆水准器零点后读数。如果仪器竖轴向前后左右倾斜时所得读数与仪器整平时所得读数之差不超过 2mm 则可认为补偿器工作正常,否则应检查原因或送工厂修理。检验时圆水准器气泡偏离的大小应根据补偿器的工作范围及圆水准器的分划值来决定,比如补偿工作范围为 $\pm 5'$、圆水准器的分划值(弧长所对之圆心角值)为 $8'/2mm$ 的自动安平水准仪,气泡偏离圆水准器零点不应超过 $5/8 \times 2 = 1.2mm$,补偿器工作范围和圆水准器的分划值在仪器说明书中可以查到。

(2) 视准轴经过补偿后应与水平线一致的检验与校正　若视准轴经补偿后不能与水平线一致则也构成 i 角并产生读数误差。这种误差的检验方法与微倾式水准仪 i 角的检验方法相同,但校正时应校正十字丝,对于一般水准测量使用的自动安平水准仪也应使 i 角不大于 $20''$。

第3章
电子全站仪与经纬仪

3.1 电子全站仪的构造

3.1.1 电子全站仪概貌

典型高端电子全站仪的外貌见图 3-1，高端电子全站仪的特点是高精度（不低于 1mm＋1mm/km、1″）并具有自动测量功能（也被称为测量机器人），一些高端电子全站仪还配置有 GNSS 接收机（被称为超站仪或空基测量机器人。比如，整合了 GPS 的徕卡 SmartStation）。

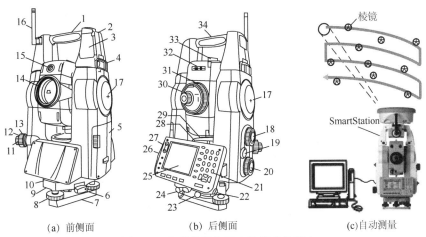

| (a) 前侧面 | (b) 后侧面 | (c) 自动测量 |

图 3-1　典型高端电子全站仪的外貌

1—提柄；2—管状罗盘槽；3—光束探测器（配合遥控测量指挥系统使用）；4—提柄锁扣；5—电池盖；6—三角基座锁紧螺旋；7—基座；8—脚螺旋；9—圆水准气泡校正螺丝；10—圆水准器；11—光学对中器目镜；12—光学对中器分划板护盖；13—光学对中器调焦环；14—物镜（包括"激光照准功能"）；15—照明光；16—蓝牙天线；17—仪器高标志（量取仪器高时的上端点）；18—垂直微动螺旋；19—测量便捷键；20—水平微动螺旋；21—操作面板；22—触摸笔架；23—基座固定螺丝；24—数据通信和电源接口；25—显示窗；26—CF 卡槽；27—USB 端口；28—照准部水准器校正螺丝；29—照准部水准器；30—望远镜目镜；31—望远镜调焦环；32—激光发射警示灯；33—粗瞄准器；34—仪器中心标志（用于上对点时）

3.1.2 电子全站仪测量的理论基础

（1）直线定向 地面上任意两点的连线都具有方向性，确定直线方向的工作称为直线定向，要确定地面上任意两点的连线方向必须有一个参照物（即实地存在的基准方向）。为确定地面点平面位置，不但要知道直线的长度还要知道直线的方向。地球上确定直线方向的基准方向除了地球自转轴和地磁极外，还有经过高斯投影后的南北方向，即 X 轴（测量中的数据处理几乎都是以高斯投影面为基准的），因此，地球上确定直线方向的常用基准方向有 3 个，即真南北方向、磁南北方向和高斯坐标系南北方向。真南北方向可用天文测量方法或陀螺经纬仪或 GPS 测定；磁南北方向可用罗盘等带磁针的装置或仪器来测定；坐标南北方向一般通过计算确定。地面上某一点的真子午线方向与磁子午线方向间的夹角称为磁偏角（用 δ 表示。磁北方向偏于真北方向以东时称东偏，δ 取正值；偏于真北方向以西时称西偏，δ 为负值）。真子午线方向与中央子午线之间的夹角称为子午线收敛角（用 γ 表示。点的坐标北偏在真北的东边 γ 取正值；反之则取负值。子午线收敛角 γ 可以该点的高斯平面直角坐标为引数在测量计算用表中查到）。磁北与坐标北的夹角称为磁坐偏角，用 ω 表示。测量中常用方位角、象限角来表示直线的方向。

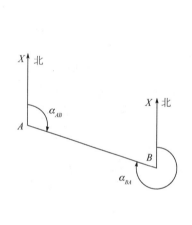

图 3-2 正、反方位角

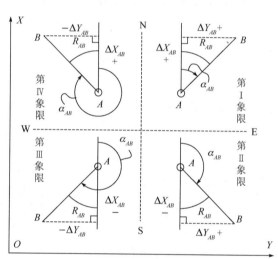

图 3-3 坐标方位角与坐标象限角的关系图

（2）方位角 从直线一端做一个定向基准方向，从该定向基准方向北端起沿顺时针方向到该直线的角度（水平角或球面角）称为该直线相对于该定向基准方向的方位角，角值范围为 $0°\sim360°$（当等于 $360°$ 时记为 $0°$），用 $\alpha_{××}$ 表示（如 AB 直线的方位角则记为 α_{AB}）。很显然，方位角有 3 种。若以真南北线为基准方向则称为真方位角，以磁南北线为基准方向称为磁方位角，以高斯坐标纵轴为基准方向称为坐标方位角。测量中经常讲的方位角是指坐标方位角。图 3-2 为 AB 直线和 BA 直线的方位角 α_{AB} 与 α_{BA}。α_{AB} 与 α_{BA} 互称正、反方位角。当 A、B 点定向基准北方向线平行时（只有坐标北方向具备这种条件），α_{AB} 与 α_{BA} 相差 $180°$，即正、反坐标方位角相差 $180°$，关系式为 $\alpha_{AB}=\alpha_{BA}\pm180°$。

（3）象限角 直线与定向基准方向线间所夹的小于或等于 $90°$ 的角称为该直线相对于该定向基准方向的象限角，角度值范围为 $0°\sim90°$，用 $R_{××}$ 表示（如 AB 直线的象限角则记为 R_{AB}）。象限角按直线的走向分别用 $NE××°$、$SE××°$、$SW××°$、$NW××°$ 表达，相应读作北东××°、南东××°、南西××°、北西××°。很显然，象限角也有 3 种。若以真南北线为基准方向则称为真象限角，以磁南北线为基准方向称为磁象限角，以高斯坐标纵轴为基准方向称为坐标象限角。测量中经常讲的象限角是指坐标象限角。

（4）坐标方位角与坐标象限角的关系　坐标方位角与坐标象限角的关系是我们进行地面坐标计算的基础和关键，见图 3-3。测量中实际使用的平面直角坐标系是实用高斯平面直角坐标系 XOY，在实用高斯平面直角坐标系 XOY 里，所有的地面点均位于第一象限（即 X、Y 坐标均为正值），当地面上任意两点 A、B 发生联系时（即地面上任意两点构成直线）就会构成具有实际意义的象限角（R_{AB}），象限角（R_{AB}）有 NE、SE、SW、NW 等 4 个方向，因此，我们可建立具有重要实际意义和科学价值的象限坐标系——NSEW 坐标系（见图 3-3。象限坐标系的象限为顺时针顺序。象限坐标系就是电子全站仪的坐标系）。假设 A 点到 B 点的坐标增量为 ΔX_{AB}、ΔY_{AB}，则有坐标增量公式 $\Delta X_{AB} = X_B - X_A$、$\Delta Y_{AB} = Y_B - Y_A$，$\Delta X_{AB}$ 的含义是由 A 点到 B 点 X 坐标增加了多少；ΔY_{AB} 的含义是由 A 点到 B 点 Y 坐标增加了多少。由图 3-3 可以得到表 3-1。由表 3-1 可以看出，坐标增量正、负的变化规律与解析几何中坐标正、负的变化规律是完全相同的，这就是象限坐标系的象限为顺时针顺序的原因，因此，可以建立测量坐标计算与解析几何坐标计算方式的统一。当 A、B 点间的水平距离 D_{AB} 和坐标方位角 α_{AB} 已知时，由图 3-3 和表 3-1 不难得到另一种形式的坐标增量公式，即 $\Delta X_{AB} = D_{AB}\cos\alpha_{AB}$、$\Delta Y_{AB} = D_{AB}\sin\alpha_{AB}$，可以看出其与解析几何坐标计算公式极其相似。坐标方位角与坐标象限角的关系也被称为测量坐标计算的指南针（简称一图、一表、两公式，图为核心）。

表 3-1　坐标方位角与坐标象限角的关系

象限	坐标增量的正、负		R_{AB} 的表达方式	R_{AB} 与 α_{AB} 的关系
	ΔY_{AB}	ΔX_{AB}		
I	＋	＋	NE××°	$R_{AB} = \alpha_{AB}$
II	＋	－	SE××°	$R_{AB} = 180° - \alpha_{AB}$
III	－	－	SW××°	$R_{AB} = \alpha_{AB} - 180°$
IV	－	＋	NW××°	$R_{AB} = 360° - \alpha_{AB}$

（5）测量平面直角坐标计算的基本法则　测量平面直角坐标计算的基本法则有 3 个，即坐标正算、坐标反算、坐标方位角的连续推算，这也是电子全站仪数据处理采用的基本计算公式的组成部分。我国的测量工作者在平面直角坐标计算图中习惯将已知点（坐标已知的点）用三角形表示，未知点（坐标未知的点）用小圆圈表示。

① 坐标正算法则。若 A 点坐标 X_A、Y_A 已知，A、B 的方位角（坐标方位角，α_{AB}）和水平距离（D_{AB}）也已知，求 B 点坐标 X_B、Y_B，这个过程称为坐标正算。计算过程如下：首先，根据 α_{AB} 和 D_{AB} 计算 A、B 的坐标增量 ΔX_{AB}、ΔY_{AB}（计算公式为 $\Delta X_{AB} = D_{AB}\cos\alpha_{AB}$、$\Delta Y_{AB} = D_{AB}\sin\alpha_{AB}$），然后，根据 A、B 的坐标增量（ΔX_{AB}、ΔY_{AB}）以及 A 点坐标（X_A、Y_A）计算 B 的坐标（X_B、Y_B），计算公式为 $X_B = X_A + \Delta X_{AB}$、$Y_B = Y_A + \Delta Y_{AB}$。

② 坐标反算法则。若 A、B 两点的坐标（X_A、Y_A、X_B、Y_B）已知，求 A、B 的方位角（坐标方位角 α_{AB}）和水平距离（D_{AB}），这个过程被称为坐标反算。计算过程如下：首先根据 A、B 两点的坐标（X_A、Y_A、X_B、Y_B）计算 A、B 的坐标增量（ΔX_{AB}、ΔY_{AB}），计算公式为 $\Delta X_{AB} = X_B - X_A$、$\Delta Y_{AB} = Y_B - Y_A$；然后根据 A、B 的坐标增量（ΔX_{AB}、ΔY_{AB}）计算 A、B 的水平距离 D_{AB}，计算公

式为 $D_{AB} = (\Delta X_{AB}^2 + \Delta Y_{AB}^2)^{1/2}$；再根据 A、B 的坐标增量（ΔX_{AB}、ΔY_{AB}）计算 A、B 的象限角值（坐标象限角的绝对值）$|R_{AB}|$，其计算公式为 $|R_{AB}| = \tan^{-1}|\Delta Y_{AB}/\Delta X_{AB}|$；继而根据 A、B 坐标增量（ΔX_{AB}、ΔY_{AB}）的正、负判别 A、B 象限角 R_{AB} 所属的象限（根据图 3-3 或表 3-1）；最后根据 A、B 象限角值 $|R_{AB}|$、R_{AB} 所属的象限以及该象限 R_{AB} 与 α_{AB} 的关系（借助表 3-1 或图 3-3）计算 A、B 的方位角 α_{AB}。

③ 坐标方位角的连续推算法则。实际测量中，A、B 的方位角 α_{AB} 不是实际测量的，而是通过观测水平角推算的（见图 3-4）。由平面解析几何知识可以知道，图 3-4 中，当两个地面点 A、B 的平面直角坐标已知后，若想获得 1 点的坐标只需要测量 AB 直线与 $B1$ 直线间的水平角 β_B 及 $B1$ 直线的水平距离 D_{B1} 即可（1 点坐标的计算方法是，首先利用坐标反算法则获得 A、B 的方位角 α_{AB}，然后根据 α_{AB} 及 β_B 求出 $B1$ 的方位角 α_{B1}，最后利用坐标正算法则获得 1 点坐标 X_1、Y_1。1 点坐标获得后，我们可以用同样的方法依次获得图 3-4 中 2、3、$\cdots$、$i-1$、i、$i+1$、$\cdots$）。由此可见，获得 1 点坐标的关键是如何根据 α_{AB} 及 β_B 求出 $B1$ 的方位角 α_{B1}。图 3-4 中，根据 α_{AB} 及 β_B 求 $B1$ 方位角 α_{B1} 的过程称为坐标方位角的推算，根据 α_{AB} 及 β_B、β_1、β_2、β_3、$\cdots$、β_{i-1}、β_i、$\cdots$ 求 $B1$、12、23、$\cdots$、$(i-1)i$、$i(i+1)$、$\cdots$ 各直线方位角 $\alpha_{i(i+1)}$ 的过程称为坐标方位角的连续推算。

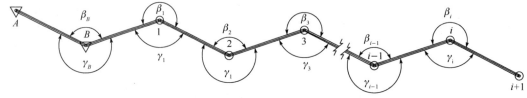

图 3-4   坐标方位角的连续推算

图 3-4 中，β_B、β_1、β_2、β_3、$\cdots$、β_{i-1}、β_i 以及 γ_B、γ_1、γ_2、γ_3、$\cdots$、γ_{i-1}、γ_i 均为实际测量观测获得的水平角（测量上称之为转折角或折角），若坐标方位角的连续推算路线依次为 A、B、1、2、3、$\cdots$、$i-1$、i、$i+1$、$\cdots$，很显然，β_B、β_1、β_2、β_3、$\cdots$、β_{i-1}、β_i 均位于推算路线的左侧（测量上称之为左角，用 β_i 表示）；γ_B、γ_1、γ_2、γ_3、$\cdots$、γ_{i-1}、γ_i 均位于推算路线的右侧（测量上称之为右角，用 γ_i 表示）。测量领域在各类测量坐标计算中习惯用左角（因此，本书介绍的各类坐标计算方法也均采用左角）。同一点的左、右转折角的和等于 $360°$，即 $\beta_i + \gamma_i = 360°$。

坐标方位角的连续推算公式有两个，一个是根据左角推算方位角的公式（称左角公式）；一个是根据右角推算方位角的公式（称右角公式），两个公式的计算结果完全相同。左角公式的形式为 $\alpha_{i(i+1)} = [(\alpha_{(i-1)i} + \beta_i) \pm 180°]$，当 $(\alpha_{(i-1)i} + \beta_i) \geq 180°$ 时"$\pm$"用"$-$"（反之用"$+$"）；当 $[(\alpha_{(i-1)i} + \beta_i) \pm 180°] \geq 360°$ 时应再减 $360°$。右角公式的形式为 $\alpha_{i(i+1)} = (\alpha_{(i-1)i} - \gamma_i) \pm 180°$，当 $(\alpha_{(i-1)i} - \gamma_i) \geq 180°$ 时"$\pm$"用"$-$"（反之用"$+$"）。

3.2   电子全站仪的安置方法

所谓电子全站仪的安置就是把电子全站仪安置在设置有地面标志的测站上，所谓测站就是所测角度的顶点（水平角）或起点（竖直角）。电子全站仪安置的目的是确保电子全站仪的水平度盘圆心位于测站地面标志点的铅垂线上且水平度盘面与该铅垂线垂直。使电子全站仪水平度盘圆心位于测站地面标志点铅垂线上的工作称为"对中"，使电子全站仪水平度盘面与测站地面标志点铅垂线垂直的工作称为"整平"，因此，电子全站仪的安置工作包括"对中""整平"

两项内容。电子全站仪的安置工作应在测量开始前完成。经纬仪、陀螺电子全站仪、GNSS 接收机的安置方法同电子全站仪。现在的电子全站仪全部采用光学对中器"对中"，有些电子全站仪则采用更加先进的激光对点器进行"对中"。利用激光对点器进行"对中"的电子全站仪的安置方法同光学对中电子全站仪，区别在于光学对中电子全站仪的对中线不可见、激光对点电子全站仪的对中线可见。一些老式的低精度（6″及以下）经纬仪利用垂球进行"对中"（称垂球对中经纬仪）。

3.2.1　电子全站仪的标准安置方法

（1）放架（安放三脚架）　见图 3-5，放架的基本要领是使三脚架腿等长，三脚架头位于测点上且近似水平，三脚架腿牢固地支撑于地面上。详细操作步骤有以下 5 步。

① 先将电子全站仪三脚架打开，钮松三个架腿的伸缩腿固定螺丝、抽出伸缩腿，使架腿高度与观测者身高匹配（即观测者能够不躬腰、不踮脚、灵活方便地使用仪器），然后稍微旋紧架腿的固定螺旋。这步工作称为"高适中"。

② 将电子全站仪三脚架的三个架腿张开安放在测站上，使三个架腿的腿尖到测站地面标志点的水平距离相等（即三个架腿的腿尖在以测站地面标志点为中心的等边三角形的角顶上，可用手大概丈量）。这步工作称为"等距"。

③ 将脚踏在电子全站仪三脚架伸缩腿腿尖踏脚板上，小腿贴近伸缩腿面沿伸缩腿的方向用力下踩（千万不能沿铅垂方向下踩，以免踩断架腿），使三个架腿的腿尖均牢固地扎入土中。这步工作称为"尖入土"。

④ 钮松电子全站仪三脚架三个架腿的伸缩腿固定螺丝、伸缩伸缩腿，使电子全站仪三脚架架头顶面水平，然后旋紧架腿固定螺旋。这步工作称为"顶平"。

⑤ 用手分别对电子全站仪三脚架的三个架腿加压（即用双手抓住三脚架伸缩腿固定螺丝上方的两根主杆略微用力往下压，压力方向应与杆长度方向一致），看三个架腿是否向下滑动，若滑动则应再次旋紧架腿固定螺旋、直到不滑为止。这步工作称为"腰牢靠"。

（2）联仪（将电子全站仪固定在三脚架上）　见图 3-6，联仪的基本动作是将仪器放于三脚架头上，一只手握住仪器，另一只手旋紧中心连接螺旋。具体动作是从仪器箱中取出电子全站仪，旋松电子全站仪的全部制动螺旋，左手抓住电子全站仪照准部 U 型支架细的一侧（抓牢）或左手抓牢电子全站仪的提柄，将电子全站仪放到三脚架顶面上（不松手），右手钮动三脚架头上的中心连结螺旋，将中心连结螺旋旋入电子全站仪基座的中心螺孔并旋紧，右手轻推电子全站仪基座看电子全站仪基座是否能在三脚架顶面上移动，若不动则说明电子全站仪与三脚架间已经可靠连接（此时才可以松开抓牢电子全站仪的左手），联仪工作结束，否则应重新连接并旋紧三脚架头上的中心连结螺旋、直到满足要求为止。联仪工作的基本要求是"可靠"。

（3）操作光学对中器　见图 3-7，操作光学对中器的基本动作是通过光学对中器目镜观察，旋转对中器的目镜至分划板十字丝看得最清楚，再旋转对中器调焦环至地面点看得最清楚。详细操作步骤有以下 3 步。

① 调整电子全站仪照准部下方的光学对中器，像水准仪操作望远镜一样，先转动光学对中器目镜调焦螺旋，使十字丝（或对中圆）清晰（称视度调节，简称调屈）。

② 转动对光螺旋（一些老式经纬仪则为抽拉光学对中器）使对中点（测站地面标志点）清晰，简称调焦。

③ 将眼睛在光学对中器目镜附近上下移动观察目镜,看对中点的像与十字丝间是否有位移现象出现,若有则说明有视差。若有视差则通过调焦、调屈＋调焦等的方式消除视差。

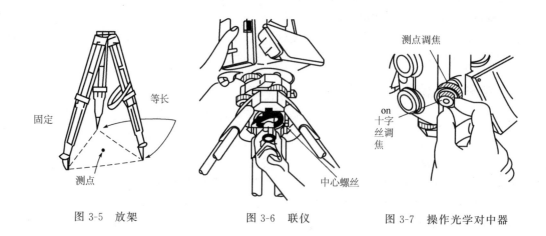

图 3-5　放架　　　　　　　　图 3-6　联仪　　　　　　　图 3-7　操作光学对中器

（4）脚螺旋对中　脚螺旋对中的基本动作是调节脚螺旋使测点位于光学对中器十字丝中心。具体动作是一边任意转动 3 只脚螺旋,一边通过光学对中器观察地面对中点的移动情况,使地面对中点位于光学对中器十字丝交点处(或对中圆的圆心位置)。

（5）伸缩三脚架,两支架腿整平　转动照准部,使照准部长水准管的铅直投影与某一个三脚架架腿的铅直投影平行(见图 3-8,此时照准部长水准管与 A 架腿平行),左手抓牢三脚架伸缩腿(A 架腿)固定螺丝上方的 1 根主杆(拇指紧贴伸缩腿顶部确保伸缩腿不能滑动),右手稍松该架腿的伸缩腿固定螺丝,然后将右手放在伸缩腿的顶端压住伸缩腿,左手提或压主杆使三脚架架腿升高或降低,使照准部长水准管气泡居中,然后,左手抓牢并控制住该三脚架架腿的滑动(拇指紧贴伸缩腿顶部确保伸缩腿不能滑动),右手拧紧该架腿的伸缩腿固定螺丝。转动照准部 120°,使照准部长水准管的铅直投影与另一个三脚架架腿的铅直投影平行(见图 3-8,此时照准部长水准管与 C 架腿平行),重复上述调整动作,使照准部长水准管气泡再次居中。

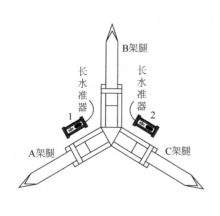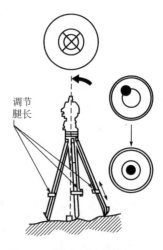

图 3-8　伸缩三脚架两支架腿整平(俯视图)　　　图 3-9　利用圆水准气泡整平

当然也可以利用圆水准气泡进行整平(见图 3-9)但比较麻烦,方法是缩短离气泡最近的三脚架腿(或伸长离气泡最远的三脚架腿)使气泡居中(此操作需重复进行),待气泡偏离量很小时可一边转动脚螺旋一边察看圆水准气泡(直到气泡位于圆心时为止)。

(6) 整平(脚整) 如图 3-10 所示,转动电子全站仪照准部,使照准部水准管平行于两个脚螺旋 1、2 的连线,两手按箭头的方向(或反方向)同时对向转动脚螺旋 1、2,见图 3-10(a),使照准部水准管气泡居中(气泡移动方向与左手大拇指转动方向一致)。将电子全站仪照准部顺时针旋转 90°,见图 3-10(b),使照准部水准管垂直于 1、2 脚螺旋的连线,转动另一只脚螺旋 3,再使气泡居中。再将电子全站仪照准部顺时针旋转 90°,使照准部水准管反向平行于两个脚螺旋 1、2 的连线,两手按箭头的方向(或反方向)再同时对向转动脚螺旋 1、2,见图 3-10(c),使照准部水准管气泡居中。将电子全站仪照准部顺时针再次旋转 90°,见图 3-10(d),使照准部水准管反向垂直于 1、2 脚螺旋的连线,转动第三个脚螺旋 3,再次使气泡居中。再次将电子全站仪照准部顺时针旋转 90°恢复到第一次转动脚螺旋时的位置,电子全站仪照准部水准管气泡应居中(气泡偏离值不得大于半个刻划),若气泡满足居中要求则"整平"工作结束。否则应重新调整,若再次调整仍不行则说明仪器需要校正或维修。电子全站仪整平后仪器的水平度盘就处于了水平位置,竖轴也就铅直了。该动作称为"脚整"。

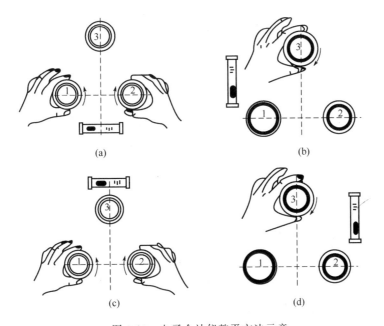

图 3-10 电子全站仪整平方法示意

当仪器照准部水准器位置有偏差时也可以采用校正法整平(见图 3-11),具体步骤有 4 步,即转动仪器照准部使照准部水准器平行于脚螺旋 A、B 的连线,旋转脚螺旋 A、B 使气泡居中(旋转脚螺旋时气泡向顺时针旋转的脚螺旋方向移动)。将照准部旋转 90°使照准部水准器轴垂直于脚螺旋 A、B 的连线,旋转脚螺旋 C 使气泡居中。再旋转 90°并检查气泡位置,继续将照准部旋转 90°并检查气泡是否居中(若不居中则以等量反向旋转脚螺旋 A、B 使气泡向中心移动偏离量的一半,将照准部旋转 90°后旋转脚螺旋 C 使气泡向中心移动偏离量的一半。接着可对照准部水准器进行校正)。旋转照准部并检查气泡在任何方向上是否位于中心位置上(若不满足要求则应重复上述步骤进行整平,直至满足要求为止)。

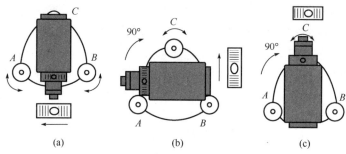

图 3-11　电子全站仪的校正法整平

（7）平移电子全站仪基座对中（推中）　基本动作是稍微松开中心连接螺旋，通过光学对中器目镜观察，同时小心地将仪器在三脚架头上滑动，至测点位于十字丝中心后旋紧中心连接螺旋。具体动作是稍松电子全站仪三脚架中心连接螺旋（只松一个螺距，保持中心连接螺旋与电子全站仪始终连接在一起），一边在三脚架顶面上平移电子全站仪基座（保持电子全站仪基座与三脚架顶面间处于平移状态而非扭转状态，切勿扭转），一边通过光学对中器观察地面对中点的移动情况，使地面对中点位于光学对中器十字丝交点处（或对中圆的圆心位置），然后拧紧三脚架中心连接螺旋。该动作称为"推中"。

（8）脚整　再次检查确认照准部水准器气泡居中情况，若不居中则再次进行"脚整"，方法同第（6）条。

（9）推中　再次检查确认对中情况，若测点偏离十字丝中心则再次进行"推中"，方法同第（7）条。

不断重复"脚整""推中"动作，直到电子全站仪又"对中"（误差小于 0.2mm）又"整平"（气泡偏离值不得大于半个刻划）为止。最后一个动作是"脚整"。

3.2.2　利用电子气泡整平电子全站仪

电子全站仪整平也可通过屏幕显示的电子气泡进行（见图 3-12），其操作步骤依次为：按开机键开机；按{设置}键进入到"设置"模式；选择"倾斜"后在屏幕上显示出电子水准器（电子水准器的圆气泡，水准器内、外圆的倾角显示范围分别为 $\pm 2.5'$ 和 $\pm 4.5'$）；使圆气泡居中（转动仪器照准部使望远镜平行于脚螺旋 A、B 的连线。旋转脚螺旋 A、B 使 X 方向倾角值为 0°，旋转脚螺旋 C 使 Y 方向倾角值为 0°）；按{ESC}键返回到测量模式。也可继续按{零点检校}进入到〈传感器零点检校/测量〉界面。

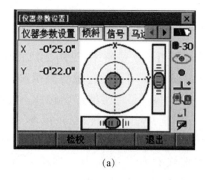

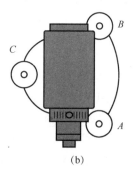

图 3-12　利用电子气泡整平电子全站仪

3.2.3　利用垂球概略安置电子全站仪

利用垂球概略安置电子全站仪的过程有 4 步(精度不高,极少采用):①放架[同 3.2.1 中(1)]、联仪[同 3.2.1 中(2)]、垂球"对中"、脚螺旋严格整平[即"脚整",方法同 3.2.1 中(6)]。

垂球"对中"的过程是在三脚架头中心连接螺旋上挂垂球,调整垂球线的长度,使垂球尖最大限度地靠近测站地面标志点,但不接触,垂球可以自由摆动,拨动垂球,并使垂球自己停止摆动并稳定,观察垂球尖是否正对测站地面标志点(即测站地面标志点位于过垂球尖的铅垂线上),若正对则"对中"工作完成,否则应调整电子全站仪在三脚架顶面上的位置。调整电子全站仪在三脚架顶面上位置的方法是:稍微旋松三脚架头上的中心连接螺旋(只松半个螺距),左手抓住电子全站仪照准部 U 型支架细的一侧(抓牢),右手推动电子全站仪基座,此时,旋入电子全站仪基座的三脚架头中心连接螺旋会带动垂球移动,当垂球尖正对测站地面标志点时钮紧三脚架头中心连接螺旋(重新使电子全站仪与三脚架间可靠连接),"对中"工作完成。对中误差一般应小于 2mm。

一些老式的垂球对中经纬仪采用上述方法安置。

3.3　电子全站仪的功能及使用方法

3.3.1　电子全站仪的基本操作

电子全站仪可借助键盘进行基本操作。基本操作内容很多,可进行开机和关机操作;可选择十字丝照明、键盘和显示窗背光;可切换到 SETTINGS(设置)模式[{SETTINGS}进入仪器参数设置模式;{SETTINGS}/{ESC}返回到先前的屏幕(模式)];可切换到程序选择界面[{PROGRAM}(程序)在基本模式和程序选择界面之间进行切换];可进行目标类型切换;可进行激光照准/照明光开关切换;可选择软键操作({F1}~{F4}选择软键所对应的功能,{FUNCCTRL}在软键功能页面之间进行切换);可进行字母或数字输入[如,字符输入方式可以从大写字母、小写字母以及数字字符中进行选择,利用触摸笔轻击状态栏图标也可以进行选择,按印在按键上的数字或符号(在输入数字模式下),按照字母排列顺序输入相应的字母(在输入字母模式下),{.}输入小数点(在输入数字模式下),{+/-}正负号输入(在输入数字模式下),{ESC}取消输入的数据,{TARGET}(目标)在目标类型之间切换,{TAB}转到下一项目,{BACKSPACE}删除左边一个字符,{SPACE}输入一个空格];可选取选项(如,移动光标或向上向下选择项目,移动光标或向左向右选择项目或选择其他选项,转到下一个项目,显示其他选项,选择或接受这个选项等);可选取列表(如,在列表中上下移动列表/光标,按左右键显示下一个列表);可进行其他操作(如,返回到上一个屏幕,以小写字母像手机键一样输入作为新设备的名称"computer");可选取反射器类型(如,在测量模式中选择[EDM]或在 SETTING模式下的"测距参数设置"中选择"EDM",利用键移动到"目标类型"选择反射器类型,按{SPACE}键显示所有"目标类型"列表,利用键选择一个选项,按键确认选取的选项,在测量模式中选择[EDM]或在 SETTINGS 模式下的"测距参数设置"中选择"EDM",利用键移动到"目标类型",利用键在棱镜、360°棱镜、反射片以及无协作目标之间进行选择,按键确认选取的选项)。

　　一些电子全站仪可利用键盘上的按键或触摸面板在屏幕上进行选择或操作,用提供的触摸笔或手指可以对触摸屏幕进行操作(除了利用触摸笔对触摸面板进行操作外,严禁使用其他利刃器具对触摸面板进行操作,否则会擦伤显示器)。利用触摸笔可以选择菜单、选择屏幕上的按钮以及滚动条的操作,触摸面板一般提供有"单击""双击"以及"拖拉"等操作功能。单击显示器一次,相当于使用电脑时鼠标左键单击;双击显示器同一位置两次,相当于电脑上鼠标键的"双击";"拖拉"是指用触摸笔轻击显示器的适当位置一直使触摸笔和显示器保持接触并按所需方向移动。触摸屏可以暂时关闭(清除显示时这一功能特别有用)。关闭触摸屏时会显示〈触摸屏暂时关闭〉界面(显示以上信息时触摸屏将无法操作,可按{ESC}键忽略此项操作并重新开启触摸屏)。

　　屏幕显示和操作可以灵活控制。屏幕通常包括状态屏幕和基本测量屏幕。基本测量屏幕功能很多,距离状态下按[切换]键可在"SHV"和"SHV 距离"之间进行切换(当 SHV 距离不存在时可以创建一个 SHV 距离标签);竖直角状态下显示的竖直角值可以采用天顶距($Z=0°$、水平 $H=0°\sim360°$)或水平 $H=0°\pm90°$ 模式显示(按[ZA/%]键可以在竖直角显示和坡度%显示之间进行切换);当配置到测量模式时按[右/左]键可在水平角显示状态之间进行切换并以大写字母表示当前所选择的模式(HAR:水平角右角;HAL:水平角左角)。可选择输入屏幕和设置屏幕。可选择图形列表,图形界面的显示内容可以利用软功能键进行设置,[设置]键用于方向标的设置以及将测站点或测量点显示在屏幕中心位置;[适合]键将图形按适合的比例显示;[放大]键将图形放大显示;[缩小]键将图形缩小显示;另外,还可设置测量点及北方向指示箭头、比例尺、测站点等。选择菜单可以单击触摸屏幕选项或按相关的数字键进行选取。状态栏表明当前仪器的状态,单击相关图标将会在单击和保持这一项目的相应选项间切换并列出关于这个项目所有可能的选项,在一定情况下可连接到这个项目的配置屏幕。状态栏可显示剩余电池电量(测距时或伺服马达工作时显示的剩余电池电量可能会与在其他时间的显示有所不同);显示目标类型(选择目标类型以及配置棱镜常数,在〈反射器类型设置〉中可以编辑和记录目标类型信息);显示伺服马达设置,如自动照准和自动跟踪状态的配置,在仪器旋转、搜索目标、自动跟踪测量进行中(当设置了自动跟踪测量时)、目标"丢失"(当设置了自动跟踪测量时)、自动跟踪预知的方向(当设置了自动跟踪测量时)、(红光闪烁)等待棱镜(当设置了自动跟踪测量时)等。许多电子全站仪不能集成操作,比如选取了"无协作目标"作为目标类型显示这一标志时将无法进行自动跟踪测量和自动照准;选取了"反射片"作为目标类型显示这一标志时将无法进行自动跟踪测量;显示指示光和照明光(在测距/自动照准/自动跟踪测量期间,指示光/照明光功能将会自动切换到 OFF 以防止输出的激光超出允许范围);可进行倾角补偿(利用双轴倾斜传感器自动测定微小的倾斜误差对竖直角和水平角进行补偿);可显示通信状态(即与外部设备的通信状态选择和配置,包括连接中、取消连接、连接出错等);可选择输入模式;可显示触摸屏;可显示选择的气象改正因子。

　　屏幕键盘的使用应遵守相关规定,按{设置}键屏幕切换到倾斜改正、返回信号检测、伺服马达设置、固定速度旋转以及常规配置。马达设置可在"马达"栏中指定竖直角、水平角并按[旋转]键仪器就会自动旋转到所需要的竖直角/水平角方向上;[调取]键从程序模式和设置所需要的角度中读取坐标;[坐标]键在〈键入坐标〉中,通过输入坐标指定旋转角度;[倒转]键:仪器旋转 180°;[设置]键完成伺服马达设置。

　　设置模式的使用应遵守相关规定,在"定速旋转"栏中利用调节装置可以使仪器在水平方向和铅直方向旋转(可以设置的旋转速度从 1～16,在所要旋转方向上用触摸笔轻击屏幕,按

{ESC}键或轻击屏幕红色圆心仪器停止转动)。

程序选择界面显示所有已安装在仪器中的程序列表,每个屏幕最多包含5个程序图标,当存在多个程序时可利用出现在屏幕左/右的箭头键查找到所使用的程序。可在界面之间查找程序,通过按键或按出现在屏幕的左/右箭头键可以显示上一界面/下一界面。

3.3.2　电子全站仪的闪存卡

为保存测量数据和其他数据,电子全站仪一般均提供有CF(闪存)卡,用户可以将工作文件中的数据保存到CF卡中。利用仪器的USB端口,数据也可以传输到具有存储或编辑功能的外部设备中。在读数据或写数据时严禁卸下CF卡。插入CF卡时应确认弹起按钮已完全被按下,关闭CF卡护盖时要按下突起的弹起按钮以避免CF卡被弹出。搬动仪器之前应先把CF卡护盖关闭(严禁向外用力打开卡盖以免造成损伤)。插入CF卡的操作步骤应符合要求:按住CF卡护盖上的护盖扣,按所示方向打开护盖;插入CF卡;关闭CF卡护盖。取出CF卡的操作步骤应符合要求:按住CF卡护盖上的护盖扣,按所示方向打开护盖;按下弹起按钮一次释放(若弹起按钮完全突起则应再次按下按钮从卡槽中取出CF卡);检查弹起按钮是否回到原位,然后关闭CF卡护盖(应确认正确地关闭了护盖)。

3.3.3　电子全站仪的电源系统

电池在出厂前未充电,仪器使用前应对电池进行充电。充电器在使用期间会有些发热是正常现象,应使用指定的充电器对电池进行充电,充电器仅为室内使用而设计(不要在户外使用),充电时若温度超出指定温度范围即使充电指示灯闪烁也无法对电池正常充电;保存电池时务必将电池从充电器上取下;不充电时应断开充电器电源。电池充电步骤应符合要求,应将充电器电源插头插入交流电插座,按箭头所指方向将电池导槽对准充电器导块插入电池,充电指示灯闪烁表示开始充电,当充电指示灯不闪烁时充电完成,取下电池并断开充电器电源。

充电器一般对先装入的电池进行充电,若装入两块电池则先对电池槽1中的电池进行充电,后对电池槽2中的电池充电。出现超出充电温度范围或电池装入不正确情况,充电器指示灯不亮(若不是以上情况造成充电指示灯不亮,应与仪器厂家技术服务中心联系)。温度过高或过低时充电时间将会延长。电池使用前应先充足电。卸下电池前必须先关闭仪器电源,若在未关闭电源的情况下取出电池可能会造成文件夹和文件数据的丢失。装卸电池时要防止湿气或粉尘经电池进入仪器内。保存电池时应将电池从仪器或充电器上取下。电池应按要求储存在干燥恒温的室内(储存温度范围要求是1星期内−20～50℃;1星期～1个月−20～45℃;1个月～半年−20～40℃;半年～1年−20～35℃;长期储存仪器时应至少每6个月为电池充一次电)。电池通过化学反应获得电能,具有有限的使用寿命。电池长时间储存不使用,电池容量会随时间流失而减小。若正确地对电池充了电其工作时间却很短则表明需更换新电池。

安装电池的操作步骤应符合要求,向下滑动电池护盖上的把手打开护盖,按侧面印刷的箭头所指方向插入电池,关闭电池护盖(当关好护盖时会听到一声咔哒声)。取出电池的操作步骤应符合要求,向下滑动电池护盖上的把手打开护盖,握住电池按照印刷在侧面的箭头符号滑动取出电池,关闭电池护盖(当关好护盖时会听到一声咔哒声)。若开机时打开电池护盖仪器将会通过屏幕通报用户并发出嘀嘀声(电池护盖关好后则恢复到先前的屏幕)。

为了与数据采集器、请求式遥控系统等通讯,一些电子全站仪提供有双 USB 和双蓝牙无线连接技术。蓝牙通信只能与仪器联合使用,集成在仪器中的蓝牙模块可以用于与蓝牙设备(比如请求式遥控系统 RC 控制器以及数据采集器)进行通信。在两台蓝牙设备之间通信需要把其中一台设备作为"主"而另外一台设备作为"从属"。为设置蓝牙通信所需要完成的操作步骤有 6 步:① 在"设置模式"下选择"通信设置",在通信方式栏中把通信方式设置为"蓝牙"(在蓝牙通信期间改变通信设置将会取消连接);② 在蓝牙栏为仪器选择一种通信模式(出厂设置是"从站",当配套设备还未登录时不能选择"主站");③ 在"连接"中应从已登录到仪器的蓝牙设备中选择一种配套设备(当仪器设置为"从站"时无法选择配套设备);④ 把"证书"设置为"Yes"或"No"(若"证书"设置为"Yes",则在配套设备中对于仪器的密码也需要输入);⑤ 当"证书"设置为"Yes"时应输入与计划的配套设备相同的密码(即使"证书"设置为"No"时,在使用配套设备时证书设置也需要一个密码,可以输入多达 16 位数字字符,输入的字符将会以星号显示);⑥ 按[OK]完成设置。登录蓝牙配套设备的操作步骤通常有 5 步:① 即打开配套设备电源;② 在"通信设置"栏下的"通信模式"中选择"蓝牙";③ 按[列表]键显示所有已登录设备的列表(数据采集设备可以在串口栏下设置,与 SFX 拨号程序一起使用的设备可以在 SFX 拨号栏下设置);④ 登录蓝牙设备[按[增加]键显示〈增加设备〉对话框输入设备名称及蓝牙地址并按[OK],通常可以输入不超过 12 个字符(数字 0~9,字母从 A~F),按[查询]可立即查询最靠近仪器的蓝牙设备并在列表中显示出有关设备的名称和地址,从这个列表中选择一种设备并按[OK]键便增加到列于步骤 3 的连接设备中,按[清除]键可清除所选的设备名称,删除的设备名称将无法重新获得,选择一种设备并按[编辑]键可以更新设备名称或设备地址];⑤ 按[OK]键完成登录并返回到步骤②中的那个屏幕。显示仪器蓝牙信息的操作步骤通常有两步:① 在"设置"模式下选择"通信";②在"蓝牙"栏下按[信息]键显示有关仪器的信息(登录蓝牙地址 BDADDR 可成对显示在这里的设备为"主站")。蓝牙设备地址是对任何一种特殊蓝牙设备的唯一编号,在通信期间用来识别设备,这个编号通常包括 12 个字符,某些设备有时还会涉及它们的蓝牙设备地址。蓝牙通信将会使仪器的电池电量比正常情况下耗费的更快,应检查配套设备(数据采集器、计算机、移动电话或请求式遥控系统等)已经开机且已完成了相应的蓝牙设置,执行冷启动时所有通信设置都将改变为出厂设置(再使用仪器时需要重新进行通信设置)。利用蓝牙技术进行无线通信应遵守相应的操作程序,即应在完成蓝牙通信所需要的仪器设置后启动通信功能(当仪器为"主站"设备时把[连接]软键分配到测量模式,按下[连接]键时仪器会按"Link 连接"中所选的设备开始搜索,连接成功时会在状态栏显示建立的图标,也可通过单击状态栏中的图标开始建立连接。当仪器被设置为"从站"设备时只能通过把配套设备设置为"主站"开始/取消建立的连接),按测量模式中的[取消]键可以停止连接(当然,通过单击状态栏中的图标也可以停止连接)。

电子全站仪与配套设备之间的通信应遵守仪器设置要求。仪器有两种不同的 USB 端口(电子全站仪无法保证所有的 USB 设备都能与仪器的 USB 端口兼容),两个端口分别用于连接不同类型的驱动设备(通常 USB 端口 1 用于 USB 存储设备等,USB 端口 2 用于计算机等)。在程序模式下可以把仪器连接到计算机传递数据,操作步骤有 5 步:仪器关机后利用 USB 电缆线把仪器和计算机进行连接(连接之前计算机不需要关闭);按下按键的同时按开关键("USB 模式"将会显示在仪器的屏幕上。经过大约 1 分钟的短暂时间"可移动磁盘"就会显示在计算机的屏幕上);然后即可把显示在"可移动磁盘"中的 JOB 数据和观测数据复制或传送到计算机中(复制或传送过程中计算机的显示可能会发生改变,这取决于 Windows 的设置;在

USB 传递数据期间应按后面的使用说明确保仪器连续正常工作;严禁改变"可移动磁盘"上文件夹的层次或文件夹的名称;严禁对可移动磁盘进行格式化);双击计算机任务栏中的对应图标可断开连接计算机和仪器的 USB 电缆线;按住键的同时按下关机键则下次仪器开机后将显示测量模式屏幕。在复制或传输文件时严禁断开 USB 电缆或关闭仪器及关闭计算机。

RS232C 电缆设置应遵守仪器设置要求,其基本操作步骤通常有 3 步:① 连接电缆线;② 在"设置"模式下选择"通信参数设置",在通信参数设置栏内设置通信条件(把"通信方式"设置为"RS232C");③ 在 RS232C 栏下按照在通信设置栏内所选的模式设置选项(波特率可选 1200/2400/4800/9600 * /19200/38400 等速率;数据位可选择 7/8 * 比特;奇偶检校可选择不设置 * /奇检校/偶检校;停止位可选择 1 * /2;其中,出厂设置用星号表示)。

3.3.4　电子全站仪的开、关机操作

按{开机}键开机打开电源开关后,仪器首先进行自检,自检完成后显示测量模式。若屏幕给出"超出补偿范围"的提示则说明仪器尚未正确整平,需要重新整平仪器。仪器整平后将会在屏幕上显示水平角和竖直角值。若受强风或震动环境影响而无法使仪器保持稳定时应将"观测条件"下的"倾斜改正"选项设置为"No"。仪器开机时使用恢复功能将重新显示仪器关机前出现的屏幕(设置的所有参数将被保存,即使剩余的电池电量完全耗尽时这项功能也将会在一分钟内起作用,一分钟后则取消恢复功能并应尽快更换耗尽的电池)。

当剩余的电池电量几乎用完时,状态栏中的电池标志将会开始闪烁,在这种情况下应停止测量、关闭电源并为电池充电或更换电池。若仪器在一定的时间内不进行操作的话仪器将会自动切断电源(自动切断电源的时间可以在〈仪器设置〉中的"关机方式"中进行设置)。

当初次或执行冷启动后使用触摸笔时将会出现触摸屏幕设置显示窗。按照屏幕上的说明,用触摸笔单击显示在屏幕上的十字中心(单击 5 次),按键完成触摸屏幕设置(按{ESC}则保持先前的设置)。在正常操作的任何时间都可以通过〈仪器设置〉中的[屏幕校准]键进行触摸屏幕的设置。

用户在使用仪器过程中遇到问题和出现可疑的故障时应试着进行热启动。若热启动无法解决这个问题的话则应接着进行冷启动。热启动不会删除程序模式下的测量数据但会删除恢复功能。在重新启动前应尽可能把数据传输到计算机中。冷启动不会删除在程序模式下的测量数据但所有的参数都将改变到出厂设置(若需要内存中的这些数据的话,在进行冷启动之前一定要把所需要的数据传输到个人计算机中)。

当仪器无法正常关机时可用触摸笔尖压住复位钮后正常开机。按下复位钮可能会导致文件数据和文档数据的丢失,也可由外部设备(比如计算机或数据采集器)对仪器进行开机/关机操作。当仪器被设置为"从站"设备时,在蓝牙通信期间只能够由配套的蓝牙设备进行关机,这时将会出现相应的屏幕(由配套的蓝牙设备或通过按仪器自身的正常开机键对仪器进行开机,在仪器关机之前也会重新显示出现的这个屏幕,在蓝牙通信期间对仪器进行关机将取消蓝牙连接,若这个屏幕连续显示 30 分钟仪器将自动切断电源)。当仪器已经设置了一个密码,在由外部设备对仪器进行开机后必须要输入已设置的这个密码,也可以采用遥控 PWR-On 开机功能。

3.3.5　电子全站仪的目标设置

利用一些电子全站仪的自动照准功能可以自动照准目标或由观测者利用照准器和望远镜人工进行照准。进行自动照准时仪器会确定从目标(棱镜或反射片)反射回的光束方向并自动

转动望远镜用仪器的视准轴对准这个目标的中心,直到仪器发射的激光光束照准棱镜中心。通常只有当使用棱镜或反射片作为目标时才可以进行自动照准,无协作目标测量只能由人工照准目标,高精度的测量应使用反射棱镜或反射片,若棱镜位于天顶则无法进行自动照准,只能由人工照准目标。外业进行自动照准测量期间存在多个棱镜将会发生操作错误且仪器将无法发现目标。当太阳光或非常强烈的光线从照准方向进入到望远镜或从物镜直接反射时仪器应避免这样的光线进入,以保护 CCD 传感器,无法避免时仪器可能会自动取消自动搜索、自动照准以及自动跟踪测量。使用仪器时应尽量避免阳光和极强烈的光线。强光直接照射物镜将无法进行正确的测量。安置棱镜时应对准物镜,这样可以消除因棱镜倾斜所引起的误差。用反射片进行自动照准测量时对于不同的距离应选择合适尺寸的反射片(一般 3～10m 选 10mm 直径;3～20m 选 20mm 直径;3～30m 选 30mm 直径;5～50m 选 50mm 直径)。

在〈设置〉中选择"马达设置"。在设置栏下进行自动照准功能的设置,把"跟踪设置"设置为"自动搜索"选项(搜索精度可选择"精测＊/粗测";对中精度可选择"精确/常规＊";跟踪设置可选择"常规/自动搜索＊/自动跟踪＊";搜索方式可选择"指定范围＊/遥控指令";旋转精度可选择"5″＊/10″/20″/30″/60″";星号表示出厂设置)。为在自动照准时更精确照准目标应将选项设置为"精测"并应确信棱镜已牢固地架设在三脚架上(使用手持式花杆时选项设置应为"粗测")。搜索选项设置为"精测"时,仪器首先检查放置棱镜的位置是否稳定,接着开始搜索棱镜方向,一旦仪器确认了所照准的棱镜接近视场的中心即完成了自动照准。然而,当搜索选项设置为"粗测"时,即使棱镜位置不太稳定或目标位置在视场中有较小的移动都可以完成自动照准,仪器将利用所获得的数据来确定目标的方向。因此,把搜索选项设置为"粗测"比设置为"精测"可以在更短的时间内完成自动照准。但进行高精度测量必须采用"精测"选项。对中精度设置指的是自动照准功能的内部操作(对中精度设置为"精确"时,实施自动照准时强调望远镜在转动过程中的稳定性,因此仪器在完成自动照准时要占用些时间,但照准精度可以保证,设置为"常规"时自动照准的速度比设置为"精确"时更快)。在距离测量之前应选择搜索方式选项,当设置为"指定范围"时仪器将按搜索范围栏内指定的范围对目标进行搜索,当设置为"遥控指令"时仪器将等待从 RC 控制器发出的旋转指令再进行旋转。为了完成自动照准,当目标在设置的限定时间内进入到视场时仪器将停止转动并把目标和望远镜之间的偏移量加到由编码度盘和利用图像进行补偿处理所获得的角度测量值上,这种补偿方式虽然缩短了测量时间并加强了搜索精度,但有可能会发生目标和望远镜十字丝之间出现偏离现象,若仪器旋转(人工或利用微动螺旋)超过 10″将会取消自动补偿并恢复到由编码度盘所获得的角度值的原始状态。仪器进行自动跟踪测量时会自动进行补偿,解除自动跟踪测量或关机时仪器将取消补偿功能。用户可对仪器旋转精度的限差范围进行设置(即在旋转到某一指定角度后),当这一选项设置到 30″并在按下[倒转]、[设角]或[旋转]键时仪器将会在指定的旋转角 30″以内停止旋转。可在搜索范围栏内对照准目标时的搜索范围进行设置:拖拉屏幕上的方框指定所需要的搜索范围或直接输入竖直角和水平角值,角度值一般只能以 1°30′的步长进行指定,如 1°30′、3°00′、4°30′等。若该值不是按这种格式输入则仪器将自动四舍五入。可为望远镜在铅直方向和水平方向上旋转设置微动螺旋的转动速度,"变速"点表示转动拨盘速度以望远镜从低速切换到高速时旋转的速度,变速点除了低速和高速设置外也可按照用户的偏好进行设置,可选择低速 1～4(1＊)(步长 4 最快)、高速 1～7(4＊)(步长 7 最快)、变速 1～6(2＊)(步长),其中,星号表示出厂设置,按[默认]键可把拨盘设置栏的设置内容恢复到出厂默认值。操作步骤有两步:① 利用照准器瞄准目标的大致方向(可以利用垂直微动和水平微动螺旋对仪器和望远镜进行精确的调节);② 在任何测量模式下按[搜索]键(望远镜和仪器照准部旋转并开始自动搜索目标,发现目标时仪器照准棱镜中心并停止旋转)。选择"转动"操作后仪器可通过 RC 控制器发出的激光光束探测查找请求式遥控系统 RC 控制器位置,接着开始自动照准目标。在"跟踪设置"中设置为"自动搜索"时,[搜索]指实施目标自动搜索、自动照准;[测距]指实施转动操作接着进行角度/距离测量(或实施自动照准接着进行角度/距离测量;或实施角度和距离测量);[遥控]指直接旋转到 RC 控制器方向上接着进行自动照准;[逆转]指逆时针方向旋转(从 RC 控制器所在位置看去)接着进行自动照准;[顺转]指顺时针方向旋转(从 RC 控制器所在位置看去)接着进行自动照准;[继续]指继续转动操作使当前测量点位无效;[跟踪开]指实施旋转操作接着进行自动跟踪测量(或实施自动照准接着进行自动跟踪测量;或实施自动跟踪测量)。

当跟踪设置为"常规"时按[跟踪开]键可进行以下操作,即选择了"遥控指令"执行旋转操作接着自动跟踪测量;选择了"指定范围"执行自动照准接着自动跟踪测量。照准目标时若有强烈阳光直接进入物镜就可能会造成仪器功能失灵,此时应使用物镜遮光罩。

人工照准目标的目标设置操作步骤为用望远镜观察一明亮无地物的背景,将目镜顺时针旋转到底再逆时针方向慢慢旋转至十字丝成像最清晰(目镜调焦工作不需要经常进行);利用照准器瞄准目标使其进入视场,然后转动垂直和水平微动螺旋调节到精确照准。旋转望远镜调焦环至目标成像最清晰,转动垂直和水平微动螺旋使十字丝精确照准目标(微动螺旋最后照准目标的旋转方向都应是顺时针方向);再次调焦至无视差再次进行调焦直至使目标成像与十字丝之间不存在视差。

当观测者眼睛在目镜前稍微移动时,若出现目标成像与十字丝之间的相对位移而引起的照准误差称为视差。视差会使观测读数产生误差,在观测前应予消除。视差可以通过正确的调焦得以消除。利用人工照准时更为精确,把跟踪设置为"常规"接着自动把望远镜旋转到指定的角度,当目标进入到视场中后慢慢转动微动螺旋并精确照准棱镜中心(进行精确照准时为了操作更加稳定,用户应缓慢转动微动螺旋)。

利用自动跟踪测量功能仪器会寻找并照准目标,接着仪器将按照被看作是移动的目标从一个测点到另一个测点进行测量。为了实现高效的自动跟踪测量应使用遥控测量指挥系统。在自动照准和自动跟踪测量期间仪器发射激光束。自动照准模式不支持自动跟踪测量。使用棱镜作为目标时只能进行自动照准。自动跟踪测量不适合使用反射片和无协作目标测量。高精度测量应使用原装的反射棱镜。外业进行自动跟踪测量期间存在多个棱镜会发生操作错误且仪器将无法找到目标。在仪器和棱镜之间有玻璃遮挡时将无法完成自动照准/自动跟踪测量且将会发生测量错误。若在仪器和棱镜之间有障碍物遮挡激光光束的路径则仪器将无法发现正确的目标。

操作步骤有 5 步,即在〈仪器参数设置〉菜单下选择"马达设置",接着选取"仪器参数设置"并把"跟踪设置"设置为"自动搜寻"功能;在"搜索范围"栏内设置照准目标的搜索范围;需要时为望远镜在垂直和水平方向上的旋转进行微动螺旋的转动速度的设置(按[默认]键仅把"拨盘设置"栏内的各项设置恢复到出厂设置);设置"预报时间"和"目标丢失"("预报时间"可选择 1 秒/2 秒 * /3 秒/4 秒/5 秒,"目标丢失"可选择等待棱镜 * /搜寻,星号为出厂设置);按[OK]键确认。

3.3.6　电子全站仪的自动跟踪测量技术

电子全站仪的自动跟踪测量操作通常有以下 3 步骤：①利用瞄准器使物镜概略瞄准目标方向(可以利用竖向和水平微动螺旋精确调整仪器和望远镜至照准方向)；②在任何测量模式界面下选择[测距]、[继续]或[搜索]，望远镜和仪器照准部开始旋转并自动搜索目标，发现目标时用视场中的十字丝照准目标并开始自动跟踪测量；③在测量模式下按[跟踪关]键停止自动跟踪测量，按下[停止]键时将停止距离测量，但自动跟踪测量将继续保持激活状态。

在自动跟踪测量期间应防止仪器照准目标时有障碍物遮挡情况的发生。仪器将会向预知方向上的目标传播信号并根据这种预知继续进行自动跟踪测量，直到在这种预知方向上仪器重新捕获到目标，若无改变则继续自动跟踪测量。若没有重新捕获到目标将停止自动跟踪测量，仪器进入大约 60s 的"等待棱镜"状态。在"等待棱镜"期间若目标进入到视场或接收到来自 RC 控制器的旋转指令则仪器仍会搜索目标并接着恢复到自动跟踪测量。若在"等待棱镜"期间仍未重新捕获到目标的话就会认为目标"丢失"并停止自动照准(此时应重新启动自动跟踪测量操作步骤)。

当把{马达配置}中的"跟踪设置"设置为"自动搜索"时，相关的软键功能会使"搜索方式"中选取的选项有所改变并增加自动跟踪测量功能。通过遥控装置发出激光光束探测指令，仪器便开始搜寻请求式遥控系统 RC 控制器位置，接着开始自动照准目标。[搜索]指进行自动照准接着进行自动跟踪测量、进行自动照准。[测距]指进行转动接着进行距离测量/自动跟踪测量，或进行自动照准接着进行距离/自动跟踪测量，或进行角度和距离测量。[遥控]指直接旋转到 RC 控制器所在方向上接着进行自动照准；或旋转到由 RC 控制器指定的方向上接着进行自动照准。[逆转]指以逆时针方向旋转(从 RC 控制器所在位置看去)接着进行自动照准/自动跟踪测量；或以逆时针方向旋转接着进行自动照准。[顺转]指顺时针方向旋转接着进行自动照准/自动跟踪测量；或顺时针方向旋转接着进行自动照准。[继续]指当前测量位置无效接着进行旋转/自动跟踪测量；或当前测量位置无效接着进行旋转。[跟踪开]指进行旋转接着自动跟踪测量；或进行自动照准接着自动跟踪测量；或进行自动跟踪测量。当"自动跟踪"设置为"常规"时，按[跟踪开]键可进行如下操作，即选择"遥控指令"实施旋转操作接着进行自动跟踪测量；选择"指定范围"实施自动照准接着进行自动跟踪测量。

3.3.7　电子全站仪的角度测量技术

"置零"键具有测量两点间夹角时的水平角置零功能，该功能可以将任何方向的水平角值设置为零。该种情况下，电子全站仪的角度测量操作步骤有 3 步：①照准第一个目标点；②在测量模式菜单下按[置零]，在[置零]键闪动时再次按下[置零]键，此时目标点 1 的方向值已设置为零；③照准第二个目标点，所显示的水平角(HAR)即为两目标之间的夹角。

利用水平角设置功能可以把水平角设置到所需要的值并依次进行角度测量。该种情况下，电子全站仪的角度测量操作步骤有 5 步：①照准第一个目标点；②在测量模式相关页按[设角]键(显示〈设角〉屏幕)；③输入已知方向值后按[OK]将照准方向设置为所需值(利用输入坐标和方位角也可以完成相同的设置)，按[REC]键把后视数据保存到当前的 JOB 中，输入点名、目标高、代码后按[OK]键确认；④按[OK]键确认输入值并显示新的方向值；⑤照准第二个目标点，所显示的 HAR 即为目标点 2 的方向值(该值与目标点 1 的设置值之差为两目标点间的夹角)。按[锁定]键可以完成同上面所述相同的功能(按[锁定]键将所需方向值锁定，接着在锁定状态下照准所需方向即可)。

把水平角设置为所需值(固定水平角)时仪器可以自动地从参考方向旋转到指定方向(目标)上。省略参考方向时仪器也可以旋转到调整目标方向上。当指定的方向接近天顶或天底时,若"观测条件"中"倾斜改正"或"视准差改正"设置为"Yes"则仪器将无法完成正确的旋转。该种情况下,电子全站仪的角度测量操作步骤有 5 步:① 照准将被作为参考方向的目标点并把其设置为参考方向,照准参考点并按[置零]键,或输入这个参考点的方向值;② 按{设置}键切换到仪器参数设置模式;③ 在"马达"栏下输入竖直角和水平角;④ 按相应页面中的[调取]键显示在内存模式中记录的坐标数据(这些坐标数据可以被调取并使用);⑤ 在确认输入的方向后按[旋转]键,仪器转动到输入的这个目标点的方向上。

"连接到外部设备"功能可使角度测量结果输出到计算机或其他外部设备上。输出格式和操作指令为接口连接电子全站仪配套电子外业手簿和指令说明书。操作步骤依次为:把仪器连接到外部设备;照准目标点;测量模式下按[角输出]键把目标点测量结果输出到外部设备。

3.3.8　电子全站仪的距离测量技术

距离测量前应在基本模式下进行以下 6 方面设置:距离测量模式、目标类型、棱镜常数改正值、搜索范围、自动照准/自动跟踪测量。为了适用于各种测量应用程序以及对仪器操作处理方式上的不同,在测量菜单下用户可以对软键进行定义。

当使用激光照准功能或导向光功能时在完成测距后确信关闭了输出激光/LED,即使取消了测距,这些功能也还在运行并继续发射激光/LED 光束。确信在仪器上设置的目标与所使用的目标类型相匹配时仪器会自动调整激光的强度并把显示的距离观测值范围切换到与所使用的目标类型相匹配;若该目标与设置的目标不一致则无法获得精确的测量结果。弄脏了物镜镜头将无法获得精确的测量结果。在无协作目标测量时,若在仪器和所测目标之间有高反射率的物体(如金属或白色面)阻挡则测量结果的精度将会受到影响。出现的火花将会影响测距结果的精度,出现这种情况时应重复测量几次并把所得的平均值作为最后结果。测距信号检测功能用于确认经目标反射回来的测距信号强度是否足以进行距离测量(对远距离测量尤为重要)。

在进行返回信号检测时仪器一直在发射激光束。进行返回信号检测时应采用人工照准目标。短距离测量时,即使照准稍微偏离目标中心,其返回的测距信号仍会足够强并显示"•"符号,但这种情况下的测距精度不高,因此测量时必须精确照准棱镜中心。该种情况下操作步骤为人工精确照准目标。按{设置}按钮切换到"仪器参数设置"模式并选择"信号"栏或在测量模式下按[信号]键。按下[信号]键时返回信号强弱由计量条表示。计量条中黑色部分越长表示返回信号越强。显示"•"符号表示返回信号足以测距。无"•"符号显示表示返回信号不足以测距,需重新照准目标。按[关闭]键完成信号检测。按{ESC}键或单击屏幕右上角的十字叉返回到先前的屏幕。[鸣声]/[关闭]的功能是按[鸣声]键打开蜂鸣器,当返回信号足以测距时仪器发出蜂鸣声,关闭蜂鸣器按[关闭]键。按[测距]键可返回到测量模式并开始角度和距离测量而不顾及"跟踪设置"设置。

仪器可同时对距离和角度进行测量。可以对仪器搜索范围进行设置。在自动照准和自动跟踪测量时仪器发射激光束。该种情况下操作步骤为目标朝向仪器方向,利用仪器望远镜上的照准器瞄准目标;开始测量:在测量模式下按[测距]键开始测量,屏幕上显示出距离 S、竖直角 ZA 和水平角 HAR 的测量值;按[停止]键停止距离测量。若测距模式设置为单次精测则每次测距完成后仪器会自动停止测量。若将测距模式设置为平均精测,则显示的距离值为 S_1、S_2、$\cdots$、S_9,完成指定的测量次数后,在"SA"行上显示距离的平均值。距离和角度的最新测量值自动寄存在内存中,按[重显]键可随时查阅,关机后被清除。

距离测量数据也可输出到计算机或外部设备内。通信指令和输出格式可参考配套的《电子外业手簿与通信》和《通信指令说明》。操作步骤为用通信电缆连接仪器与外部设备;照准目标点;在测量模式下按[距输出]键开始距离测量并将距离观测值输出到外部设备;按[停止]键完成数据输出并返回到测量模式。

见图 3-13,悬高测量功能用于无法直接安置棱镜的地方(比如高压输电线、悬空电缆、桥梁等)的高度测量。高度计算公式为 $H_t = h_1 + h_2$、$h_2 = S\sin\theta_{z1} x\cot\theta_{z2} - S\cot\theta_{z1}$。悬高测量操作步骤有 4 步:①将棱镜架设在待测物体的正下方或正上方并量取棱镜高,按[目标高]键输入棱镜高;②在〈测量菜单〉中选择"悬高测量";③照准棱镜并按[测距]键开始测量,按[停止]键停止测量(屏幕显示测量的距离值、竖直角和水平角值);④照准待测物体,按[悬高]键开始悬高测量,在屏幕的"目标高"行上显示出待测物体离开地面的高度(按[停止]键停止测量)。重新照准棱镜进行测量按[测距]键。继续悬高测量按[悬高]键。当测量数据已经存在时,完成步骤②操作后在〈测量菜单〉中选择[悬高]继续后续操作到第④步开始悬高测量。按[停止]键停止测量。

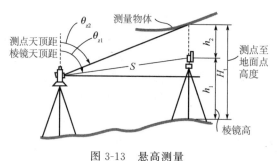

图 3-13　悬高测量

3.3.9　电子全站仪的坐标测量技术

在输入测站点坐标、仪器高、目标高和后视坐标方位角后用坐标测量功能可以测定目标点的三维坐标。进行坐标测量之前首先要输入测站点坐标、仪器高和目标高,操作步骤:①首先用钢卷尺量取目标高和仪器高;②在〈测量菜单〉下选择"坐标测量";③选择"设立测站"并输入测站坐标、点号、仪器高和代码(按[调取]键读取储存在当前 JOB 中和查找 JOB 中的坐标数据);④按[OK]键确认输入的坐标值,再次显示〈设角〉界面(按下[记录]键时,把测站数据保存在当前 JOB 中并确认输入的坐标值)。

后视坐标方位角可以通过测站点坐标和后视点坐标反算得到。后视方位角设置步骤为在〈坐标测量〉中选择"后视定向"(也可以输入测站数据确认后进入到〈设角〉界面);选择"输入坐标"栏并输入后视点坐标(或[调取]读取在程序模式已登录的坐标数据)[搜索]可完成自动照准,仪器旋转到后视方向上。[方位角]可在方位角设置方式之间切换。照准后视点并按[测距]键,按[停止]键显示由测站和后视点坐标反算出的距离值和仪器所测距离值二者之间的差值,按[OK]键确认后视方向并进入〈坐标测量〉,按[记录]键把后视点数据保存到当前 JOB 中,输入点号、目标高和代码接着按[OK]键;按[OK]确认输入的坐标值进入〈坐标测量〉界面。

输入水平角步骤:① 在〈坐标测量〉界面下选择"后视定向"(屏幕显示后视定向的〈设角〉

界面,也可以通过输入测站数据确认后进入到〈设角〉屏幕);② 选择"输入角度"并在"H 角"行内输入所需的水平角值([搜索]键用于完成自动搜索和照准,仪器旋转到后视方向上);③ 按[OK]键确认输入的水平角值(屏幕显示〈坐标测量〉界面,在屏幕显示〈坐标测量〉前按[记录]键把后视点数据保存到当前 JOB 中,接着按[OK]键屏幕显示〈坐标测量〉界面)。

输入方位角步骤为在〈坐标测量〉界面下选择"后视定向"(屏幕显示后视定向界面,也可以在输入测站数据确认后进入到后视定向屏幕);选择"输入方位角"标签并在"方位角"行内输入所需的方位角值(按[搜索]键仪器完成自动照准并旋转到后视方向上。按[方位角]键可在方位角设置方法间进行切换);按[OK]确认输入的方位角值(屏幕显示〈坐标测量〉界面。在屏幕显示〈坐标测量〉之前按[记录]键把后视点数据保存到当前 JOB 中,输入点号、目标高、代码接着按[OK]键,屏幕显示〈坐标测量〉界面)。

水平角设置可通过方位角(把水平角和方位角设置成相同的数值)/设角(输入水平角和方位角)/无(仅输入方位角)/置零(把水平角设置为 0°)实现。

在测站及其后视方位角设置完成后便可测定目标点的三维坐标。目标点的三维坐标计算公式为 $N_1 = N_0 + S\sin Z\cos A_Z$;$E_1 = E_0 + S\sin Z\sin A_Z$;$Z_1 = Z_0 + S\cos Z + i_h - f_h$。其中,$N_0$ 为测站点 N 坐标(即我国的 X 坐标);S 为斜距;i_h 为仪器高;E_0 为测站点 E 坐标(即我国的 Y 坐标);Z 为天顶距;f_h 为目标高;Z_0 为测站点 Z 坐标;A_Z 为坐标方位角。计算中将不包括坐标值为"空"的情况("空"值与零值是不相同的)。坐标测量操作步骤:照准目标点上的棱镜("照准目标");在〈常用测量菜单〉下选择"坐标测量"(按[测距]键开始测量,按[停止]键停止测量。屏幕上显示目标点的坐标,选择"图形"栏以图表形式显示坐标。把观测数据记录到 JOB 之前,输入点号、目标高以及代码接着按[记录]键。按[测存]键在完成坐标测量后自动记录观测结果,当不需输入点号、代码和目标高时对于记录测量数据使用[测存]键十分方便。在相关页面中按[角度偏]/[距离偏]键完成角度偏心测量和距离偏心测量);照准下一个目标点并按[测距]键开始测量(继续观测直到完成对所有目标点的测量);完成坐标测量后,按{ESC}键或单击〈坐标测量〉界面右上角的十字叉结束坐标测量。

坐标测量过程中,按[调取]键时可进入已知坐标点选取界面,屏幕上显示出工作文件和坐标文件中保存的已知点坐标数据供选取和调用(列表标签和图形标签图相互关联,在某一标签下选取的点在另一标签下会自动被选取。界面下[行]/[页]是指按{▲}或{▼}键时光标按页或按行滚动;[首行]是指光标定位移至表中第一行;[末行]是指光标定位移至表中最后一行;[查找]是指输入点号查找所需点;[设置]是指可以对图形显示进行设置以及列表下的工作文件或坐标文件的显示与否进行设置)。查找坐标点步骤:在坐标调取界面下按[查找]键;输入点号后并按[OK]键开始查找(如果查找到相符的点,光标将定位于该点号上)。显示图形中按[设置]键可对图形显示进行设置以及对列表下的工作文件或坐标文件的显示与否进行设置;[适合]是指以合适的比例显示界面中的图形;[放大]是指放大图形;[缩小]是指缩小图形。利用[设置]键可对显示的图形进行设置,设置步骤为在已知坐标选取界面相关页面菜单下按[设置]键;设置图形显示设置项(工作文件是指是否显示工作文件中的坐标数据;坐标文件是指是否显示坐标文件中的坐标数据;中心是指将测站点或目标点显示在屏幕中心的设置;点名是指是否显示点名的设置;连线是指是否显示至目标点连线的设置);按[OK]键结束图形显示设置。

3.3.10 电子全站仪的地形测量技术

在输入测站坐标、仪器高和目标高,完成了测站设立和后视方位角定向并记录后,便可连续进行地形碎部点的角度、距离测量和记录了。用户可根据不同测量作业内容及个人使用习惯对测量菜单的软键功能进行个性化定义。

　　实施地形测量前需要输入测站点坐标、仪器高和目标高等测站数据并记录至仪器内存中。测站数据输入步骤:量取仪器高和目标高;在〈常用测量菜单〉界面下选取"地形测量";选取"设立测站"后输入测站点坐标、点号、仪器高和代码等数据(按[调取]键可调取工作文件和坐标文件下的坐标数据);按[记录]键保存测站数据后按[OK]键确认进入后视定向界面;按[记录]键可将输入的测站数据保存到工作文件中)。

　　后视定向可以通过输入测站点和后视点坐标反算的坐标方位角或者直接输入方位角值并记录至仪器内存来完成。坐标定向步骤:在〈地形测量〉界面下选取"后视定向";选取"输入坐标"标签后输入后视点的坐标;记录后视数据并按[OK]键确认进入〈地形测量〉界面。水平角定向步骤:在〈地形测量〉界面下选取"后视定向";选取"输入角度"标签后在"H"栏内输入后视点方向的水平角值(按[记录]键可将后视点数据保存到工作文件中。输入点号,目标高以及代码后按[OK]键);按[OK]键以输入值作为后视定向数据并进入〈地形测量〉界面。方位角定向步骤:在〈地形测量〉界面下选取"后视定向";选取"输入方位角"标签后在"方位角"栏内输入后视点方向的坐标方位角;按[OK]键以输入值作为后视数据并进入〈地形测量〉界面。水平角设置可通过方位角(水平角和方位角设为同样的值)/设角(分别输入水平角和方位角值)/无(仅输入方位角)/置零(水平角置零)实现。

　　完成了测站设立和后视方位角定向并记录相关数据后便可对地形碎部点进行角度、距离测量和记录。地形测量步骤:① 照准目标点;② 在〈地形测量〉界面下选取"地形测量"(按[测距]键开始和按[停止]键停止测量,测量结果显示在屏幕上,此时还可以选取"图形"标签进入图形显示界面,在输入点号、目标高和代码后按[记录]键可将测量数据保存到工作文件中,当不需要改变产生的点号、目标高和代码时,按[测存]键可方便地将测量数据自动保存到工作文件中,相关页面菜单下的[角度偏]和[单距偏]键可用于偏心测量);③ 照准下一目标后按[测距]继续测量(以同样方法完成全部目标点的测量);④ 按〈ESC〉键或者点击屏幕右上角的"×"结束测量返回〈地形测量〉界面。记录数据时,除测站数据和后视定向数据外,若输入了相同的点号,屏幕将显示相应的提示界面,按[增加]键可以同一点号保存该点数据。

3.3.11　电子全站仪的后方交会测量技术

　　后方交会测量通常用于对多个已知坐标点的测量确定测站点的坐标,可以重新调用已登录的坐标数据并设置为已知点的数据(若需要还可以检核每个点的残差大小)。后方交会测量中的输入值包括已知点的坐标(N_i,E_i,Z_i)、观测的水平角 H_i、观测的竖直角 V_i、观测的距离 D_i,输出则为测站点坐标(N_0,E_0,Z_0)。后方交会测量可以通过测量 2~10 个已知点的距离来完成,也可以通过测量 3~10 个已知点的角度来完成。通过对多个已知点进行测量以及对多个可以完成测距的已知点进行测量计算出的测站坐标可达到更高的精度。为适用于各种测量应用程序以及对仪器操作处理方式上的不同,在测量菜单下用户可以对软键进行定义。

　　通过坐标后方交会测量可以确定测站点的(N,E,Z)三维坐标。操作步骤一般有 12 步:① 选取〈菜单〉模式,从测量菜单界面下选择"后方交会";② 选择"坐标交会"(显示〈后方交会/已知点〉界面);③ 输入已知点(对第一个点输入点号、已知坐标、目标高后,按[后点]键转到第 2 个点。也可按[调取]键读取在工作文件中已登录的坐标数据,按[前点]键返回到前面一个点,当所需要的已知点全部输入后按[OK]键,若要把已知点数据记录在当前工作文件中时则按相关页面中的[记录]键);④ 照准第一个已知点并按[测距]键开始测量(测量结果将显示在屏幕上,按[测角]键时则只测角不显示距离);⑤ 按[YES]键使用第1个已知点的测量结果(用户也可以在目标高字段中输入目标高,按[NO]键返回到步骤④所示屏幕并重新进行测量);⑥ 重复步骤④、⑤以同样的方式进行后续点测量(当观测的点数满足计算要求时,[计算]键会显示在屏幕上,在自动跟踪模式下当显示应测第三个时,屏幕下方将会显示[自动],按[自动]键仪器旋转到下一个点并开始自动测量,在自动测量期间按[停止]显示可确认信息,按[YES]可返回到自动测量的第一个点,这样就又可以继续人工测量了,按[NO]对当前的位置继续人工测量);⑦ 在对所有已知点观测完成后按[计算]键或按[YES]仪器自动开始进行计算(屏幕上显示出计算的测站坐标、测站高程、标准差以及观测精度的详细信息。按[记录]键可把测站数据记录到当前工作文件中。在精度"详情"标签下会显示每个点的纵坐标、横坐标的标准差);⑧ 如果某个点的测量结果有问题可将光标移到该点号上后按[作废]键("作废"字样将会显示在这个点号的右侧,用同样的方法可将所有存在问题的点作废);⑨ 按[重算]键可重新计算并显示结果(计算时将不采用步骤⑧中作废的测量结果,若计算结果符合要求则进入步骤⑩操作,否则从步骤③开始重新进行后方交会测量,按[重测]键可对步骤⑧中作废的点进行重测,若步骤⑧中没有指定作废的点则只能对最后的点或全部点进行重测,若出现已知点漏测或增加新的已知点则可按[增加]加入);⑩ 在〈后方交会/结果〉屏幕下按[OK]键显示〈后方交会/设置方位角〉屏幕;⑪ 选择角度模式并按[YES]键把第1个已知点的坐标方位角设置为后视点(然后返回到〈后方交会/菜单〉界面);⑫ 按[NO]键不设置后视坐标方位角(直接返回到〈后方交会/菜单〉)。

若在测量模式下已定义了[后交]键,则在测量模式下按[后交]键也可以完成后方交会测量。

后方交会测量高程只确定测站点的 Z 坐标(高程),其对已知点的测量要求是必须测距,测量的已知点数为 1~10 个点。其操作步骤一般有 9 步:①在〈测量菜单〉中选择"后方交会"进入到后方交会测量界面;②选择"高程交会"进到〈后方交会/已知点〉界面(输入已知点高程和目标高);③输入已知点高程(在输入第一个已知点高程和目标高后按[后点]键接着输入第 2 个已知点的高程数据,也可按[调取]键调取工作文件中已登录的数据,按[前点]键返回到对前面一个点的输入,当完成对所需的全部已知高程的输入后按[OK]键,可在相关页面菜单下按[记录]键将已知点数据保存到但当前 JOB 中);④照准第 1 个已知高程点并按[测距]键开始测量(屏幕上显示出测量结果);⑤若测量 2 个或多个已知点则从第 2 个点开始以同样的方法重复步骤③、④(当观测的数据足以计算测站点高程时屏幕将显示[计算]);⑥在完成了对所有已知点的观测后按[计算]或[OK]键仪器自动开始计算(在结果栏下显示测站高程、高程标准差、测量精度的详细说明,按[记录]键可将测站点数据保存到 JOB 中,在屏幕的〈详情〉标签下会给出每个点的高程标准差数据);⑦若某个点的测量结果有问题可将光标移到该点号上后按[作废]键,"作废"字样将会显示在这个点号的右侧,可用同样的方法将所有存在问题的点作废;⑧按[重算]键重新计算并显示结果(计算时将不采用步骤⑧中作废的测量结果,若计算结果符合要求则进入步骤⑩操作,否则从步骤③开始重新进行后方交会测量,按[重测]键可对步骤⑧中作废的点进行重测,若步骤⑧中没有指定作废的点则对最后的点或全部点进行重测,若出现已知点漏测或增加新的已知点可按[增加]键加入);⑨按[OK]键结束高程后方交会测量并返回到测量模式(完成测站点高程的设置,N、E 坐标将采用原有值)。

后方交会计算中,测站点 N、E 坐标是通过列立角度和距离观测方程并利用最小二乘法求解,测站点的 Z 坐标取其平均值作为最后结果。计算框图见图 3-14。

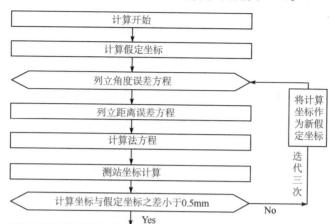

图 3-14　电子全站仪后方交会测量计算框图

后方交会测量的注意事项是当测站点与 3 个或 3 个以上已知点位于同一圆周上时测站点的坐标将有可能无法确定(该圆周称为危险圆)。当已知点位于同一圆周上时可采取以下措施进行观测:①将测站点尽可能设立在由已知点所构成的三角形的重心上;②增加一个不位于圆周上的已知点的观测;③至少对其中一个已知点进行距离测量。当已知点间的夹角过小时测站点的坐标将无法计算(测站距已知点越远已知点间的夹角就越小,也就越容易位于同一圆周上)。

3.3.12　电子全站仪的放样测量技术

放样测量用于在实地上测设出所要求的点位。电子全站仪放样过程中,通过对照准点的角度、距离或坐标测量,仪器将显示出预先输入的放样值与实测值之差以指导放样。显示的水平角差、距离差以及坐标差值由以下公式计算:水平角显示差值(角度)＝水平角放样值－水平角实测值;水平距离显示差值(距离)＝平距实测值×tan(水平角放样值－水平角实测值);斜距差值显示差值(斜距)＊＝斜距实测值－斜距放样值("＊"是指可以在上述公式中输入平距或高差);坐标差值显示差值(坐标)＊＝$N_{坐标实测值}$－$N_{坐标放样值}$("＊"是指可以在上述公式中输入 E、Z 坐标);高程差值($REM_{悬高放样测量}$)显示差值(高程)＝$REM_{实测值}$－$REM_{放样值}$。放样可以采用斜距、平距、高差、坐标或悬高方式进行。为适合各种应用程序的使用和观测人员对仪器操作方式上不同可对放样测量菜单中的软键功能重新进行定义。

角度和距离放样测量是根据相对于某参考方向转过的角度和至测站点的距离测设出所需点位的。角度和距离放样操作步骤一般有 8 步:① 在〈测量菜单〉中选择"放样测量"(进入到〈放样测量〉界面);② 选择"设立测站"(在设立测站屏幕下输入测站数据后并按[OK]键,进到"后视定向"界面,进行后视定向设置,也可按[调取]键读取在工作文件中已登录的坐标数据);③设置后视点的坐标方位角(按[OK]完成后视定向返回到〈放样测量〉界面);④ 在〈放样测量〉界面下选择"输入角距"进入〈输入角距〉界面,选取距离放样模式(斜距、平距、高差或高度)并在"放样角度"栏和"放样距离"栏内输入角度和距离放样值(每按一次[模式]键可使距离放样模式在斜距"S"、平距"H"、高差"V"或"高度"之间进行转换,按[调取]键可以调用工作文件和坐标文件中的坐标数据,仪器会根据测站坐标和放样点坐标计算出放样距离值,按相关页面中的[坐标]键并在弹出〈输入坐标〉对话框中输入坐标放样值,仪器将根据坐标放样值计算出相应的角度和距离放样值,要把已知点数据记录到当前工作文件中时可按[记录]键,输入已知点坐标、点号、代码接着按[OK]键;⑤ 输入坐标值后按[OK]键仪器显示相应的图形(按[H旋转]键仪器自动旋转至放样方向上,此时水平角差值为"00",无自动功能的应手动完成);⑥ 将棱镜移至仪器照准方向上并按[测距]键开始测距(按显示屏图中箭头所指方向移动棱镜,直到位于放样点上,屏幕上显示出对照准点测量的结果,即当前棱镜所在位置,显示屏会出现棱镜移动指示,红色表示棱镜已位于放样点上,在盘右位置时箭头所示方向与棱镜移动方向相反,棱镜移动指示信息包括从仪器端看去左移棱镜、从仪器端看去右移棱镜、棱镜已位于放样点上、从仪器端看去将棱镜移向测站、从仪器端看去将棱镜远离测站、从仪器端看去棱镜已位于放样点上、向上移动棱镜、向下移动棱镜、棱镜已位于放样点上,每按一次[模式]键,距离放样模式将会在"S"斜距、"H"平距、"V"高差和高度之间进行转换,按[设置]键可以对放样精度进行设置,当观测棱镜位置在所设置的精度范围以内并且屏幕上显示出双箭头时表明棱镜已位于放样点上);⑦ 按箭头指示方向移动棱镜直到所测放样点的距离读数为"0"m即为放样点位(当达到放样精度要求时,一些仪器屏幕将显示出全部4个箭头,此时棱镜处已位于放样点位上,要把数据记录到当前的工作文件中时可按[记录]键输入点号、目标高、代码后接着按[OK]键);⑧ 按[OK]键返回到〈放样测量〉屏幕,选取或输入下一个放样点可继续进行放样测量,在给定了放样点坐标后仪器会自动计算出放样的角度和距离值,利用角度和距离放样功能便可测设出放样点的位置,可以对预先输入的放样点进行顺序排列,最大点数为50点。

进行高程放样时将棱镜安置在测杆上使目标高一致可使放样作业效率更高。高程放样操作步骤一般有6步:① 在〈测量菜单〉界面下选择"放样测量"(进入到〈放样测量〉界面);② 选择"设立测站"进入〈设立测站〉界面(输入测站数据后按[OK]键,进入后视定向界面);③ 在〈放样测量〉屏幕下选择"输入坐标"进入〈输入坐标〉界面,输入所有放样点坐标(包括从现在开始将要进行放样的点的坐标,按[调取]键可显示已记录的坐标数据,按[增加]键可增加新的放样数据,按相关页面中的[删除]键可删除所选择的放样点数据,按相关页面中的[清除]键可清除所有放样点数据,要把数据记录到当前的工作文件中时可按[记录]键输入点号、目标高、代码接着按[OK]);④ 在步骤③〈点名〉屏幕中选择一个放样点并按[OK]键进入〈坐标放样〉屏幕(按[H旋转]键仪器自动旋转至放样方向上,此时水平角差值为"00",无自动功能全站仪应手动完成);⑤ 将棱镜移至仪器照准方向上并按[测距]键开始测距,按显示屏图中箭头所指方向移动棱镜,直到位于放样点上,屏幕上显示出对照准点测量结果,即当前棱镜所在位置。在标签界面间进行切换可显示不同的信息,可显示当前棱镜所在位置和从该位置到放样点的方向和距离;⑥ 显示用正方形表示的放样点位置以及用圆圈表示的当前棱镜所在位置间的相互关系。把棱镜移动到距离显示为0的放样点所在位置即可。要将放样结果数据记录到当前工作文件中时可按界面相应页面的[记录]键输入点号、目标高、代码然后按[OK]键;按〈ESC〉键返回到〈输入坐标〉屏幕,输入下一个放样点可继续进行放样测量。

悬高放样测量用于由于位置过高或过低而无法在其位置上设置棱镜的放样点测设。悬高测量操作步骤一般有7步:① 将棱镜设置在放样点的正上方或正下方后用钢卷尺量取棱镜高度(棱镜中心到地面点的距离);② 在〈放样测量〉屏幕下选择"设立测站"输入仪器高、温度、气压(必要时还可输入后视定向数据);③ 在〈放样测量〉屏幕中选择"输入角距"进入到"输入角距"界面(按[模式]键直到"距离模式"显示"高度",在"放样高度"行内输入地面放样点的高度,必要时还可输入到放样点的角度);④ 在步骤③中输入的数据显示在屏幕的右侧(输入后按［OK］键,按［H 旋转］仪器自动转向步骤③中所设置的水平角方向上,此时水平角差值为"00",无自动功能全站仪应手工完成转动);⑤ 照准棱镜并按［测距］键开始测量并在屏幕上显示出测量结果;⑥ 按相关页面中的［REM 悬高］键开始悬高放样测量(按仪器屏幕上箭头所指方向纵转望远镜改变照准点位置,直至使照准点与放样点高度之差为"0"确定出放样点位置,按［停止］停止悬高测量,望远镜会获得相应的转动指示,比如向上转动望远镜、向下转动望远镜、照准位置为放样点位等,红色箭头表示棱镜已位于放样点上,要将放样结果保存到工作文件时可按相关页面［记录］键输入点号、目标高、代码,然后按［OK］键,按［设置］键可以对放样精度进行设置,当所观测的棱镜位置在所设置的精度范围以内且屏幕上显示出双箭头时表明棱镜已位于放样点上);⑦ 按〈ESC〉键返回到〈输入角距〉屏幕。

3.3.13　电子全站仪的偏心测量技术

电子全站仪偏心测量功能可用于无法直接设置棱镜的点位或至不通视点的距离和角度的测量。当待测点由于无法设置棱镜或不通视等原因不能直接对其进行测量时可将棱镜设置在距待测点不远的偏心点上,通过对偏心点距离和角度的测量求出至待测点的距离和角度。目前电子全站仪偏心测量方法主要有 3 种:单距偏心测量、角度偏心测量、双距偏心测量。在对偏心点的坐标测量之前必须对测站点和后视点进行设置,在偏心测量菜单屏幕下就可以完成测站点和后视点的设置。为适合各种应用程序的使用和观测人员对仪器操作方式上不同,可对测量菜单中的软键功能重新进行定义。

单距偏心测量通过输入偏心点至待测点间的水平距离(偏心距)来对待测点进行测量。当偏心点位于待测点左右两侧时应使偏心点至待测点与至测站点之间的夹角为 $90°$;当偏心点位于待测点前后方向上时应使偏心点位于测站与待测点的连线上。单距偏心测量操作步骤一般有 7 步:① 在待测点附近选取一点作为偏心点、量取两点间的距离(偏心距)并在偏心点上设置棱镜;② 在〈测量菜单〉下选择"偏心测量"进入到〈偏心测量〉界面;③ 选择"单距偏心"并输入相关数据(即输入偏心点方位);④ 输入待测点至偏心点的水平距离,即偏心距;⑤ 选取偏心点偏离方向,如位于待测点左侧、位于待测点右侧、位于待测点前侧、位于待测点后侧等);⑥ 照准偏心点棱镜按［测距］键开始单距偏心测量(按［停止］键停止测量,屏幕显示测量结果,按［HVD/nez］键可对待测点的结果在距离/角度与坐标/高程之间切换,要将数据记录到当前 JOB 中时可按［记录］键输入点号、目标高、代码,接着按［OK］键);⑦ 在步骤④的界面下按［OK］键返回到〈偏心测量〉屏幕。

角度偏心测量是将偏心点设在尽量靠近待测点并与其位于同一圆周的位置上,通过对偏心点的距离测量和对待测点的角度测量获得待测点的测量结果。角度偏心测量操作步骤一般有 5 步:① 将偏心点设置在待测点的附近处(使测站至偏心点和到待测点的距离相等)并在偏心点上设立棱镜;② 在〈测量菜单〉屏幕下选择"偏心测量"进入到〈偏心测量〉界面(然后选取"角度偏心");③ 照准偏心点棱镜并按［测距］键开始距离测量(按［停止］键停止测量显示测量结果);④ 照准待测点方向并按［测角］键开始测量(按相关页面中的［HVD/nez］键对待测点的结果在距离/角度与坐标/高程之间切换,需将数据记录到当前 JOB 中时可按［记录］键输入点号、目标高、代码接着按［OK］键);⑤ 在步骤④的屏幕中按［OK］键返回到〈偏心测量〉屏幕。

双距偏心测量是先对与隐蔽待测点位于同一空间直线上的两个偏心点(棱镜 1 和棱镜 2)进行测量,然后在输入棱镜 2 至待测点间的距离后确定出待测点的位置。双距偏心测量使用选购的配套两点式棱镜,可使双距偏心测量更为简便(使用时应将棱镜常数设置为 0)。使用两点式棱镜的方法:① 将两点式棱镜的顶点对准待测点;② 使棱镜面朝向仪器;③ 量取棱镜 2 与待测点之间的距离;④ 设置棱镜常数为 0mm。在进行双距偏心测量时应由人工照准目标(因为在外业使用多个目标就意味着将无法使用自动照准功能,或仪器无法识别是哪一个目标)。双距偏心测量的操作步骤一般有 7 步:① 在与待测点位于同一空间直线的位置上设立棱镜 1 和棱镜 2;② 在〈测量菜单〉界面中选择"偏心测量"进入〈偏心测量〉界面(在此界面下选择"双距偏心");③ 按[设置]键并在"偏距"栏内输入棱镜 2 到待测点间的距离,选取测距目标类型并按[OK]键确认(按[列表]键进入〈目标设置〉界面,在此界面下可以编辑棱镜常数和棱镜孔径);④ 照准棱镜 1 并按[测距]键开始测量(按[停止]键停止测量,屏幕上显示出测量结果,按[YES]确认);⑤ 照准棱镜 2 并按[测距]键开始测量(按[停止]键停止测量,屏幕显示出测量结果);⑥ 按[YES]键显示待测点的结果(按[HVD/电子全站仪]键可对待测点结果在距离/角度和坐标/高程之间进行切换,需将数据记录到当前 JOB 中时可按[记录]键并输入点号、目标高、代码接着按[OK]键);⑦ 在此屏幕下按[OK]键返回到〈偏心测量〉屏幕。

3.3.14　电子全站仪的对边测量技术

对边测量的特点是在不搬动仪器的情况下直接测量多个目标点与某一起始点(P1)间的斜距、平距和高差。最后测量的点可以设置为后面测量的起始点。任一目标点与起始点间的高差也可以用坡度进行显示。为适合各种应用程序的使用和观测人员对仪器操作方式上不同,可对测量菜单中的软键功能重新进行定义。

多点间距离测量的对边测量操作步骤一般有 4 步:①在〈测量菜单〉界面下选择"对边测量";②照准起始点按[测距]键开始测量;③ 照准下一目标点并按[对边]键开始观测;④ 按〈ESC〉键或单击屏幕右上角的十字叉结束对边测量。

改变起始点对边测量是通过对起始点的改变可以把最后测量的目标点改为后续测量的起始点。其操作步骤一般有 3 步:① 按多点间距离测量的对边测量的①～③步骤对起始点和目标点进行测量;② 在测量至某一目标点后按[起点]键(按[YES]键确认弹出窗口中的信息,按[NO]键取消该次测量),即把最后测量的目标点改为新的起始点;③ 按多点间距离测量的对边测量中的步骤③、④完成后续的对边测量工作。

3.3.15　电子全站仪的面积测算技术

电子全站仪面积测算通过调用仪器内存中的 3 个或多个点的坐标数据计算出由这些点连线封闭而成的图形面积(斜面积或平面面积),所用坐标数据既可以是测量所得也可以是手工输入。输入数据为坐标 $P_1(N_1, E_1, Z_1)$、$P_2(N_2, E_2, Z_2)$、$P_3(N_3, E_3, Z_3)$;输出数据为面积值 S(平面面积和斜面积),构成图形的坐标点数范围为 3～30 点。面积的计算通过构成该封闭图形的一系列有顺序的点的坐标进行,所用顺序点既可以是直接观测点也可以是预先输入到仪器内存的点。为适合各种应用程序的使用和观测人员对仪器操作方式上的不同,可对测量菜单中的软键功能重新进行定义。计算面积时若使用的点数少于 3 个点将会出错。在给出构成图形的点号时必须按顺时针或逆时针顺序给出,否则将会得到不正确的结果。其平面面积计算公式为 $S = |\sum_{i=1}^{n}[x_i(y_{i+1} - y_{i-1})]|/2$ 或 $S = |\sum_{i=1}^{n}[y_i(x_{i+1} - x_{i-1})]|/2$(当 $i=1$ 时,$i-1$ 用 n 代替。当 $i=n$ 时,$i+1$ 用 1 代替)。

斜面积计算时首先利用三个指定点(测量/读取)建立起倾斜面,其后的点都垂直投影到这个倾斜面上并计算出斜面积。

直接利用测量点计算面积的操作步骤一般有 7 步:① 在〈测量菜单〉屏幕下选择"面积计算"进入〈面积计算/输入坐标〉界面(按[调取]键可以调用已登录的坐标数据并用于后续的测量);② 按[测量]键进入〈面积计算/测量〉界面(照准封闭图形中的第一个点并按[测距]键测量,仪器开始测量并在屏幕上显示出观测结果,按[停止]键停止测量);③ 在显示测量结果屏幕中按[YES]键确认所测结果并把所测第一个点的点号设为"Pt01";④ 重复步骤②、③(按顺时针或逆时针方向顺序观测完所有边界点);⑤ 按[计算]键计算并显示面积计算结果;⑥ 按[OK]键返回到〈面积计算/输入坐标〉屏幕;⑦ 按{ESC}键或单击屏幕右上角十字叉结束面积计算。

可以重新调用并使用在程序模式下已登录的坐标数据进行面积计算。调用内存坐标数据计算面积操作步骤一般有 6 步:① 在〈测量菜单〉的"计算放样"标签下选择"面积计算"进入〈面积计算/输入坐标〉界面;② 按[调取]键调取工作文件中已登录的坐标数据;③ 把第一个点登录在列表中并按[OK]键(则将该点设为计算面积的"01"号点),读取第二个点的数据并重复前面步骤②、③直到读取完全部点,可以按顺时针方向也可以按逆时针方向的顺序调取边界点的坐标,当调取的已知点达到足以计算面积的点数时按[计算]键;④ 按[计算]键计算并显示面积计算结果;⑤ 按[OK]键返回到〈面积计算/输入坐标〉界面;⑥ 按{ESC}键或单击屏幕右上角的十字叉结束面积计算。

3.3.16　电子全站仪的点投影技术

见图 3-15,点投影用于将一已知坐标点投影至一确定基线上,待投影点的已知坐标既可以通过测量获得也可以由手工输入,仪器将计算并显示投影点长度和偏距或坐标。点投影前先要定义基线。基线定义可通过输入基线起点和终点的坐标来进行。比例因子由输入的坐标值和实测的坐标值反算的平距值来确定,即比例因子$(X,Y)=$(实测平距)/(计算平距),基线起点和终点不进行测量时比例因子为"1"。

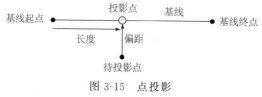

图 3-15　点投影

定义基线步骤一般有 12 步:① 在〈常用测量菜单〉界面下选取"计算放样"标签;② 在"计算放样"标签界面下选择"点投影";③ 在〈点投影〉界面下选取"定义基线";④ 若需观测基线起、终点则按[设站]键完成设站和后视定向;⑤ 在〈点投影〉界面中选择"基线定义";⑥ 输入基线起、终点点号及其坐标数据;⑦ 照准基线起点后在相关页面菜单下按[观测]键进入观测程序;⑧ 按[测距]键测量基线起点;⑨ 按[YES]键确认基线起点测量结果(按[NO]键则重新测量基线起点);⑩ 照准基线终点后按[测距]键测量基线终点;⑪ 按[YES]键确认基线终点测量结果(屏幕显示基线定义结果,方位角指基线方位角,计算平距指由输入坐标计算的平距,测量平距指由测量坐标计算的平距,XY 比例指比例因子,坡度指基线坡度,[Sy=1]指将 Y 比例因子设为"1"。[1:**/%]指坡度显示切换);⑫ 按[OK]键完成基线定义进入待投影点设置操作界面。

进行点投影前必须完成基线的定义。点投影步骤一般有 5 步：①进行基线定义；②在〈点投影〉界面下选取"点投影"；③输入待投影点点号及其坐标(按[观测]键可对待投影点坐标进行测量)；④按[OK]键显示投影结果(长度指基线起点至投影点间距离，偏距指待投影点至投影点间距离，高差指待投影点与投影点间高差，〈坐标〉标签界面下显示投影点的坐标值，〈记录〉界面在输入点号、目标高和代码后按〈记录〉键可将投影点坐标数据保存到工作文件中，〈放样〉界面可进入放样测量操作界面)；⑤按[OK]键结束点投影操作。

3.3.17 电子全站仪的横断面测量技术

电子全站仪的横断面测量功能可用于道路及其他线状地物的横断面测量，作业时可以通过选取观测方向来提高横断面测量的工作效率。测站数据将作为控制点数据记录到仪器内存中，在横断面测量开始之前需要进行测站的设立。

测站设立步骤一般有 3 步：①在〈常用测量菜单〉的"计算放样"标签下选取"横断面测量"；②在〈横断面测量〉界面下选取"设立测站"后输入测站数据(按[后交]键可通过后方交会测量来求取测站点的坐标)；③在〈横断面测量〉界面下选取"后视定向"后输入后视点数据。

测站设立完成后便可实施道路横断面测量。横断面测量步骤一般有 8 步：① 在〈常用测量菜单〉界面下选取"横断面测量"；② 在〈横断面测量〉界面下选取"横断面设置"；③ 输入横断面测量的道路文件名称、桩号间隔、桩号增量、桩号(所测量横断面的中桩号)并选取横断面测量的观测方向，然后按[OK]键(桩号以"××××.×××"格式输入，经处理后以"××+××.××"格式显示，其中"+"前、后的数字是由输入的"桩号"除以"桩号间隔"所得的整段数和不足整段的尾数，按[桩号+]或[桩号-]键可使桩号值在现值基础上增加或减少一个"桩号增量"值，如果所测量横断面的桩号与已测量的桩号相同则被认为该横断面已观测完毕，屏幕显示确认界面，此时按[YES]键可转至步骤④对该横断面进行测量，按[NO]键则可对桩号间隔、桩号增量、桩号和横断面观测方向重新进行设置)；④ 照准设于横断面特征点上的棱镜按[测距]键进行测量("观测方向"在相关页面菜单下按[偏心]键可以对横断面特征点进行偏心测量，最先观测中桩点时需要对中桩点进行设置，见步骤⑦)；⑤ 输入点名、目标高和代码按[记录]键保存观测数据；⑥ 按所设置的观测方向用步骤④、⑤同样方法顺序观测横断面上的全部特征点和中桩点；⑦ 在横断面最后一个特征点观测并记录后按[OK]键进入相应界面(在"中线点"框内输入该横断面中桩点的点号并将"横断面测量结束"设为"Yes"后按[OK]键结束该横断面的测量。若不是按[OK]键而是按〈ESC〉键来结束，屏幕出现相应界面以确认是否放弃该横断面测量结果，若放弃按[YES]键，否则按[NO]键继续该横断面的测量)；⑧ 继续下一个道路横断面的测量。

横断面设置值范围通常为道路名称 16 字符；桩号增量、桩号 −999999.999～999999.999m；桩号间隔 0.000～999999.999m；方向可选自左向右(默认)/自右向左/向左/向右。观测方向中对道路横断面特征点的观测顺序有多种方式可供选用，当观测方向选择为"向左"或者"自左向右"时有以下 3 种方式：① 自左向右顺序观测横断面各特征点(方式1)；② 首先观测中桩点、接着观测中桩左侧的特征点、然后再观测中桩右侧的特征点(方式2)；③ 采用两个棱镜测量作业时首先观测中桩点、然后使用棱镜1和棱镜2轮流观测中桩左、右侧各特征点(方式3)。当观测方向选择为"向右"或者"自右向左"时有以下 3 种方式：① 按自右向左方式顺序观测横断面各特征点(方式1)；② 首先观测中桩点、接着观测中桩右侧的特征点、然后再观测中桩左侧的特征点(方式2)；③ 采用 2 个棱镜测量作业时首先观测中桩点、然后使用棱镜 1 和棱镜 2 轮流观测中桩右、左侧各特征点(方式 3)。当观测方向选择为"自左向右"或者"自右向左"时,在完成一个横断面测量后自动从道路另一侧开始下一横断面的测量(采用这种方式可以在对多个横断面测量时减少司镜人员的移动距离,提高测量作业效率)。

横断面测量数据可以灵活查阅,查阅文件中保存的道路横断面测量数据时显示结果会出现在显示屏上(其中"偏距"为横断面上特征点至道路中线的距离值)。

3.3.18　电子全站仪的线路计算技术

电子全站仪的线路计算功能可用于土木、道路等工程中各种线路点、道路中桩点和边桩点平面坐标的计算,计算结果可以记录至仪器内存文件中或在实地实施放样测量。线路计算包含定义、计算、记录和放样等过程。进行桩点放样测量时需要完成测站的设立和后视定向。在线路计算中 Z 坐标值均为"空"值,注意"空"值与"0"值是不同的。

与其他测量作业一样,道路计算后放样测量之前必须进行测站的设立。设立测站步骤一般有 4 步:① 在屏幕上点击"菜单"图标进入〈常用测量菜单〉界面(选取"线路计算"进入〈线路计算〉界面);② 按[设站]键进入测站设立及定向操作界面([后交]键用于测站的后方交会测量);③ 选取"测站设立"进入〈设立测站〉界面;④选择"后视定向"进入〈后视定向〉界面(输入后视定向数据)。

(1) 单线形线路计算功能用于由单一直线、圆曲线、回旋曲线等线形构成的线路的中桩点及其两侧边桩点平面坐标的计算,计算所得坐标可直接进行放样测量。直线计算用于由单一直线构成的线路的中桩点及其两侧边桩点平面坐标的计算,计算所得坐标可直接进行放样测量。计算时的已知数据为直线起点 P_1 的坐标、交点 P_2 的坐标或直线的方位角 AZ,线路见图 3-16。

直线计算步骤一般有 8 步:① 在〈常用测量菜单〉的"计算放样"标签下选取"线路计算";② 在〈线路计算〉界面下选择〈单线形线路计算〉;③ 将"线形要素"设为"直线";④ 在"点名"输入直线起点点号按[OK]键进入〈输入坐标〉界面,输入起点坐标等数据后按[OK]键([调取]键用于调取工作文件和坐标文件中的坐标数据,[记录]键用于将输入的坐标数据保存到工作文件中);⑤ 将交点"切线方向"设为"方位角"并在"方位角"框内输入切线方向的方位角值后按[OK]键;⑥ 在"起始桩号""计算桩号"和"偏距"内分别输入直线起点桩号、待计算中桩桩号和边桩偏距值(宽度值,以左负右正方式输入);⑦ 按[OK]键开始计算中桩和边桩点的坐标和方位角值,计算结果显示在屏幕上,选择"图形"标签以图形方式显示计算的结果;⑧ 在〈图形〉界面下按{ESC}键两次结束直线计算并返回到〈线路计算〉界面([记录]键用于将坐标计算结果保存到工作文件中,[放样]键用于直接对计算点进行放样测量,"桩点"选为"边桩"时显示计算所得边桩的坐标,以下同)。进行方位角设置时,在步骤④输入点号后若该坐标已被删除则方位角由前面已输入的点号给出。桩号值输入范围为 0.000~9999.999m;偏距值输入范围为 -999.999~999.999m。

圆曲线计算功能用于由单一圆曲线构成的线路的中桩点及其两侧边桩点平面坐标的计算,计算所得坐标可直接进行放样测量。计算时已知数据为圆曲线起点 P_1 的坐标、交点 P_2 的坐标或切线方向的方位角 AZ、曲线的方向和半径 R,线路见图 3-17。圆曲线计算步骤一般有 8 步:①在〈常用测量菜单〉的"放样计算"界面下选择"线路计算";②在〈线路计算〉界面下选择"单线形线路计算";③在"线形要素"中选择"圆曲线";④在点名处输入圆曲线起点点号;⑤输入交点点号或方位角,当输入的交点点号在"切线方向"选择"坐标",或在"切线方向"选择输入方位角后,按[OK]键;⑥在圆曲线"方向"栏内输入圆曲线转向以及圆曲线半径、起始桩号、计算桩号、偏距1、偏距2;⑦在步骤⑥的显示界面下按[OK]键计算中桩和边桩的坐标及其方位角,计算出的坐标、方位角将显示在屏幕上;⑧按{ESC}键2次结束圆曲线计算并返回到"线路计算"界面。圆曲线转向选择可为"左转/右转",圆曲线半径输入范围为0.000~9999.999m。

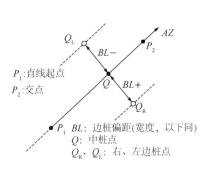

图3-16 单线形线路计算基本图形

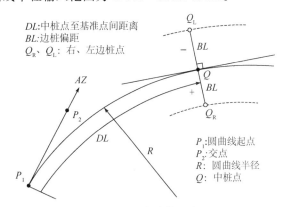

图3-17 圆曲线计算基本图形

回旋曲线计算功能用于由单一回旋曲线构成的线路的中桩点及其两侧边桩点平面坐标的计算,计算所得坐标可直接进行放样测量。计算时根据回旋曲线已知条件的不同,仪器一般提供有三种不同情况下的计算方法来求取所需桩点的坐标(使用时可根据已知数据情况来选用)。"ZH-HY缓和曲线Ⅰ"用于由直缓点过渡至缓圆点的单一回旋曲线桩点平面坐标的计算,计算时已知数据为起点ZH的坐标、交点JD的坐标或切线方向的方位角AZ、曲线方向和回旋参数A,线路见图3-18;"ZH-HY缓和曲线Ⅱ"用于由直缓点过渡至缓圆点的单一回旋曲线桩点平面坐标的计算,计算时已知数据为回旋曲线起点ZH与终点HY间任一已知点P_1的坐标、过已知点P_1切线方向的方位角AZ、曲线方向和回旋参数A、起点ZH至已知点P_1的弧长L,线路见图3-19;"YH-HZ缓和曲线"用于由圆缓点过渡至缓直点的单一回旋曲线桩点平面坐标的计算,计算时已知数据为回旋曲线起点YH的坐标、过起点YH切线方向的方位角AZ、曲线方向、回旋参数A、曲线起点YH至终点HZ的弧长L,线路见图3-20。当下列条件不能满足时坐标计算将无法进行:"ZH-HY缓和曲线Ⅰ"应满足的基本要求是0≤曲线弧长≤2A;"ZH-HY缓和曲线Ⅱ"应满足的基本要求是0≤起点至基准点弧长≤3A、0≤起点至中桩点弧长≤2A;"YH-HZ缓和曲线"应满足的基本要求是0≤起点至基准点弧长≤3A、0≤起点至中桩点弧长≤2A。回旋参数可根据回旋曲线弧长L和圆半径R按式$A=(L\times R)^{1/2}$求得。

ZH-HY缓和曲线Ⅰ的计算步骤一般有8步:①在〈线路计算〉界面下选取"单线形线路计算"进入〈单线形线路计算〉界面;②将"线形要素"设为"ZH-HY缓和曲线Ⅰ";③在"点名"处输入回旋曲线起点点号;④将交点"切线方向"设为"方位角"并在"方位角"框内输入起点处切线方向的方位角值后按[OK]键,若已知交点的坐标,可将交点"切线方向"设为"坐标"后按步骤③同样方法输入交点坐标;⑤选取回旋曲线的"方向"后输入回旋参数A、起始桩号、计算桩号和计算边桩的偏距值,即宽度值,以左负右正方式输入,回旋参数A输入值范围为0.000~9999.999m;⑥按[OK]键开始桩点计算并显示结果,显示的"方位角"为所计算中桩点处切线方向的方位角值,[记录]键用于将坐标计算结果保存到工作文件中,[放样]键用于直接对计算点进行放样测量;⑦按[OK]键并在步骤⑤界面下输入"计算桩号"继续下一中桩点的坐标计算；⑧ 按{ESC}键结束回旋曲线计算返回〈单线形线路计算〉界面。

　　ZH-HY 缓和曲线Ⅱ计算步骤一般有 8 步：①在〈线路计算〉界面下选取"单线形线路计算"进入〈单线形线路计算〉界面；②将"线形要素"设为"*ZH-HY* 缓和曲线Ⅱ"；③在"点名"处输入回旋曲线上任一已知点点号；④将交点"切线方向"设为"方位角"并在"方位角"框内输入已知点处切线方向的方位角值后按[OK]键，若已知交点的坐标可将交点"切线方向"设为"坐标"后按步骤③同样方法输入交点坐标；⑤选取回旋曲线的"方向"后输入回旋参数 *A*、*ZH-P* 弧长（曲线起点至已知点弧长）以及在起始桩号和 *P*-中桩弧长中分别输入"0"值和已知点至待计算中桩点的弧长值 *DL*（计算中桩点位于起点 *ZH* 与已知点 P_1 之间时输"－"值，否则输"＋"值）和待计算边桩的偏距值，即宽度值，以左负右正方式输入；⑥按[OK]键开始桩点计算并显示结果；⑦按[OK]键并在步骤⑤界面下输入"计算桩号"继续下一中桩点的坐标计算；⑧按{ESC}键结束回旋曲线计算返回〈单线形线路计算〉界面。

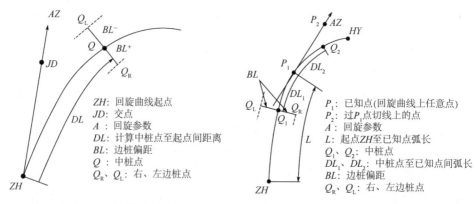

图 3-18　缓和曲线计算基本图形Ⅰ　　　　图 3-19　缓和曲线计算基本图形Ⅱ

　　YH-HZ 缓和曲线计算步骤一般有 8 步：①在〈线路计算〉界面下选取"单线形线路计算"进入〈单线形线路计算〉界面；②将"线形要素"设为"*YH-HZ* 缓和曲线"；③在"点名"处输入回旋曲线起点点号；④将交点"方向"设为"方位角"并在"方位角"框内输入已知点处切线方向的方位角值后按[OK]键，若已知交点的坐标可将交点"切线方向"设为"坐标"后按步骤③同样方法输入交点坐标；⑤选取回旋曲线的"方向"后输入回旋"参数 *A*""曲线长""*YH* 点桩号"（起点桩号）、待计算"中桩桩号"和待计算边桩的偏距值，即宽度值，以左负右正方式输入；⑥按[OK]键开始桩点计算并显示结果（显示的"方位角"为所计算中桩点处切线方向的方位角值）；⑦按[OK]键并在步骤⑤界面下输入待计算"中桩桩号"继续下一中桩点的坐标计算；⑧按{ESC}键结束回旋曲线计算返回〈单线形线路计算〉界面。

　　多线形线路计算功能用于由三个交点构成的线路，如直线 1-缓和曲线 1-圆曲线-缓和曲线 2-直线 2。计算时根据曲线已知条件的不同，仪器一般提供有两种不同情况下的计算方法："起点－交点－终点"计算法和"起点－交点＋转角"计算法，以求取所需桩点的坐标，使用时可根据已知数据情况来选用。

　　"起点－交点－终点"计算法用于三个交点坐标均已知时线路桩点平面坐标的计算，计算时已知数据为线路起点 P_1、交点 P_2 和终点 P_3 的坐标以及第 1、2 回旋参数 A_i 和圆曲线半径 *R*，线路见图 3-21。若输入回旋曲线"参数 1"（A_1）、"参数 2"（A_2）和"半径"（*R*）值则定义的为双回旋曲线线路，可求取得线路主桩点坐标包括线路的直缓点 *ZH*、缓圆点 *HY*、圆缓点 *YH* 和缓直点 *HZ* 的坐标。若输入回旋曲线"参数 1"（A_1）和"参数 2"（A_2），"半径"（*R*）值为〈Null〉

则定义的为无圆曲线过渡线路,可求取的主桩点坐标包括线路的直缓点 ZH、缓圆点 HY 和缓直点 HZ 的坐标。若只输入"半径"(R)值,回旋曲线"参数 1"(A_1)和"参数 2"(A_2)值为〈Null〉则定义的为圆曲线线路,可求取的主桩点坐标包括圆曲线起点 BC 和终点 EC 的坐标。"起点－交点－终点"计算法计算步骤一般有 12 步:①在〈线路计算〉界面下选取"多线形线路计算"进入〈多线形线路计算〉界面;②将"线形要素"设为"起点－交点－终点";③在起点"点名"处输入起点点号按[OK]键进入〈输入坐标〉界面;④在交点"点名"处输入交点点号按[OK]键进入〈输入坐标〉界面,输入交点坐标等数据后按[OK]键;⑤在终点"点名"处输入终点点号按[OK]键进入〈输入坐标〉界面,输入终点坐标等数据后按[OK]键;⑥屏幕显示根据输入的数据计算所得线路"转角""方向""起－交距"(起点至交点间距离)和"交－终距"(交点至终点间距离);⑦确认后按[OK]键,输入第 1、2 回旋参数、圆曲线半径和起点桩号等已知数据;⑧按[OK]键仪器计算并显示线路主桩点计算结果,显示的线路主桩点为直缓点 ZH、缓圆点 HY、圆缓点 YH 和缓直点 HZ 的坐标;⑨按[OK]键输入"计算桩号"和边桩偏距值进行任意中桩点及其边桩点坐标的计算;⑩按[OK]键显示计算结果;⑪按[OK]键并在步骤⑨界面下输入待计算"中桩桩号"继续下一中桩点的坐标计算;⑫按两次〈ESC〉键结束计算返回〈多线形线路计算〉界面。

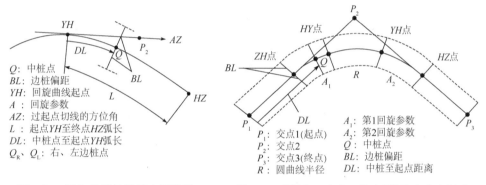

图 3-20　缓和曲线计算基本图形Ⅲ　　图 3-21　"起点－交点－终点"计算法基本图形

"起点－交点＋转角"计算法用于起点和交点坐标和转角为已知时线路桩点平面坐标的计算。计算时已知数据为线路起点 P_1、交点 P_2 的坐标(或 P_1－P_2 方向的方位角 AZ)、曲线方向、转角 IA、起点 P_1 至交点 P_2 距离 DIST1、交点 P_2 至终点 P_3 的距离 DIST2、第 1、2 回旋参数 A_i 和圆曲线半径 R,线路见图 3-22。"起点－交点＋转角"计算法计算步骤一般有 10 步:①在〈线路计算〉界面下选取"多线形线路计算"进入〈多线形线路计算〉界面;②将"线形要素"设为"起点－交点＋转角";③在起点"点名"处输入起点点号按[OK]键进入〈输入坐标〉界面,输入起点坐标等数据后按[OK]键;④在交点"点名"处输入交点点号按[OK]键进入〈输入坐标〉界面输入交点坐标等数据,若已知起、交点方向的方位角也可将交点"切线方向"设为"方位角",在"方位角"框内输入切线方向的方位角值;⑤按[OK]键屏幕界面会出现相应图形,选取线路"方向"后输入"转角""起－交距"、"交－终距"、回旋参数 A_1 和 A_2、圆曲线"半径"和"起始桩号"(转角输入值范围为 $0°\sim180°$);⑥按[OK]键仪器计算并显示线路主桩点计算结果,显示的线路主桩点为直缓点 ZH、缓圆点 HY、圆缓点 YH 和缓直点 HZ 的坐标;⑦按[OK]键输入"计算桩号"和边桩偏距值,可进行任意中桩点及其边桩点坐标的计算;⑧按[OK]键显示计算结果;⑨按[OK]键并在步骤⑦界面下输入待计算"中桩桩号"继续下一中桩点的坐标计算;⑩按两次〈ESC〉键结束计算返回〈多线形线路计算〉界面。线路为无圆曲线过渡线路时,步骤⑥

中求得的主桩点为线路的直缓点 ZH、缓圆点 HY 和缓直点 HZ。定义的线路为圆曲线线路时,步骤⑥中求得的主桩点为圆曲线起点 BC 和终点 EC。

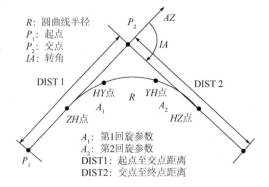

图 3-22 "起点－交点＋转角"计算法基本图形

（2）整体线路计算功能用于由一系列曲线段构成的线路的主桩点、任意中桩点及其两侧边桩点平面坐标的计算,计算所得坐标可直接进行放样测量,线路见图 3-23。整体线路计算实施过程包括曲线起点设置、输入曲线要素、查阅曲线要素、自动桩点计算、任意桩点计算、线路中桩反算等。整体线路计算中每定义一条线路均作为一个单独文件保存,每条线路所包含的曲线数可多达 16 段,计算的线路主桩点、中桩点、边桩点的点数可多达 600 点,除非进行了文件删除或数据初始化操作,否则所定义的线路数据即使在关机后也不会丢失,当所有曲线要素（第 1 回旋参数 A_1、第 2 回旋参数 A_2 和圆曲线半径 R）均为"〈Null〉"时将无法计算曲线数据,如果出现曲线不连续的情况则断开后的曲线部分将无法进行计算,由于曲线计算误差积累的影响其桩点坐标误差的大小可能会达到数毫米。输入曲线要素用于顺序输入线路的全部曲线要素,此外还可以对已经输入的曲线要素进行编辑和修改。通过预设置可以将上一曲线的交点或终点自动设定为下一曲线的起点。输入曲线要素后按［下一曲线］或［OK］键进行曲线计算而出现曲线重叠时屏幕会给出相应的提示,此时,如按［YES］键将忽略并继续计算,按［NO］键则终止计算返回输入曲线要素界面进行数据修改。输入曲线要素步骤一般有 14 步:①在〈线路计算〉界面下选取"整体线路计算"进入〈整体线路计算〉界面;②选取"输入曲线要素"进入〈输入曲线要素〉界面;③输入"要素编号",对已存在的曲线可选取进行编辑,在起点"点名"处输入第 1 曲线起点点号按［OK］键进入〈输入坐标〉界面;④输入第 1 曲线起点坐标等数据后按［OK］键;⑤在交点"点名"处输入第 1 曲线交点点号按［OK］键进入〈输入坐标〉界面,输入交点坐标等数据后按［OK］键;⑥在终点"点名"处输入第 1 曲线终点点号按［OK］键进入〈输入坐标〉界面,输入终点坐标等数据后按［OK］键;⑦屏幕显示根据第 1 曲线要素计算所得线路"转角""方向""起－交距"和"交－终距";⑧确认后按［OK］键,输入第 1 曲线的第 1、2 回旋参数、圆曲线半径和起点桩号等要素数据;⑨按［下段曲线］键进入第 2 曲线要素输入界面;⑩在终点"点名"处输入第 2 曲线终点点号,按［OK］键进入〈输入坐标〉界面,输入终点坐标等数据后按［OK］键,由于将上一曲线的交点自动设为下一曲线的起点,第 2 曲线只需输入终点即可;⑪屏幕显示根据第 2 曲线要素计算所得线路"转角""方向""起－交距"和"交－终距";⑫确认后按［OK］键,输入第 2 曲线的第 1、2 回旋参数、圆曲线半径等要素数据后按［OK］键完成第 2 曲线要素的输入;⑬按步骤⑨至⑫同样方法完成线路全部曲线要素的输入;⑭最后按［OK］键结束返回〈整体线路计算〉界面。

（3）查阅曲线要素功能用于查阅在"输入曲线要素"中已输入线路的曲线要素内容,以便

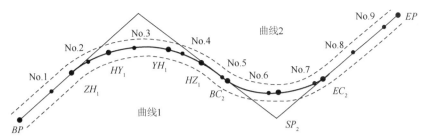

图 3-23 整体线路计算基本图形

对数据的正确性进行检查,若存在错误可在"输入曲线要素"界面下选取相应曲线按前述的曲线要素输入方法进行修改。查阅曲线要素步骤一般有 4 步:①在"线路计算"界面下选取"整体线路计算"进入〈整体线路计算〉界面;②选取"查阅曲线要素"进入〈查阅曲线要素〉界面;③在"查阅曲线要素"界面下可根据曲线的编号查阅相应曲线的起点 BP、交点 IP、终点 EP 的坐标数据及其相应曲线要素内容;④按[OK]键结束曲线要素的查阅并返回〈整体线路计算〉界面。

(4) 自动桩点计算功能用于线路曲线要素输入完成后,根据已输入曲线要素对线路主桩点坐标进行自动计算,可按给定的桩号间隔和边桩偏距进行中桩点和边桩点坐标的自动计算。自动计算的主桩点、中桩点和边桩点点数可多达 600 点,计算结果会自动存入仪器内存工作文件中。所计算线路的主桩点取决于线路的类型,双回旋曲线线路主桩点为第一回旋曲线的直缓点 ZH_i、缓圆点 HY_i 以及第二回旋曲线的圆缓点 YH_i、缓直点 HZ_i;无圆曲线线路主桩点为直缓点 ZH_i、点 KE 和缓直点 HZ_i;圆曲线线路主桩点为圆曲线的起点 BC、中点 SP 和终点 EC。计算边桩时两边的输入偏距值(宽度)可以不同并分别计算。计算所得桩点的点号可以在预先设定点号的基础上自动产生。计算所得桩点坐标会自动存储于工作文件中,存储时若出现同名点情况的处理方式(追加或跳过)可以预先设定。自动桩点计算步骤一般有 5 步:①在〈线路计算〉界面下选取"整体线路计算"进入〈整体线路计算〉界面;②选取"自动桩点计算"进入〈自动桩点计算〉界面;③设置好"桩号间隔"、左右边桩"偏距""同名点处理"方式和"自动点号"等项("桩号间隔"表示从"0"桩号起算每隔多少距离计算一个桩点,输入值范围为 0.000~9999.999m,"偏距"表示相应边桩至中桩的距离值,可同时计算两侧或同侧的边桩,中桩左侧输"-"值、中桩右侧输"+"值,输入值范围为 -999.999~999.999m,同名点处理时"追加/跳过"前者保存同名点数据记录,后者不保存同名点数据记录,"自动点号"为自动产生的起始点名);④按[OK]键仪器计算出线路的主桩点、中桩点和边桩点的坐标,计算结果显示在屏幕上并自动存入工作文件中,点名末尾的"R"或"L"分别表示该对应点的右边桩或左边桩;⑤按[OK]键结束自动桩点计算返回〈整体线路计算〉界面。

(5) 任意桩点计算功能用于线路曲线要素输入完成后,通过输入线路上任意中桩桩号和相应边桩偏距值求得中桩点及其边桩点的坐标。任意桩点计算步骤一般有 6 步:①在〈线路计算〉界面下选取"整体线路计算"进入〈整体线路计算〉界面;②选取"任意桩点计算"进入〈任意桩点计算〉界面;③输入待"计算桩号"和边桩偏距值,即宽度值,以左负右正方式输入,进行任意中桩点及其边桩点坐标的计算;④按[OK]键仪器计算出所需中桩点和边桩点的坐标,计算结果显示在屏幕上;⑤按[OK]键并在步骤④界面下输入待计算"中桩桩号"继续下一中桩点的坐标计算;⑥按{ESC}键结束桩点计算返回〈整体线路计算〉界面。

(6) 线路中桩反算功能用于线路曲线要素输入完成后,根据线路上任意边桩点的坐标反算出相应中桩点的坐标及其边桩偏距值。边桩点的坐标可通过输入、调取或实地测量的方式获得。输入边桩点坐标进行中桩反算步骤一般有 6 步：①在〈线路计算〉界面下选取"整体线路计算"进入〈整体线路计算〉界面；②选取"线路中桩反算"进入〈线路中桩反算〉界面；③在〈线路中桩反算〉界面下可通过输入、调取或实地测量边桩点的坐标来进行相应中桩点反算，输入方式可选择在"点名"处输入边桩点点号，按[OK]键进入〈输入坐标〉界面进行边桩点坐标数据的输入，调取方式可选择按[调取]键进入〈坐标调取〉界面，从"列表"中选取边桩点点名按[OK]键进行坐标数据的输入，测量方式可选择按[观测]键进入〈观测点〉界面，照准边桩点棱镜按[测距]键进行边桩点坐标测量，屏幕显示边桩点的坐标后按[OK]键进行坐标数据的输入；④仪器根据输入的边桩点坐标进行中桩反算，反算结果显示在显示屏上，包括反算所得对应中桩点的坐标、中桩桩号以及边桩偏距等数据；⑤按[OK]键并在步骤③界面下输入边桩点的坐标继续下一中桩点的反算；⑥按{ESC}键结束中桩反算返回〈整体线路计算〉界面。

（7）曲线起点设置功能用于在输入线路曲线要素时将上一曲线的交点或是终点自动作为新曲线起点的设置，此设置应在输入曲线要素前进行。曲线起点设置步骤一般有 3 步：①在〈线路计算〉界面下选取"整体线路计算"进入〈整体线路计算〉界面；②选取"曲线起点设置"进入〈整体线路计算/设置〉界面；③选取所需选项，按[OK]键完成设置返回〈整体线路计算〉界面，"交点"是指将上一曲线的交点作为下一曲线的起点，"终点"是指将上一曲线的终点作为下一曲线的起点。

（8）清除曲线要素功能用于清除工作文件中已输入线路的曲线要素数据。清除曲线要素步骤一般有 3 步：①在〈线路计算〉界面下选取"整体线路计算"进入〈整体线路计算〉界面；②选取"清除曲线要素"进入〈清除曲线要素〉界面；③屏幕显示清除确认提示，按[YES]键确认将清除工作文件中全部线路要素数据；按[NO]键放弃清除返回〈整体线路计算〉界面。

3.3.19 电子全站仪的格网扫描测量技术

见图 3-24，格网扫描测量程序用于在指定区域内按给定间隔建立格网并自动完成对各格网点的测量。根据所测区域现场开发土地、悬崖或道路表面情况的不同，有两种测量模式可供选择，即格网扫描粗测和格网扫描精测。格网扫描测量的最大测点数可达 10000 点。格网扫描粗测用于对格网点表面的扫描测量，适用于靠近地表、地形起伏不大的格网点的测量。格网扫描精测用于对格网面的扫描测量，其测量精度更高，仪器所测为格网点垂直于格网面投影至地面上的点位。

格网扫描测量程序一般有 9 步：①测前准备，包括电子全站仪用户手册、电池电量检查、与外部设备连接和通信参数设置、设立测站、仪器开机与关机等；②启动格网扫描测量程序；③设置文件；④测站设立与定向；⑤定义格网；⑥格网扫描测量设置；⑦格网扫描测量；⑧扫描测量结果查阅；⑨扫描测量结果输出等。进行格网扫描测量应采用连续工作时间更长的外部电池。按{PROGRAM}键可启动格网扫描测量程序，点击"格网扫描测量"进入〈格网扫描测量主菜单〉界面。使用格网扫描测量程序时，其他测量功能无法激活，使用其他测量功能时需退出格网扫描测量程序。按{ESC}键后按{F1}键或直接按{PROGRAM}键退出格网扫描测量程序。在未建立或选取文件之前[文件建立与选取]是仅有的可选择项，开始格网扫描测量必须先建立或选取相应的文件。

格网扫描测量时，在〈建立文件〉各界面下，输入所需内容后按{OK}键确认便可进入下一界面，不必返回主菜单界面。在〈选取文件〉界面下，使用功能键可进行相关操作，按{OK}键确认返回主菜单界面或按{ESC}键退回上一界面。选取不同文件后，需要重新设立测站，否则测

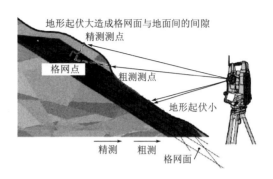

图 3-24　电子全站仪的格网扫描测量

量将无法进行。[版本]键用于显示软件版本信息。点击[文件建立与选取]进入〈文件建立或选取〉界面后,按[新建]键可建立新文件,若选取文件,在文件名表中选择所需文件名后更改文件名称,选择文件名后按[更名]键;查阅文件信息,选择文件名后按[状态]键;删除文件,选择文件名后按[删除]键。

设立测站需输入格网扫描测量测站的所有数据。测站数据输入完成后按[OK]键进入〈后视定向〉界面。输入项、输入范围、缺省值应遵守相关规定,输入项包括坐标值−9999999.999～9999999.999、显示的缺省值为原有输入值、测站 14 字符、仪器高−999999.999～999999.999、温度−30～60℃,显示的缺省值为测量模式下设置的温度、气压 50000～140000Pa 等。

后视定向可通过选取"坐标定向"或"角度定向"来进行,输入后视点坐标或后视方位角后按[OK]键进入〈后视观测〉界面。在〈后视观测〉界面下,照准后视点后按[测角]或[测距]键完成后视定向([测距]键在角度定向情况下不显示)。若在〈后视观测〉界面下按[测距]键观测后视点,测量结果显示后按[OK]键可显示后视点测量值与已知值的偏差值。输入项、输入范围、缺省值应遵守相关规定,输入项包括坐标值(−9999999.999～9999999.999)、显示后视点 14字符、缺省值为原有输入值、目标高(−999999.999～999999.999)、后视方位角($0°00'00''$～$359°59'59''$)等。若不接受按[NO]键返回〈后视观测〉界面对后视点重新进行测量,否则按[YES]键进入〈格网定义〉界面。

在格网定义界面应按下述步骤进行格网定义。①设置"格网"和"类型"来定义格网面及其类型;②输入或按[测距]键测定"高点(A)""左低点(B)"和"右低点(C)"的坐标值来定义格网扫描测量的范围;③输入"行间隔"和"列间隔"值来定义扫描点的密度。定义格网点之前,首先要定义格网面,格网面通过设定"格网""类型"和三个点(高点 A、左低点 B 和右低点 C)坐标值来定义。

定义格网点步骤应依序进行。在"格网"中选取格网面,左低点将作为格网的原点,可选的三种格网面有水平面——过左低点建立平行于 N、E 轴面的水平面,并按指定"行间隔"和"列间隔"值分割成格网、铅直面——建立正交于 N、E 轴面的铅直面,并按指定"行间隔"和"列间隔"值分割成格网、自由面——建立通过输入的三个点确定的斜面,并按指定"行间隔"和"列间隔"值分割成格网,类型可为矩形、平行四边形;行间隔可为 0.100～999999.999、列间隔可为0.100～999999.999,即最小间隔值为 0.100m,最大间隔值取决于坐标值。在"类型"中选取格网面定义类型,所选类型"矩形"或"平行四边形"将决定平面的定义方式。在〈格网定义〉界面下,点击[高点(A)]、[左低点(B)]或[右低点(C)]按钮将进入相应点坐标输入界面,返回格网定义界面按[OK]键。当光标位于某一点按钮时,利用显示的[调阅]键可查阅该点的坐标数据。按[测距]键可在现场直接测定高点（A）、左低点（B）和右低点（C）的坐标值。输入"行间隔"和"列间隔"数据,行、列间隔值将决定格网点的密度。

格网扫描测量设置界面用于格网扫描测量模式和限差值的设置。设置完成后按[OK]键进入〈开始扫描测量〉界面。

测量模式中的粗测模式用于格网点的自动扫描测量,进行水平面或垂直面格网扫描测量遇到坡点时其观测结果将得到平滑处理。精测模式用于格网点的自动扫描测量并记录符合限差要求的测点结果。当测量结果出现超限时,仪器自动对其进行重测,重测次数的最大允许值由"超限重测数"设定,如果重测次数用完后测量结果仍然超限,则将该格网点作为"废点"并跳过该点测量下一格网点。限差值是指格网点设计值与测量值水平距离之差的容许值,容许范围是以测量点为圆心、限差值为直径所做圆的区域(设置的限差值应小于较短的行间隔或列间隔值的一半)。精测模式中,如果过格网点所做铅垂线与某个面出现多个交点则极有可能所测的面错了。比如,在对隧道顶面进行测量时,如果产生的格网点接近于地面,则所测量的位置可能是地面而不是隧道顶面。此时,应通过改变高程坐标来建立与待测量面相接近的格网面。

开始测量时的显示界面会因所做测前准备工作的不同而异。在〈开始测量〉界面1下按[YES]键将立即开始扫描测量,按[NO]键则返回格网扫描测量主界面。在〈开始测量〉界面2下按[新扫描测量]或[继续原扫描测量]键将立即开始扫描测量。选取"新扫描测量"时原来观测的数据将被废弃,当全部的格网点观测完毕后[继续原扫描测量]键无效。按[调阅观测结果]键可进入〈测量结果〉界面。扫描测量从左下角点开始向右依次测量各格网点,测量结果显示在屏幕上。当某格网点测量结果偏差超出限差值时,仪器将在设定的"超限重测数"内对该格网点进行重测,如果重测结果仍然超限则跳到该点,继续对下一格网点的测量。按[停止]键可停止测量。当出现重测后超限的格网点数过多情况时,增加"超限重测数"和加大"限差值"重新测量,也可采用粗测模式来测量。测量结束后,在主界面下按[结果显示]或在〈开始测量〉界面2下按[调阅观测结果]键可显示〈测量结果〉界面。界面中各显示的含义如下:列是指显示列数的范围;页码是指选取需显示的数据页,每页可显示100格网点的数据;结果是指显示测量结果状态;OK是指测量结果无错误;废点是指测量结果超限或观测错误(跳过点);"无"是指未测量;"—"是指格网点位于测量区域外。按[测量信息]键可显示格网扫描测量文件建立日期、最新观测日期、已测点数与总测点数的比例、废点(跳过点)与已测点数的比例等数据。按[查找]键可显示〈查找〉界面,通过输入查找点所在"行""列"并选取数据类型后按[OK]键显示相应格网点的数据。按[前点]或[后点]键可显示上一格网点或下一格网点的数据。按[OK]键可在两个界面间切换显示,在查找界面下按〈ESC〉键返回〈测量结果〉界面。测量结束后可将测量结果输出到计算机等设备上。按[测量信息]键可显示格网扫描测量文件建立日期、最新观测日期、已测点数与总测点数的比例、废点(跳过点)与已测点数的比例等数据。显示测量结果的输入项应注意输出类型、格式(CSV1、CSV2)、数据类型(POS观测值、POS定义值)。仪器内存中的数据可以通过串口连接或者蓝牙无线通信的方式输出到计算机内。在主界面下选取"数据输出"进入〈数据输出设置〉界面,将"输出类型"设为"COM",按[设置]键进入〈通信参数设置〉界面,设置好参数后按[OK]键返回。在〈数据输出设置〉界面下按[OK]键进入〈数据输出〉界面,按[开始]键开始数据输出,按[停止]键可中断数据的输出,插脚编号(信号)可选SG(GND)、NC、SD(TXD)、RD(RXD);波特率可选1200、2400、4800、9600、19200、38400、57600、115200;两通信设备的通信参数设置应一致(停止位1,2);奇偶校验可选不校验、偶校验、奇校验;数据位可选8、7。

仪器内存的数据可输出到 U 盘等存储设备并按给定文件名保存。将 U 盘插入仪器 USB 插口 1,在主界面下选取"数据输出"进入〈数据输出设置〉界面,将"输出类型"设为"文件",按 [设置]键后选取存储路径为可移动磁盘"RemovableDisk"。在〈数据输出设置〉界面下按 [OK]键进入〈数据输出〉界面,按[开始]键开始数据输出。按[停止]键可中断数据的输出。采 用 CSV 格式时,输出的数据记录中点名和 N、E、El 坐标字段以逗号相隔,点名的格式为(行位 置)-(列位置),比如点名"1-5"表示该点位于第 1 行第 5 列,坐标值按列升序顺序输出,末列数 据输出后继续下一行的数据输出。采用 Mesh 格式时,Mesh 格式的记录输出为数据识别码、 记录、内容,&MS-JOB 为文件记录(作用是为格网扫描测量程序建立的文件设置数据)、 &MS-UNIT 为单位记录(输出数据的单位及其显示设置数据)、&MS-STN 为测站记录(测站 设立数据)、&MS-BSP 为后视坐标记录(后视坐标数据,仅对坐标定向)、&MS-BSA 为后视方 位角记录(后视方位角数据,仅对方位角定向)、&MS-DEF 为格网定义记录(格网定义数据)、 &MS-STG 为测量设置记录(格网扫描测量设置数据)、&MS-POS 为格网点记录(格网点测量 数据/格网点定义数据)。记录基本结构一般为字段 1、字段 2、字段 3、字段 4、…、字段 n;数据 识别码一般为数据项 1、数据项 2、数据项 3、数据项 m,CR/LF,每一数据记录由多个字段组 成,各字段间以逗号相隔,最后以回车换行符结束。典型的文件记录格式为【&MS-JOB&MS- JOB,MESH_JOB,1.0000,1,0,1〈CR〉〈LF〉abcdef】,字段号 a 为数据识别码(&MS-JOB)、b 为文件名、c 为比例因子(1.0000,固定)、d 为备用 1(固定)、e 为备用 0(固定)、f 为备用 1(固 定)。典型的单位记录格式为【&MS-UNIT&MS-UNIT,1,1,3,1,2,1〈CR〉〈LF〉abcdefg】,字 段号 a 为数据识别码(&MS-UNIT);b 为角度单位(1 指 360 度制、2 指 400 度制、3 指密位 制);c 为距离单位(1 指米、2 指英制英尺、3 指美制英尺);d 为气压单位(1 指 mmHg、2 指 inchHg、3 指 hPa);e 为温度单位(1 指℃、2 指℉);f 为坐标格式(1 指 N-E-El、2 指 E-N-El);g 为竖角格式(1 指天顶 0、2 指水平 0)。典型的测站记录格式为【&MS-STN&MS-STN,STN, 1.000,2.000,3.000,1.500〈CR〉〈LF〉abcdef】,字段号 a 为数据识别码(&MS-STN);b 为测站 点名(数据为"空"时无输出);c 为 N(E)坐标;d 为 E(N)坐标(输出字段取决于坐标格式和距 离单位);e 为高程坐标;f 为仪器高。典型的后视坐标记录格式为【&MS-BSP&MS-BSP,BS, 1.500,2.000,3.000〈CR〉〈LF〉abcde】,字段号 a 为数据识别码(&MS-BSP);b 为后视点名(数 据为"空"时无输出);c 为 N(E)坐标;d 为 E(N)坐标(输出字段取决于坐标格式和距离单位); e 为高程坐标。典型的后视方位角记录格式为【&MS-BSA&MS-BSA,BS,45.0000〈CR〉〈LF〉 abc】,字段号 a 为数据识别码(&MS-BSA);b 为后视点名(数据为"空"时无输出);c 为后视方 位角。典型的格网定义记录格式为【&MS-DEF&MS-DEF,SRX-MESH,0,0,3,0,0.1000, 0.1100,LU,0.0000,10.0000,abcdefghi0.0000,LD,0.0000,0.0000,0.0000,RD,9.9900, 0.0000,0.0000〈CR〉〈LF〉jk】,字段号 a 为数据识别码(&MS-DEF);b 为格网名(SRX- MESH,固定);c 为格网面(1 指水平面、2 指垂直面、3 指自由面);d 为类型(0 指矩形、1 指平 行四边形);e 为定义点数(格网定义点,3 指固定);f 为基线设置(0 指以左低点和右低点为基 线);g 为行间隔;h 为列间隔(格网间隔);i 为高点定义值(点名和 N-E-El 坐标值以逗号相隔, 坐标值按坐标格式输出。数据为"空"时无输出);j 为左低点定义值;k 为右低点定义值。典型 的测量设置记录格式为【&MS-STG&MS-STG,1,0.0100,20〈CR〉〈LF〉abcd】,字段号 a 为数 据识别码(&MS-STG);b 为测量模式(0 指粗测、1 指精测);c 为限差值;d 为超限重测数。典 型的格网点记录格式为【&MS-POS&MS-POS,1,2,1,0,1.8810,10.5975,5.1927,2018/06/ 13,13:30:53〈CR〉〈LF〉abcdefghij】,坐标值按列升序顺序输出(末列数据输出后继续下一行的数据输出),字段号 a 为数据识别码(&MS-POS);b 为输出数据类型(0 指 POS 定义值、1 指 POS 观测值);c 行为输出格网行(1～末行);d 列为输出格网行(1～末列);e 状态为输出记录状态("测量状态"时);f 为 N(E)坐标(为坐标值按坐标格式输出,结果为"废点"时无输出,输出 POS 定义值时,超限坐标值也输出);g 为 E(N)坐标;h 为高程坐标;i 为观测日期(年年年年/月月/日日,输出 POS 定义值时无输出);j 为观测时间(时时:分分:秒秒、输出 POS 定义值时无输出测量状态)。

相应的代码可显示不同的状态,0 代表 OK(粗测结果正确,精测结果符合限差要求,格网定义正确)、1 代表超出范围(格网点超出测量范围,格网点位于平行四边形之外)、2 代表超限错误(精测时测量结果超限)、3 代表未观测(输出的点位未测量)、4 代表观测错误 1(测量中出现如"观测条件差"等测量错误)、5 代表观测错误 2、6 代表倾角超限(测量中倾角超限)、7 代表观测错误 3、8 代表马达错误(测量中发生马达旋转相关错误)、9 代表超限(无法测量格网点)、10 代表测距错误(与测距输出相关错误码)、99 代表错误(软件意外错误)。

3.3.20 电子全站仪改变仪器参数的设置方法

点击〈首页〉屏幕中的"设置"图标或按{Settings}键均可进入到〈仪器参数设置〉界面。然后根据测量作业需要对仪器参数进行设置。

观测条件设置项和选择项内容(注有 * 的为出厂设置)包括测距模式(斜距 * /平距/高差)、倾斜改正[改正(H,V) * /改正(V)/不改正]、倾角超限(不处理 * /显示气泡)、视准差改正(改正 * /不改正)、两差改正[No * /改正(K=0.142)/改正(K=0.20)]、手设竖盘(No * /Yes)、竖角格式(天顶距 * /水平 0～360°/水平±90°)、坐标格式(N-E-Z * /E-N-Z)、水准面改正(No * /Yes)、角度显示(0.1″ * /0.5″)、距离显示(0.01mm/0.1mm *)、气象改正(气压、温度 * /气压、温度、湿度)。"手设竖盘"设置为"NO"时水平角将自动设置为 0。"手设竖盘"设置为"Yes"则可双盘位测量竖直度盘指标。

选择"倾角自动补偿"功能后,仪器借助于双轴倾斜传感器可对整平仪器后存在的微小倾角而引起的误差自动对竖直角和水平角值进行补偿(当显示稳定后读取经自动补偿的角度值)。竖轴误差会对水平角产生影响,因此当仪器未完全整平好时纵转望远镜也会使显示的水平角值发生变化,改正后水平角值＝水平角测量值＋倾角/tan(竖直角)。当望远镜照准方向在天顶或天底附近时,仪器不对水平角进行补偿。

选择"视准差改正"功能后,仪器具有自动改正由于横轴和水准轴误差引起的视准误差的功能。电子全站仪在将斜距归算为平距时并未顾及高程的因素,当在高海拔地区测量作业时宜考虑距离的球面改正(即选择"水准面改正"功能),球面改正公式为 $d = (R - H_a)d_1/R$,其中,d 为球面距离;R 为椭球半径(不同的仪器有不同的取值设定,有 6372000m、6371000m、6373000m 等);H_a 为测站点和目标点的平均高程;d_1 为水平距离。

仪器设置项和选择项内容包括关机方式(人工,5 分钟,10 分钟,15 分钟,30 分钟 *)、关机方式(遥控)(人工 * ,5 分钟,10 分钟,15 分钟,30 分钟)、亮度[背光开,0～8(1 *)]、亮度[背光关,0～8,自动(6 *)]、背光关闭(人工 * ,30 秒,1 分钟,5 分钟,10 分钟)、键盘背光(Off/On *)、分划板亮度[0～5 级(3 *)]、EDM 接收调节(不调 * ,调节)、棱镜检测(开 * /关)、指示光关闭方式(人工 * ,1 分钟,5 分钟,10 分钟,30 分钟)、按键声响(开 * /关)、遥控开机(允许 * /不允许)、色彩设置[1/2(单色),自动 *]、触摸屏(开 * /关)、背光亮度调节/分划板照明和键盘背光(开或关)。按[屏幕校准]键显示触摸面板校正屏幕。按{照明}键在背光亮度连同分划板照明/键盘背光开或关之间进行切换。当打开仪器电源时亮度等级设置为"正常照明",正常照明的亮度级别比"分划板照明"的级别更高,但这些参数的设置可以按照用户的使用情况进行修改。当"亮度(背光关)"设为"自动"时,电子全站仪的光传感器可以判定出周围环境的亮度级别并自动设为背光亮度(根据周围光线条件而定可以次最优方式实现这项功能),在亮度级别设置间显示器可能会闪烁。可以将键盘背光设置为"开"或"关",当背光设置为"开"时按键打开屏幕背光的同时打开键盘背光。

选择"自动关机/背光自动关闭"后,若在设定的时间内不进行按键操作则仪器将自动关闭电源。同样地若在指定的时间内不进行按键操作的话则仪器将自动关闭背光照明。但当"键盘背光"设置为"人工"时将不关闭背光照明。

"EDM 接收调节"用于设置电子测距时光信号接收状态。在进行连续测量时可根据情况设置此选项。当 EDM 接收调节设置为"自调"时仪器可在出现光量接收错误时自动调节接收的光量,这对测量移动目标或使用不同反射目标时尤其适用。当 EDM 接收调节设置为"不调"时,在重复测量结束前接收的光量保持不变。在重复测量中,若测距信号被障碍物遮挡屏幕上显示"无返回信号"的提示时,光量的调节和测量结果的显示需要一定的时间。在测量被来往人群、车辆或树叶等障碍物遮挡的稳定目标时应将"EDM 接收调节"设置为"不调"。当把测距模式设为"跟踪测量"对移动目标进行测量时"EDM 接收调节"不论设置如何都将自动进行接收光量调节。

使用棱镜测距时为获得更高精度的测量结果应对棱镜条件进行检测。当这一选项设为"开"时仪器在测距前对返回信号和 ALC 状态进行检核(若检测失败将产生照准错误。默认设置为"开")。当该选项设为"关"时仪器将不对返回信号和 ALC 状态进行检测。当使用容易导致照准错误的目标(比如小型棱镜)进行距离测量时应正确选取选项。如果视准轴偏离棱镜中心而这一选项设为"关闭"则测距精度将会受到影响。

选择"指示光关闭"可节省电源,指示光将会按设定的时间自动关闭。

应合理进行颜色设置。当强烈日光使显示屏可见度减弱时"颜色"设为"2"(单色)。当设为"自动"时,电子全站仪将自动探测周围环境的亮度并自动设为合适的颜色。当"颜色"设为"自动"时电子全站仪的光传感器不受阻碍,仪器将不判定周围环境亮度、显示器将会闪烁。

EDM 标签界面有测距参数设置项、选择项和输入范围(注有 * 的为出厂设置),包括测距模式[重复精测 *,均值精测 $n=2$($2\sim9$ 次),单次精测,重复粗测,单次粗测,跟踪测量]、反射器(棱镜 *,360°棱镜,反射片,无棱镜)、棱镜常数($-99.9\sim99.9$mm,应根据实际情况确定,有些仪器棱镜设为 -30.0、360°棱镜设为 -7.0、反射片为 0.0 *)、棱镜孔径($1\sim999$mm,应根据实际情况确定,有些仪器棱镜设为 58 *、360°棱镜设为 34、反射片设为 50)、亮度[$1\sim3$(3 *)]、照明方式(闪烁 *,长亮)、按住照明键[照明光 *,激光(指示光)]。在将测距模式设置为"均值精测"时可以利用[+]/[−]增加或减少测距次数。在"反射器"栏内可以对所用的棱镜进行编辑和记录。当在"反射器"栏内选择了"无棱镜"则不显示"棱镜常数"和"棱镜孔径"。当改变"棱镜常数"和"棱镜孔径"并按[OK]后,改变的这些数值反映在棱镜类型状态栏中,当用数据采集器设置棱镜信息时,在状态栏中显示的棱镜类型也将改变。上述两种情况一般不记录在"反射器设置"中。实施冷启动从状态栏中移去已增加的棱镜信息。通常仅当按"照明键"设置为"照明光"时才会显示出照明光"亮度"这一项。

应重视棱镜常数设置问题,每种反射棱镜都有其自身的棱镜常数。应设置所使用的反射棱镜的棱镜常数值,当在"反射器"中选择"免棱镜"时棱镜常数值自动设置为"0"。可以对每种棱镜的常数和棱镜孔径进行设置,显示在 EDM 栏中的棱镜常数和棱镜孔径值将会改为在"反射器"下选取的反射器类型。

应合理设置 ppm 标签界面,[0ppm]是指当把温度和气压值设置为出厂设置时气象改正因子为 0。气象改正因子可以通过输入温度和气压值进行计算(也可以直接输入气象改正因子),相关的设置项、选择项和输入范围(注有 * 的为出厂设置)为温度 $-30\sim60℃$(15 *)、气压 $500\sim1400$hPa(1013 *)或 $375\sim1050$mmHg(760 *)、湿度 $0\sim100\%$(50 *)、ppm$-499\sim499$(0 *)。仅在"观测条件"菜单中的"ppm 设置"选取了"+湿度"时才显示"湿度"设置项。仪器通过发射光束进行距离测量,光束在大气中的传播速度会因大气折射率不同而变化,而大气折射率与大气的温度和气压有着密切关系。为了精确计算出气象改正因子,需要求取光束传播路径上的气温和气压的平均值。在山区测量作业时尤其要注意,不同高程的点上其气象条件会有差异。大多数仪器是按温度 15℃,气压为 1013hPa 时气象改正因子为"0"设计的。仪器可根据输入的温度和气压值计算出相应的气象改正因子并储存在内存中(计算公式被固化在仪器数据处理系统中)。电子全站仪通过发射光束进行距离测量,当光束在大气中传播时,光的传播速度会因大气折射率不同而变化,大气折射率与大气的温度和气压有着密切的关系。在通常的大气环境下,当气压保持不变,温度每变化 1℃(或者当温度保持不变,气压每变化 3.6hPa)时都将会引起所测距离值 1ppm 的变化(即每千米 1mm 的变化)。因此在进行高精度距离测量时应使用精密的量测设备(见图 3-25)测定大气温度和气压值以求取气象改正数对距离测量结果施加气象改正。为了精确计算出气象改正数,需要求取并输入光信号在传播路径上的温度、气压和湿度平均值(平原地区以测线中点处的温度、气压和湿度值作为平均值,山区以测线中间点 C 处的温度、气压和湿度作为平均值)。如果无法测定中间点处的温度、气压和湿度值,可以测定测站点 A 和目标点 B 处的温度、气压和湿度取其平均值来代替。温度平均值取$(t_1+t_2)/2$、气压平均值取$(p_1+p_2)/2$、湿度平均值取$(h_1+h_2)/2$。h 为相对湿度值(%)。

(a)空盒气压计   (b)通风干湿球温度计

图 3-25   精密的大气参数量测设备

对测距值进行气象改正的改正过程如下。饱和水汽压 $E=e_{so}\times10^{7.5t/(237+t)}$(对于水面而言)或 $E_B=e_{so}\times10^{9.5t/(265+t)}$(对于冰面而言),其中 $e_{so}=6.11$hPa 是 $t=0℃$ 时的饱和水汽压;t 为通风干湿球温度计的湿球温度 t'。通风干湿球温度计测量空气水汽压依据的半经验公式为 $e=E-AP(t-t')$,其中,e 为空气水汽压;E 为湿球温度 t' 时的饱和水汽压(当湿球未结冰时此饱和水汽压是对水面而言的;当湿球已结冰时此饱和水汽压则是对冰面而言的);t 为干球温度;P 为气压;A 为通风干湿球温度计常数。A 受风速、湿球温度以及通风干湿球温度计形状、尺寸、纱布包缠与吸湿性能等的影响,它随风速增大而下降,这种变化起初很快,当风速继续增大时就越来越慢了。对于一定结构的通风干湿球温度计,A 可以用实验的方法求得,并且在足够通风的情况下可将它看作是一个常数。国际上对通风干湿球温度计测湿系数 A 的取值为 $A=0.000667$(湿球未结冰)或 $A=0.000588$(湿球已结冰)。绝大多数电子全站仪的大气折射系数计算采用国际大地测量学会的 IAG—1963 公式,即调制光在一般大气条件下的大气折射率 n 为 $n=1+\dfrac{n_g-1}{1+at}\dfrac{P}{760}-\dfrac{5.5\times10^{-6}}{1+at}e$,式中,$a$ 为空气膨胀系数,$a=1/273.2$;P 为大气压力,单位为 mmHg;e 为水蒸气压力,单位为 mmHg;t 为大气温度,单位为℃。当 P、e 单位均为 hPa 且 t 单位为℃时 $n=1+\dfrac{n_g-1}{1+at}\dfrac{P}{1013.25}-\dfrac{4.125\times10^{-6}}{1+at}e$。$n_g$ 为调制光在标准大气状态下($t=0$℃,$P=1013$hPa,$e=0$,CO_2 含量 0.03%)的大气折射率,n_g 的计算公式为 $n_g=1+(2876.04+\dfrac{48.864}{\lambda^2}+\dfrac{0.680}{\lambda^4})\times10^{-7}$。采用 IAG—1963 公式的光电测距仪(电子全站仪)加入气象改正后的斜距 d 为 $d=d'+(n'-n)d'$,式中,d' 为观测斜距;n' 为仪器设定的大气折射率;n 为实际大气折射率。

编辑棱镜信息和记录操作步骤一般有 3 步,即按[列表]键显示所有已记录的棱镜类型,[增加]键显示已记录的目标类型列表。在目标类型列表中选取所需目标并按[OK]键即把所选的目标登录在列表中,最多可记录 6 种目标类型。[删除]键删除所选的目标类型。当需要对已记录的目标类型进行编辑时选取目标后按[编辑]键进入〈目标/编辑〉界面,选择或输入有关目标的相关信息。比如"目标"可选棱镜/反射片/免棱镜/360°;棱镜常数可选 −99.9～99.9mm;孔径可选 1～999mm。当在"目标"栏内选择了"免棱镜"时,棱镜常数和棱镜孔径改正值自动设置为"0";在步骤 2 中按[OK]键保存编辑好的信息并返回到〈目标设置〉屏幕,再按[OK]键返回到〈测距参数设置〉屏幕。

许多仪器可以根据用户测量工作的需要对测量模式和菜单模式的标签进行定义,这种由用户自定义标签的功能大大方便了使用、提高了测量工作效率。已定义的标签将会一直保存直到下一次重新被定义时为止。在〈用户定义/选取界面〉屏幕下按[清除]键仪器将所有自定义的标签、页面内容和软键功能都将返回到先前的设置。一个显示页面最多可以包括 5 个页面标签。当新标签定义被记录后,仪器将把先前所记录的标签清除。仪器出厂时已装载的标签定义和由用户可以自定义的标签内容包括基本测量、放样测量、坐标放样等。定义标签操作步骤一般有 4 步:①在设置模式下选取"用户定义"进入到〈用户定义/选取〉界面(选取需要进行标签定义的测量界面);②利用[增加]、[删除]等软键在〈标签定义〉界面中为所需要的标签进行定义,按[增加]键将所选标签增加到屏幕的右上角。按相关页面[插入]键将所选标签插入到当前标签之前,按相关页面[设置]键将所选择的标签取代当前标签,按[删除]键删除当前的标签,一旦删除了标签定义则无法重新获得,可从"类型"下拉列表中选择定义的标签;③重复步骤②进一步完成标签定义;④按[OK]键结束并保存标签定义返回〈用户定义〉界面,新定义的标签出现在相关的测量屏幕中。

为适应外业测量的需要以及测量人员操作方式的不同,仪器可以对测量页面内容进行自定义。当前定义的页面内容将一直被保存直至再次被定义时为止。在〈用户定义/选择〉界面下按[清除]键将使标签、页面内容和键功能恢复到原有定义。图形标签下的页面内容不能进行定义。新定义的页面内容被记录后,先前所记录的页面内容将被删除。页面内容定义操作步骤一般有 6 步:①在设置模式下选择"用户定义"屏幕显示〈用户定义/选取〉界面,选取需要进行页面内容定义的测量界面;②按[增加]键显示页面内容下拉列表,按[删除]键删除所选取的页面内容,删除的页面内容将无法再恢复;③从显示的下拉列表中选择需增加显示的页面内容;④按[设置]键对显示内容的字体大小、属性、色彩以及间距进行设置;⑤重复步骤②～④定义全部页面内容;⑥按[OK]键结束并保存页面内容定义返回〈用户定义〉界面(新定义的页面内容将反映在相关的测量界面中)。

　　仪器允许用户根据其测量工作的需要,对测量模式的软键功能进行定义。这种由用户针对不同测量工作自由地定义软键功能的特点可大大地方便用户、提高测量工作效率。已定义的软键功能将一直保存直到再次被定义时为止。在〈用户定义/选择〉界面下按[清除]键将会使标签、页面内容和键功能恢复到原有的设置。新的键功能定义被记录后,先前记录的键功能定义将被清除。在图形标签下无法进行键功能定义。以下为常见的仪器出厂时的功能菜单和用户可以进行键功能定义的界面,它们是〈基本测量〉界面中的"SHV"和"SHV 距离"标签、〈角距放样〉界面中的"测量"标签、〈坐标放样〉界面中的"SHV"和"NEZ"标签,还有一些功能可以定义到软键上,键功能定义操作步骤一般有 6 步:①在参数设置菜单下选择"用户定义"进入到〈用户定义/选取〉界面(选取需要进行键功能定义的测量界面);②屏幕显示当前每页中所定义的软键功能和各项菜单;③选择用户想要改变定义的软键(当光标对准这个软键时单击这个软键或按{SPACE}键将会显示〈软键列表〉界面);④在〈软键列表〉中选择所需要的软键定义到步骤③中所指定的位置;⑤重复步骤③、④的操作直至完成软键的定义;⑥按[OK]键完成键功能定义并返回到〈用户定义〉界面,已定义的键功能被保存在仪器的内存中,新定义的键功能将会出现在相应的测量菜单中。

　　状态栏图标可根据不同的观测者对仪器的使用情况进行适当的预先设置。当前状态栏图标直到重新设置后才会改变,即使关闭电源状态栏图标仍保持原有设置。在〈用户定义/选取〉界面下,按[清除]键,所有自定义设置包括标签、页面内容和键功能都将恢复原有设置。新的键功能定义被记录后原键功能定义记录将被清除。以下所列为常见的状态栏分配使用的图标,它们是电池状态、倾斜补偿、触摸屏、目标类型、通信方式、ppm、搜寻/跟踪、输入模式、照明光/指示光、SIP 等。改变仪器参数设置的操作步骤一般有 5 步:①在〈仪器参数设置〉界面下选取"用户定义"进入〈用户定义/选取〉界面(选取"状态条");②利用上/下箭头键使蓝色箭头指向存放图标的位置;③在状态图标列表中选取新图标,通过双击该图标或利用箭头键选中并单击[修改],把所选图标放置到蓝色箭头所指的位置;④重复步骤②、③继续状态条的定义;⑤按[OK]键结束状态条图标定义,定义的图标被保存在内存中并在〈用户定义/选取〉界面下显示。最新定义的图标将会出现在状态条中。

　　应合理确定单位设置项和选择项,它们是温度(摄氏度 * /华氏度)、气压(hPa * /mmHg/InchHg)、角度[360°度制(DDD. MMMSS) * /400 度制/密位制]、距离(m * /ft/in)、英尺(英制 * /美制,仅在"距离"选择"ft"或"in"单位时显示)、英寸小数("英寸小数"是美国采用的一种单位,即使选取了"in"单位,所有数据包括面积计算结果均以 ft 单位输出,输入的距离必须以 ft 为单位。此外当以 in 显示的结果超出显示范围时将改为以 ft 单位显示)。

　　仪器允许进行密码设置以保护重要的信息(比如测量数据等)。当仪器出厂时未进行密码的设置,首次设置密码时使"原密码"栏为空白。仪器设置了密码后,仪器开机后将会出现密码输入界面,输入密码后继续。密码设置项包括原密码(输入原密码)、新密码(输入新密码)、再次输入新密码(再次输入新密码)。设置的密码不超过 16 个字符长度,输入字符后将会显示星号。解除密码功能,按新密码设置的步骤进行,但在"新密码"框中输入一个"空格"。当对仪器执行冷启动时,不会取消密码功能。设置了密码时,在仪器由外部设备开机后必须输入所设置的密码。

日期和时间设置项包括日期(人工输入日期或通过单击下箭头从下拉日历中输入日期)、时间(人工输入时间或利用箭头进行设置)。按{SPACE}键将会在所选部分增加1。仪器包括时钟功能和日历功能。

仪器进行冷启动后所有设置项均返回到出厂设置。进行冷启动将不删除程序模式中的测量数据(但是,如果内存中的数据非常重要的话,确认在执行冷启动前应把数据传输到计算机中)。实施冷启动应同时按下{F1}+{F3}+{BACKSPACE},会出现"所有设置将会被删除,确认?"信息。仪器进行冷启动后将不会取消密码功能。日期和时间设置可恢复默认设置。

3.3.21　电子全站仪导线测量自动平差

一些电子全站仪配有导线测量自动平差软件,可在导线测量结束后马上给出各个未知点的最或然坐标。以下是本书作者为某电子全站仪厂家开发的导线测量自动平差软件的计算原理,从一个已知点 B 经过若干未知点测到另一个已知点 C 时,若 C 点的测量坐标与其已知坐标不同,则按边长直接对各个未知点测量坐标施加改正数。假设 C 点的测量坐标为(X'_C,Y'_C)、已知坐标为(X_C,Y_C),则坐标闭合差 $F_X=X'_C-X_C$、$F_Y=Y'_C-Y_C$,导线全长闭合差 $F=(F_X^2+F_Y^2)^{1/2}$,导线全长相对闭合差 $K=F/\sum D$。若 $K\leqslant K_{\max}$,则每个未知点的最或然坐标(X_I、Y_I)等于其测量坐标(X'_I、Y'_I)加上改正数(V_{XI}、V_{YI}),改正数(V_{XI}、V_{YI})的计算公式为 $V_{XI}=-F_X D_{BI}/D_{BC}$,$V_{YI}=-F_Y D_{BI}/D_{BC}$,其中,$D_{BI}$ 为 B 点到 I 点的导线总长、D_{BC} 为 B 点到 C 点的导线总长。若设定了方位角闭合差限制条件 $\omega_{a\max}$ 则全站仪应将导线 C 延长测量到另一个已知点 D 获得其观测坐标方位角 α'_{CD} 进而获得导线方位角闭合差 ω_a($\omega_a=\alpha'_{CD}-\alpha_{CD}$,$\alpha_{CD}$ 为 CD 的已知坐标方位角),当 $|\omega_a|\leqslant|\omega_{a\max}|$ 时再进行前述自动平差。电子全站仪导线测量自动平差后各个未知点的最或然坐标(X_I,Y_I)为 $X_I=X'_I-F_X D_{BI}/D_{BC}$,$Y_I=Y'_I-F_Y D_{BI}/D_{BC}$。

3.4　电子全站仪的检验与校正

为确保电子全站仪的良好工作性能和精度,测量作业实施前后的检验和校正十分必要。仪器经长期存放、运输或受到强烈撞击而怀疑受损时应注意进行特别仔细的检查和保养。在对仪器进行检校时应确信设立的仪器是安全和稳定的。

3.4.1　照准部水准器检校

照准部水准器是由玻璃材料制成的,其对温度变化和振动反映十分敏感,检校时应按以下步骤进行。按本书3.2节所讲方法整平仪器并检查照准部水准器气泡的位置。转动仪器照准部180°并检查水准器气泡位置,若气泡保持居中则无需校正,若气泡偏离则按以下2个步骤进行校正:①用脚螺旋 C 调回气泡偏离量的一半;②用校正针转动水准器校正螺丝调回气泡偏离量的另一半,使气泡居中,见图3-26。重复上述步骤直至使照准部转至任何方向上时水准器气泡均保持居中为止。校正过程中,逆时针转动照准部校正螺丝时气泡将以相同的方向移动。

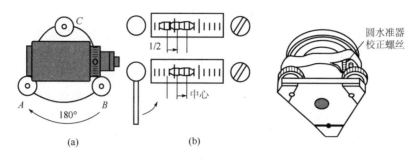

图 3-26　照准部水准器检校　　　图 3-27　圆水准器检校

3.4.2　圆水准器检校

　　圆水准器检校时应注意两点:①应使所有校正螺丝的松紧程度大致相同;②过度旋紧校正螺丝会损坏圆水准器。圆水准器检校的操作步骤有两步:①利用经检校好的照准部水准器按本书 3.2 节仔细整平仪器。②检查圆水准气泡的位置,若气泡保持居中则无需校正,若气泡偏离则按以下两个步骤进行校正:a.首先确认气泡偏离方向,用校正针松开与气泡偏离方向相反的圆水准器校正螺丝使气泡居中;b.调整所有的三个校正螺丝使其松紧程度大致相同且保持气泡居中,见图 3-27。

3.4.3　倾斜传感器零点误差检校

　　仪器精确整平后显示的倾角应接近于零值,否则表明仪器的倾斜传感器存在零点误差并会对角度测量结果造成影响。应按以下步骤对倾斜传感器的零点误差进行检校(见图 3-28)。精确整平仪器,必要时应先按前面介绍的方法重新将照准部水准器检校好。在〈仪器参数设置〉界面中选择"仪器常数"选项。选择"零点检校"选项。整平仪器直至 X/Y 倾角为 $\pm 1'$ 以内,等待几秒钟待仪器显示稳定后,接着读取 X(视线)方向和 Y(横轴)方向上的倾角值 X_1、Y_1。按[OK]键后将仪器照准部和望远镜由当前的位置旋转 $180°$。等待几秒钟待仪器显示稳定后,接着自动读取倾角补偿值 X_2 和 Y_2。按相关公式计算偏差值(倾斜传感器零点误差),即 X 方向偏差 $=(X_1+X_2)/2$、Y 方向偏差 $=(Y_1+Y_2)/2$,当偏差值在 $\pm 10''$ 以内时不需要校正(可按{ESC}键返回到〈仪器常数设置〉界面);若计算所得偏差值超过 $\pm 10''$ 则继续按下述步骤进行校正。按[OK]键后使仪器照准部和望远镜自动旋转 $180°$。确认所显示改正值是否在校正范围内,若 X 值和 Y 值均在(6400 ± 1440)的校正范围内则按[采用]键对原改正值进行更新并返回到〈仪器常数设置〉界面后继续进行后续的操作。若 X 值和 Y 值超出(6400 ± 1440)校正范围则按[放弃]键退出校正操作返回仪器常数设置屏幕,并与仪器厂家技术服务中心联系。进行倾斜传感器零点误差再次检验,选择"零点检校"选项;稍等片刻待仪器显示稳定后接着读取自动补偿倾角值 X_3 和 Y_3;按[OK]键后仪器照准部和望远镜自动旋转 $180°$;等几秒钟待显示稳定后读取自动补偿倾角值 X_4 和 Y_4;在此情况下计算倾斜传感器的零点偏差值,X 方向偏差 $=(X_3+X_4)/2$、Y 方向偏差 $=(Y_3+Y_4)/2$,当 X 和 Y 方向偏差值均在 $\pm 10''$ 范围内即完成校正(按{ESC}键返回到〈仪器常数设置〉界面);若 X 和 Y 方向偏差值超出 $\pm 10''$ 范围则应从头开始检校步骤,若重复进行了 2～3 次检验后偏差值仍超出 $\pm 10''$ 的话应与仪器厂家的技术服务中心联系。

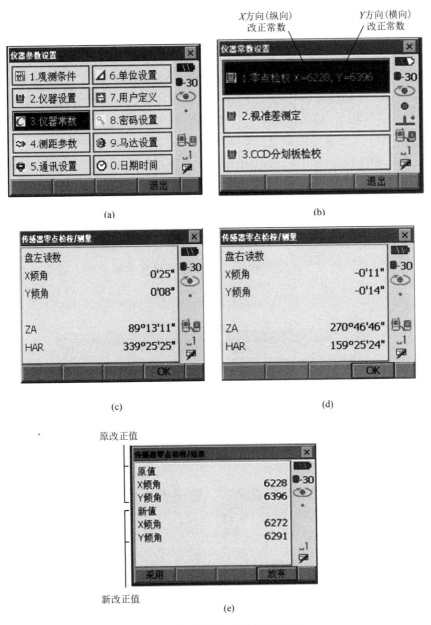

图 3-28 倾斜传感器零点误差检校

3.4.4 视准误差检测

电子全站仪一般通过盘左盘右观测测定出仪器的视准误差值并将其记录在仪器内存中以便在后面的测量中对仪器在单盘位下获得的观测值进行视准差改正。视准误差检测见图 3-29：①在〈仪器参数设置〉屏幕下选择"仪器常数"选项；②选择"视准差测定"选项；③盘左精确照准一参考点后按[OK]键，全站仪自动反转 180°，驱动马达运转时不要通过望远镜目镜进行观看，以免碰伤眼睛；④盘右精确照准同一参考点后按[OK]键；⑤屏幕显示视准差测定结果，按[采用]键确认测定的视准差改正数并保存到仪器内存，结束视准差的测定，按[放弃]键放弃所测定的视准差改正数返回到〈仪器常数设置〉界面。

3.4.5 十字丝分划板检校

利用此功能可以检测分划板的正交性以及十字丝横丝与竖丝的正交性。此项检核通过人工进行目标照准。十字丝竖丝与横轴正交性的检校步骤（见图 3-30）如下：①精确整平仪器；②选择一清晰目标（比如屋顶角）用竖丝上部 A 处精确照准目标；③利用仪器垂直微动螺旋使目标下移至竖丝的下部 B 处，若目标平行于竖丝移动则不需要进行校正，若目标偏离竖丝移动则应与仪器厂家技术服务中心联系。竖丝与横丝位置正确性的检验步骤（见图 3-31）如下：精确整平仪器；在距离仪器约 100m 的平坦地面处设置一清晰目标；在测量模式下用盘左位置精确照准目标中心后读取水平角读数 A_1 和竖直角读数 B_1（比如，水平角读数 $A_1 = 18°34'00.0''$；竖直角读数 $B_1 = 90°30'20.0''$）；用盘右位置精确照准目标中心后读取水平角读数 A_2 和竖直角读数 B_2（比如，水平角读数 $A_2 = 198°34'20.0''$；竖直角读数 $B_2 = 269°30'00.0''$）；计算 $(A_2 - A_1)$ 和 $(B_2 + B_1)$，若 $(A_2 - A_1)$ 在 $(180°±20'')$ 以内、$(B_2 + B_1)$ 的值在 $(360°±20'')$ 以内则不需要校正，若经 2~3 次检验结果均超出上述范围则应与仪器厂家的技术服务中心联系（示例中，$A_2 - A_1 = 198°34'20.0'' - 18°34'00.0'' = 180°00'20.0''$；$B_2 + B_1 = 269°30'00.0'' + 90°30'20.0'' = 360°00'20.0''$）。

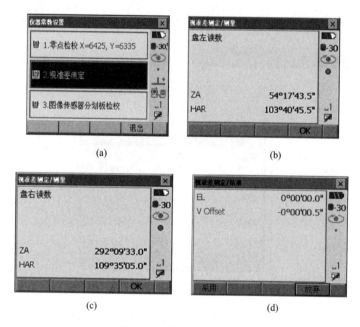

图 3-29　视准误差检测

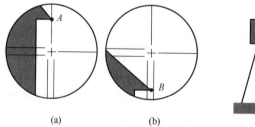

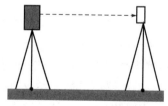

图 3-30　十字丝竖丝与横轴正交性检校　　图 3-31　竖丝与横丝位置正确性检验

3.4.6 图像传感器（CCD）分划板检校

内部图像传感器主要用于仪器自动照准，其偏差值是指放置 CCD 传感器的正确位置与望远镜分划板之间所产生的偏差。无论何种原因引起的望远镜分划板和 CCD 影像的不重合都将使仪器无法正确完成自动照准。此项检校最好在无强光和闪光的环境下进行，一般需要 20 秒钟的时间才能得到测量偏差值的结果，应利用标准棱镜进行检校（利用其他类型的棱镜进行检校其结果可能不准确）。按以下步骤进行 CCD 分划板的检校（见图 3-32）：①精确整平仪器；②在距离仪器 50m 的平坦地面处设置棱镜；③在〈仪器常数设置〉屏幕下选择"仪器常数"选项；④选择"图像传感器分划板检校"选项；⑤利用人工精确照准棱镜中心；⑥按［OK］键开始测量（按［STOP］则可取消测量）；⑦（新）偏差值（H,V）是由设置的偏差值（当前）和测量结果中获得的，此值应为一常数，它是望远镜分划板中心和 CCD 传感器的中心不重合而产生的偏差，以度、分、秒表示，若由测量结果所获得的偏差值比原有的偏差值大则应按［放弃］键并重新照准目标，若重复检验后由测量结果所获得的偏差值仍很大则需继续进行校正，若其中某一个偏差值超出了范围则屏幕会出现错误信息，此时应与仪器厂家技术服务中心联系；⑧按［采用］键保存一新偏差值，若按［放弃］键则不采用测定的新偏差值。

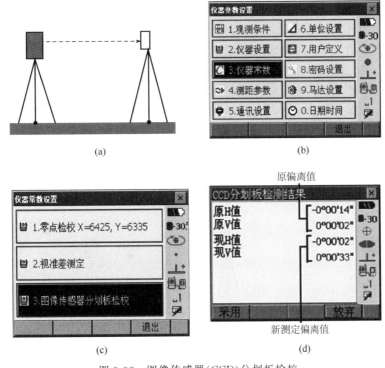

图 3-32　图像传感器（CCD）分划板检校

3.4.7 光学对中器的检校

光学对中器检校时应注意两点：①所有校正螺丝应以同样大小的力旋紧；②校正螺丝不要旋得过紧以免对圆水准造成损伤。光学对中器的检校步骤如下（见图 3-33）：①仔细整平仪器使地面点精确对准光学对中器十字丝中心；②旋转仪器照准部 180°检查十字丝中心与测点间的相对位置，若测点仍位于十字丝中心则不需要校正，否则应继续按下述步骤进行校正；③用脚螺旋校正偏离量的一半;④旋下光学对中器目镜护盖后旋下光学对中器分划板护盖;⑤利用光学对中器的4个校正螺丝按下述方法校正剩余的另一半偏移量,若测点位于图3-33(c)所示的下半部(上半部)区域内则应轻轻松开上(下)校正螺丝,以同样程度旋紧下(上)校正螺丝,使测点移动到左右校正螺丝的连线上,若测点位于左右校正螺丝连线的实线(虚线)位置上应轻轻松开右(左)校正螺丝,以同样程度旋紧左(右)校正螺丝,使测点移至十字丝中心;⑥旋转仪器照准部检查测点位置是否始终位于十字丝中心(需要时应重复上述步骤进行校正);⑦旋紧光学对中器分划板护盖,重新旋紧光学对中器目镜护盖。

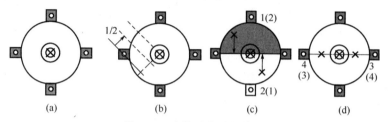

图 3-33　光学对中器的检校

3.4.8　距离加常数检测

仪器在出厂时距离加常数 K 已经检校为零,但由于距离加常数会发生变化,有条件时应在已知基线上定期进行精确测定,如无条件可按下述步骤进行测定(见图3-34)。仪器和棱镜的对中误差及照准误差都会影响距离加常数的测定结果,因此,在检测过程中应特别细心以减少这些误差的影响。检测时应注意使仪器和棱镜等高,若检测是在不平坦的地面上进行,要利用自动安平水准仪来测定以确保仪器和棱镜等高。

距离加常数检测步骤有6步:①在一平坦场地选择相距约100m的两点 A、B,分别在 A、B 架设仪器和棱镜,同时定出中点 C;②精确测定 A、B 点间水平距离10次并计算其平均值。③将仪器移至 C 点,在 A 点和 B 点上架设棱镜;④精确测定 CA 和 CB 的水平距离10次并分别计算平均值;⑤按式 $K=AB-(CA+CB)$ 计算距离加常数 K;⑥重复前述5个步骤测定距离加常数2~3次,若计算所得距离加常数 K 在 ±3mm 以内则不需进行校正,否则应与仪器厂家的技术服务中心联系。

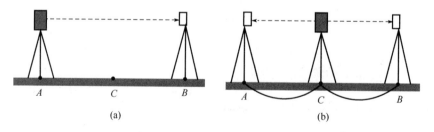

图 3-34　距离加常数 K 的检测

3.4.9　蓝牙无线通信系统的检测

许多电子全站仪的仪器提柄均为集成化的蓝牙无线通信设备。若超过1分钟在仪器与请求式遥控系统(RC-PR3)还未建立起蓝牙连接的话则应忽略通信条件,这可能是由于终端上的仪器和提柄之间存在灰尘所致),应卸下提柄并用干布擦去灰尘后重新安置好提柄再次尝试建立连接,若问题依然存在则可能是终端设备出现了故障。

3.5 经纬仪的构造及使用特点

3.5.1 经纬仪的基本构造

尽管经纬仪已渐渐淡出了人类的视线,但经纬仪作为测量角度的主干工具为测绘科学做出了不可磨灭的重大贡献。经纬仪的主要作用是测量水平角和竖直角。

(1) 测量水平角 见图 3-35,A、P_1、P_2 为地面上的三个控制点(A 为测站点,P_1、P_2 为照准点),AV 为 A 点的铅垂线(重力方向线),过 A 点作垂直于 AV 的平面 M,平面 M 称为水平面。铅垂线 AV 与视准线 AP_1、AP_2 分别构成两个铅直面 Q_1、Q_2,两个铅直面 Q_1、Q_2 与水平面的交线分别为 Aq_1、Aq_2,Aq_1、Aq_2 分别叫做视准线 AP_1、AP_2 的水平视线。两水平视线 Aq_1、Aq_2 的夹角(即 Q_1、Q_2 两铅直面的二面角)称为测站点 A 观测目标 P_1、P_2 的水平角 β。可见,水平角不是两条视准线间的夹角,而是两条视准线在水平面上投影线的夹角,就是说,水平角 β 是在水平面上度量的。水平角 β 在 $0°\sim360°$ 范围内按顺时针方向量取。

(2) 测量竖直角 见图 3-35,视准线 AP_1 与其水平视线 Aq_1 的夹角称为 A 点照准 P_1 点的竖直角。同样,视准线 AP_2 与其水平视线 Aq_2 的夹角为 A 点对 P_2 点的竖直角。因此,竖直角 α 是视准线与其相应的水平视线的夹角。竖直角是在铅直面上度量的,水平视线以上为正(图 3-36 中的 α_1)、水平视线以下为负(图 3-35 中的 α_2)。视准线 AP_1、AP_2 与铅垂线 AV 的夹角 Z_1、Z_2 分别称为 AP_1、AP_2 的天顶距。由图 3-36 可见某一照准点的天顶距 Z 与竖直角 α 的关系为 $\alpha=90°-Z$。

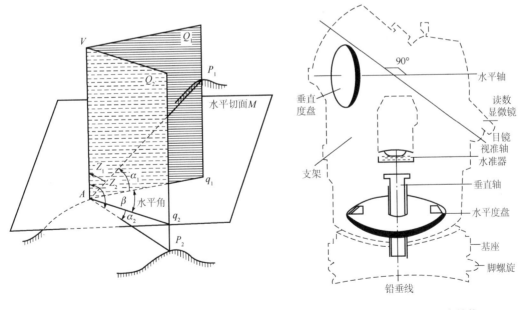

图 3-35 水平角和竖直角   图 3-36 经纬仪的基本结构

(3) 经纬仪的结构体系要获得水平角和竖直角的正确值必须正确地确定出视准线、铅垂线以及水平面和铅直面,因此经纬仪的基本结构必须能构成这些面、线并保持正确关系。经纬仪的基本结构见图 3-36。经纬仪的主要部件包括望远镜、照准部水准器、垂直轴(也称竖轴)、水平轴(也称横轴)、水平度盘(简称平盘)、垂直度盘(也称竖直度盘,简称竖盘)、测微器等。经纬仪的以上部件(除水平度盘外)合称为经纬仪的照准部,照准部可以绕垂直轴旋转。仪器的基座、水平度盘、垂直轴套和调平仪器的脚螺旋是经纬仪的基础部分,叫做基座。望远镜构成视准轴,在照准目标时形成视准线以便精确照准目标。照准部水准器用来指示垂直轴的铅直状态以形成水平面和铅直面。垂直轴是经纬仪(照准部)的旋转轴,测定角度时应与测站铅垂线一致。水平轴是望远镜俯仰的转轴,以便照准不同高度的目标。水平度盘用来在水平面上度量水平角(应与水平面平行),垂直度盘用来度量竖直角(测角时应处于铅直位置)。为精确读取度盘读数,在水平度盘和垂直度盘上均设有测微器。

为了测得水平角和竖直角,经纬仪不仅要具有上述各种主要部件,而且,这些部件还应按一定的关系结合成一个整体,即竖轴与照准部水准器轴正交,即当照准部水准气泡居中时竖轴应与测站铅垂线一致;竖轴与平盘正交且通过其中心,这样,当竖轴与测站铅垂线一致时,平盘就与测站水平面平行,在其上面量取的角度才是正确的水平角;横轴与竖轴正交且视准轴与横轴正交,当竖轴与测站铅垂线一致时俯仰望远镜过程中视准轴所形成的面才是铅直照准面;横轴与竖盘正交且通过其中心,满足此关系则当竖轴与测站铅垂线一致、横轴水平时,竖盘就平行于过测站的铅直照准面,在它上面量取的角度才是正确的竖直角。经纬仪各主要部件的上述关系可概括为三轴(竖轴、横轴、视准轴)两盘(平盘、竖盘)之间的关系,一旦它们之间的关系被破坏就将给角度观测带来误差。

3.5.2　经纬仪的测角原理

(1) 经纬仪测量水平角的原理　从空间一点出发的两个方向线的铅垂面间的二面角称为该两个方向线间的水平角,这个二面角与数学上的二面角不同,其数值范围是 $0° \sim 360°$,当角度为 $360°$ 时应记为 $0°$,也可说成从空间一点出发的两个方向线在水平面上的铅垂投影所夹的角度。见图3-37,A'、B'、C' 为地面上任意三个点,其高程不等。将此三点沿铅垂线投影到水平面 P 上,得 A、B、C 三点,水平线 BA 与 BC 之间的夹角 β 即为地面上 $B'A'$ 与 $B'C'$ 两方向线之间的水平角。

为了测定水平角的大小,在两面角的交线上任一高度处水平地安置一个带有刻度的全圆型度盘,通过 $B'A'$ 和 $B'C'$ 所作竖直面在度盘上截得的读数为 b 和 a,从而可求得水平角度 $\beta(\beta=b-a)$,其中 b、a 值本身的大小是没有实际意义的,它们只是一个刻度值,测量上称之为水平方向值,b、a 值可以是全圆型度盘上的任一刻度数,即 $B'A'$ 和 $B'C'$ 所在的竖直面可位于全圆型度盘的任何位置,亦即 b、a 值的大小决定于全圆型度盘的安放位置,安放位置不同其数值也不同,但 b、a 间的差值是不会因全圆型度盘安放位置的不同而发生改变的,b、a 间的差值才是真正有意义的,其差值反映了水平角的大小,其差值即为水平角值。

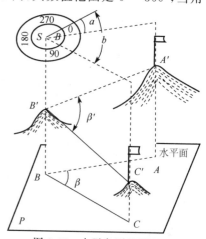

图 3-37　水平角测量原理

实际上,全圆型度盘并不一定要放在过 B' 的水平面内,而是可以放在任意水平面内,但其刻划中心(全圆型度盘圆心或中心)必须与过 B' 的铅垂线重合。因为只有这样,才可根据两方向读数之差求出其水平角值。经纬仪内部专门安放有专供水平角测量用的全圆型度盘(称为平盘,简称平盘),该平盘采用顺时针注记形式(即平盘的角度注记顺时针增大)。在水平角测量过程中平盘是固定不动的,水平方向值读数指针(称平盘指标线)随瞄准设备(称经纬仪照准部)的旋转而旋转,因此,瞄准设备一动其水平方向值就相应发生变化,水平方向值读数指针位于经纬仪平盘的上方且通过经纬仪竖轴并与经纬仪的竖轴垂直(经纬仪平盘圆心也通过经纬仪竖轴且盘面与该竖轴垂直)。由于两条直线间的夹角有 2 个,除了图 3-37 中的 β 外还有 β 的补角 γ(见图 3-38),根据 $\beta=b-a$ 不难理解 $\gamma=a-b$。因此,a、b 水平方向值哪个减哪个的问题是一个非常关键的问题,若减错则 β 就会变成了其补角 γ。究竟应该哪个减哪个,决定于你是要 β 还是要其补角 γ($\beta+\gamma=360°$)。根据经纬仪平盘顺时针注记的特点,可得经纬仪测量水平角计算方法,即水平角等于沿顺时针方向前一方向的水平方向值减后一方向的水平方向值(若减出的结果是负值则应加 $360°$),总结为"水平角等于顺时针方向前减后,不够减加 360"。图 3-39 中 A 方向的水平方向值 $a=290°$、B 方向的水平方向 $b=65°$,对 β 角来讲 B 为顺时针前方向、A 为顺时针后方向,故有 $\beta=b-a=65°-290°=-225°$,由于减出的 β 为负值,故应再加上 $360°$,这样真正的 β 为 $135°$(即 $\beta=b+360°-a=135°$)。同样,对 γ 角来讲 A 为顺时针前方向、B 为顺时针后方向,因此,有 $\gamma=a-b=290°-65°=225°$。

(2)经纬仪测量竖直角的原理 见图 3-39,测量上的竖直角是指空间一个方向线的倾角,其定义是从空间一点出发的一个方向线与同一铅垂面内过该点的水平线间的夹角(即竖直角 α),竖直角一般是指从水平线起算的角度(水平线竖直角为 $0°$),方向线从水平线开始向上仰者(向上倾斜)称仰角、竖直角取正值(范围 $0°\sim90°$);方向线从水平线开始向下俯者(向下倾斜)称俯角、竖直角取负值(范围 $-90°\sim0°$)。若竖直角用方向线与铅垂线的夹角来表示则称为天顶距,用 Z 表示,其角值大小为 $0°\sim180°$(没有负值),显然,同一方向线的天顶距与仰(或俯)角之和等于 $90°$,即 $\alpha=90°-Z$。

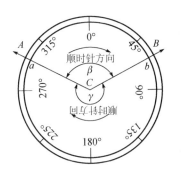

图 3-38 经纬仪平盘与水平角

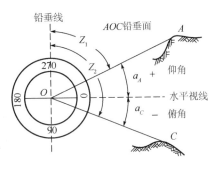

图 3-39 竖直角测量原理

经纬仪内部专门安放有侧立的、与平盘面垂直的、圆心通过望远镜旋转轴(横轴)的竖直度盘(简称竖盘)专供竖直角测量用,竖直度盘也是一个带有刻度的全圆型度盘。竖直度盘是与经纬仪望远镜固连在一起的,竖直度盘盘面(刻划面)垂直于望远镜的旋转轴。竖直度盘方向值读数指针(称竖盘指标线)是固定在经纬仪上不动的,指针的方向线与经纬仪竖直度盘盘面(刻划面)平行且通过望远镜旋转轴,即横轴,竖盘的圆心(刻划中心)也通过该轴且盘面与该轴垂直。在竖直角测量过程中,竖直度盘方向值读数指针不动,竖直度盘随经纬仪望远镜的旋转而旋转,因此,经纬仪望远镜一动其竖直度盘方向值就相应发生变化。当经纬仪望远镜水平时竖直度盘方向值读数指针是指向 $90°$(竖盘位于经纬仪望远镜目镜的左侧时,这种测量位置也称为盘左或正镜)或 $270°$(竖盘位于经纬仪望远镜目镜的右侧时,这种测量位置也称为盘右或倒镜)的,这一点是经纬仪制造时必须保证做到的。旋转经纬仪望远镜瞄准目标点后可得到一个竖直度盘方向值(称倾斜方向值),该值与望远镜水平时的竖直度盘方向值(90°或270°)间差值的绝对值即为该方向的竖直角值(即经纬仪望远镜视准轴的倾角),仰俯角可根据该方向的倾斜方向判断(通常是根据竖盘结构及对应的计算公式直接计算得出的)。跟平盘一样,竖直度盘也不一定必须在所测方向的铅垂面内,只要位于与其平行的铅垂面内且使刻划中心位于过空间该点并垂直于该铅垂面的直线上即可。

3.5.3　几种典型的经纬仪结构

几种典型经纬仪的结构见图 3-40～图 3-43。

3.5.4　几种典型的经纬仪读数方法

由光学经纬仪光路和测微器结构原理可知,精密光学经纬仪一般都采用对径分划(即度盘某直径两端的刻度值)同时成像方式,通过测微器使度盘对径分划线作相向移动并作精确重合,用测微盘量取对径分划像的相对移动量,这种读数方法叫做重合读数法。重合读数法的基本步骤有 4 步:①先从读数窗中了解度盘和测微盘的刻度与注记并确定度盘的最小格值[度盘对径最小分格值 $G=1°/(2×度盘上 1°的总格数)$,测微盘的格值 $T=$ 度盘对径最小分格值 $G/$ 测微盘总格数];②转动测微螺旋使度盘正倒像分划线精确重合后读取靠近度盘指标线左侧正像分划线的度数 $N°$;③读取正像分划线 $N°$ 到其右侧对径 180°的倒像分划线(即 $N°±180°$)之间的分格数 n;④读取测微盘上的读数 $c(c$ 等于测微盘零分划线到测微盘指标线的总格数乘测微盘格值 T)。最终的读数 M 为 $M=N°+n×G+c$。

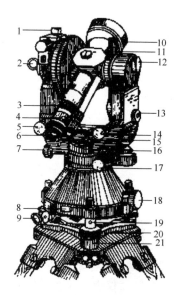

图 3-40　威特(Wild)T3 经纬仪(盘左位置)

1—垂直水准器观测棱镜;2—竖盘照明反光镜;3—望远镜调焦螺旋;4—十字丝校正螺丝;5—竖盘水准器微动螺旋;
6—望远镜目镜;7—照准部制动螺旋;8—仪器装箱扣压垛;9—平盘照明反光镜;10—望远镜制动螺旋;
11—十字丝照明转轮;12—测微螺旋;13—换像螺旋;14—望远镜微动螺旋;15—照准部水准器;16—测微器读数目镜;
17—照准部微动螺旋;18—平盘变位螺旋护盖;19—脚螺旋调节螺丝;20—脚螺旋;21—基座底板

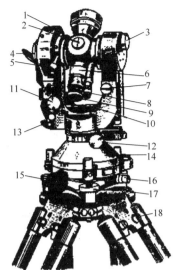

图 3-41　威特(Wild)T2 经纬仪(盘左位置)

1—竖盘外盒；2—视场照明钮及准星；3—测微轮；4—竖盘照明反光镜；5—垂直照明反光镜；6—望远镜调焦环；

7—度盘影像变换钮；8—读数显微镜；9—望远镜目镜；10—照准部水准器；11—垂直微动螺旋；

12—水平微动螺旋；13—竖盘水准器反光板；14—圆盒水准器；15—平盘照明反光镜；16—光学对点器；

17—脚螺旋；18—三脚架架腿活动调节螺钉

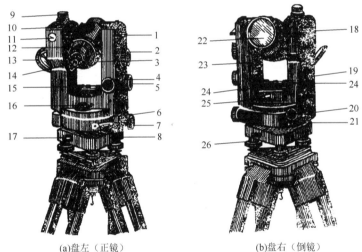

(a)盘左（正镜）　　　　　　　　　　　　(b)盘右（倒镜）

图 3-42　蔡司(ZEISS)010 经纬仪

1—垂直制动螺旋；2—测微轮；3—读数显微镜的目镜管；4—垂直微动螺旋；5—度盘影像变换螺旋；6—水平微动螺旋；

7—水平制动螺旋；8—三角基座；9—竖盘符合水准器反射棱镜；10—瞄准器；11—竖盘水准器改正螺旋；12—望远镜调焦环；

13—度盘照明反光镜；14—望远镜的目镜管；15—照准部的水准器；16—圆盒水准器；17—照准部与基座的连接螺旋；

18—竖盘水准器；19—竖盘水准器微动螺旋；20—平盘变换螺旋；21—平盘变换螺旋保险钮；22—物镜内镀银面；

23—十字丝照明反光镜；24—照准部水准器改正螺旋；25—光学对点器；26—脚螺旋

　　经典的 2″级经纬仪读数窗的影像见图 3-44，其正确读数为 139°+40′+4′11.8″=139°44′11.8″。
经典的 2″级经纬仪"光学半数字化读数"的读数窗影像见图 3-45，其正确读数为 39°50′+
9′19.8″=39°59′19.8″。经典的 6″级经纬仪读数窗（分微尺法）的影像见图 3-46，其平盘读数为
32°03.7′、竖直度盘读数为 91°37.4′。单平板玻璃测微器 6″级经纬仪读数窗的影像见图 3-47，
平盘读数为 317°（母盘读数）+14′14″（测微读数）=317°14′14″；竖盘读数为 92°30′（母盘读数）
+5′44″（测微读数）=92°35′44″。

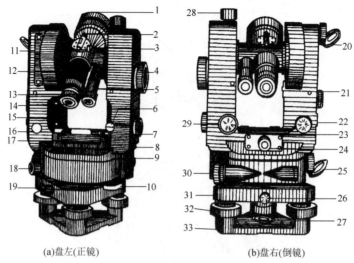

(a)盘左(正镜)　　　　　　　(b)盘右(倒镜)

图 3-43　苏光 J2 经纬仪

1—望远镜物镜；2—光学瞄准器；3—十字丝照明反光板螺旋；4—测微轮；5—读数显微镜管；6—垂直微动螺旋弹簧套；

7—度盘影像变换螺旋；8—照准部水准器校正螺丝；9—平盘物镜组盖板；10—平盘变换螺旋护盖；11—竖盘转像透镜组盖板；

12—望远镜调焦环；13—读数显微镜目镜；14—望远镜目镜；15—竖盘物镜组盖板；16—竖盘指标水准器护盖；

17—照准部水准器；18—水平制动螺旋；19—平盘变换螺旋；20—竖盘照明反光镜；21—竖盘指标水准器观察棱镜；

22—竖盘指标水准器微动螺旋；23—平盘转像透镜组盖板；24—光学对点器；25—平盘照明反光镜；26—照准部与基座的连接螺旋；

27—固紧螺母；28—垂直制动螺旋；29—垂直微动螺旋；30—水平微动螺旋；31—三角基座；32—脚螺旋；33—三角底板

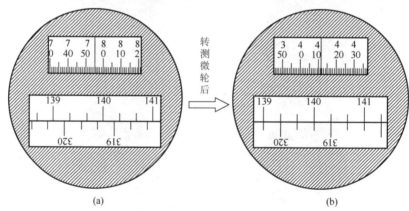

图 3-44　2″级经纬仪对径符合读数的读数窗影像

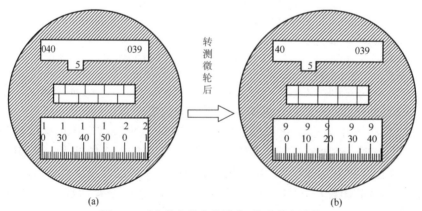

图 3-45　"光学半数字化读数"的读数窗影像

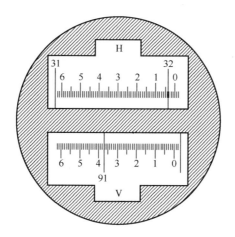

图 3-46　分微尺法读数

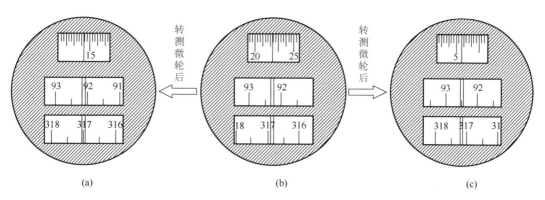

图 3-47　国产 DJ6-1 型光学经纬仪的读数窗影像

（1）威特（Wild）T3 经纬仪平盘读数方法　见图 3-48（a）的度盘读数为 55°28′、测微尺第一次读数为 37.7″、测微尺第二次读数为 38.0″，完整读数为 55°28′75.7″（即 55°29′15.7″）；图 3-48（b）的度盘读数为 178°48′、测微尺第一次读数为 13.3″、测微尺第二次读数为 13.0″，完整读数为 178°48′26.3″。

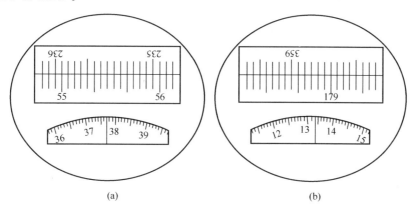

图 3-48　威特（Wild）T3 经纬仪平盘读数

（2）威特（Wild）T2 经纬仪平盘读数方法　见图 3-49（a），平盘读数为 28°42′27.0″。

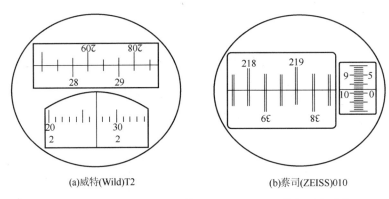

(a)威特(Wild)T2   (b)蔡司(ZEISS)010

图 3-49　威特(Wild) T2 和蔡司(ZEISS)010 经纬仪平盘读数

（3）蔡司(ZEISS)010 经纬仪平盘读数方法　见图 3-49(b)，平盘读数为 218°49′56.0″，其中，度盘读数为 218°40′、测微尺第一次读数为 9′57.0″、测微尺第二次读数为 9′55.0″、完整读数为 218°49′56.0″。

（4）第二代威特(Wild) T2 经纬仪读数方法　第二代威特(Wild)T2 经纬仪采用"光学半数字化读数"，见图 3-50，一看便知，读数应为 94°12′46.0″。

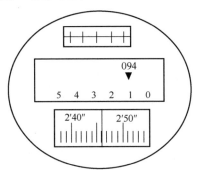

图 3-50　第二代威特(Wild)T2 读数窗

3.5.5　经纬仪测回法测量水平角

测量瞄准目标后一定要消除视差，水平角测量过程中务必保持轴座固定螺旋处于顶紧轴座的状态。用经纬仪进行水平角观测前必须先把仪器安置在欲测角的顶点即测站地面标志点，图 3-51(a)所示 O 点上，另外两个点 A、B 则铅直竖立花杆（或测钎）。若欲测水平角为 β，则 OA 方向为后方向（称后视方向）、OB 方向为前方向（称前视方向）。测回法 1 个测回是由 2 个半测回构成的，这 2 个半测回分别称为上半测回（采用盘左位置观测）和下半测回（采用盘右位置观测）。测量过程中务必记住"转动必先松制动"的基本操作规程，比如要想转动照准部则必须先松开照准部制动螺旋后才能转动。

上半测回 O 点经纬仪瞄准 A 点配置水平度盘读数（称配盘）。顺时针旋转经纬仪照准部 2 周再次瞄准 A 点后读取水平度盘读数 A_L。打开对应的度盘进光窗反光镜，旋转与仰俯反光镜使读数显微镜最明亮、最清晰，调节读数显微镜调焦螺旋，使度盘成像清晰，然后读取度盘读数。若转过了头应再顺时针转回，不得逆时针转动。继续顺时针旋转经纬仪照准部瞄准 B 点后读取水平度盘读数 B_L（若转过了头也应再顺时针转回，不得逆时针转动）。至此，上半测回结束。

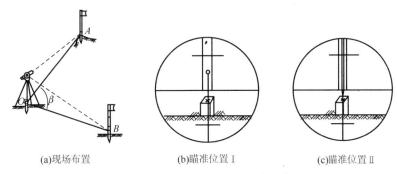

(a)现场布置　　　　　　　(b)瞄准位置 Ⅰ　　　　　　　(c)瞄准位置 Ⅱ

图 3-51　经纬仪测回法测量水平角

经纬仪望远镜倒转 180°变盘右进入下半测回。逆时针旋转经纬仪照准部 2 周半瞄准 B 点后读取水平度盘读数 B_R（若转过了头应再逆时针转回，不得顺时针转动）。继续逆时针旋转经纬仪照准部瞄准 A 点后读取水平度盘读数 A_R（若转过了头也应再逆时针转回，不得顺时针转动）。至此，下半测回结束。

通过上半测回获得的水平角 β_L 为 $\beta_L = B_L - A_L$；通过下半测回获得的水平角 β_R 为 $\beta_R = B_R - A_R$。β_L 与 β_R 间的差值不超限为合格（β_L 与 β_R 间的差值限差，2″级经纬仪为 9″、6″级经纬仪为 24″），否则应重测。若合格则一个测回的水平角 β_C 为 $\beta_C = (\beta_L + \beta_R)/2$。

若 β 角需要测量 n 个测回，则重复前述动作 n 次，每个测回观测时的不同点在于上半测回第一个动作中配盘值的不同，测量规定对第一个测回配盘值必须是 $0°0'\times''(\times \neq 0)$，其余相邻测回间的配盘值差值必须为（$180/n° + 60/n' + 60/n''$）。所谓配盘就是使瞄准方向的水平度盘读数等于一个设定值（可以是规范规定的，也可以是观测者想要的）。配盘可借助经纬仪拨盘转轮实现，低精度经纬仪也有用复测卡的。n 个测回测量结束后会得到 n 个一测回水平角 β_C（为了区别测回表达为 β_{Ci}），β_{Ci} 间的互差不超限为合格（互差限差对 2″级经纬仪为 9″、对 6″级经纬仪为 24″），否则应重测相应的超限测回。若合格，则最终（n 个测回的）水平角值 β 为 $\beta = \sum \beta_{Ci}/n$。

A_L 与 A_L' 间（或 A_R 与 A_R' 间）的差值称为"半测回归零差"，对同一方向来讲，盘左、盘右读数相差 180°，即 $i_L = i_R \pm 180°$。同一方向盘左、盘右读数的差值与 180°的差称为二倍照准误差（2C），即 $2C = i_L - (i_R \pm 180°)$，一个测回各方向 2C 互差（即最大的 2C 与最小的 2C 间的差值）不能超限。计算各方向的平均读数（以盘左值为准，盘右值应相应 ±180°后再与盘左取平均）$i = [i_L + (i_R \pm 180°)]/2$。

3.5.6　经纬仪测回法测量竖直角

（1）竖直角测量的目的　测量工作中测量一个空间直线的竖直角的目的是获得空间直线起、终点间的高差（测量上称之为三角高程测量），利用三角高程测量方法获得的高差不是正常高高差（即不同于水准测量测得的高差）。三角高程测量时，经纬仪瞄准目标的影像见图 3-52（即十字丝中丝近中央处切准目标的顶部）。

测量竖直角时将经纬仪安置在起点 A 上，在终点 B 上铅直竖立一根花杆（竖立前先丈量花杆的长度 b_B，即竖立后的高度），然后丈量经纬仪仪器高 i_A［经纬仪仪器高是指经纬仪望远镜旋转轴（横轴）与地面对中点 A 间的铅直距离］，经纬仪瞄准目标 B（即十字丝中丝近中央处切准目标 B 花杆的顶部）获得竖直角 δ_{AB}，若 A、B 点间的水平距离 D_{AB} 已知则可得 A、B 点间的近似高差 h_{AB}，即 $h_{AB} = i_A + D_{AB}\tan\delta_{AB} - b_B$，考虑水准面弯曲和大气折射，精确一些的三角高

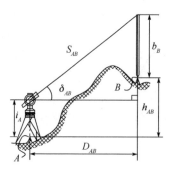
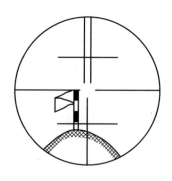

(a)现场布置与三角高程测量　　　　　　　(b)瞄准位置

图 3-52　经纬仪竖直角测量

程测量高差计算公式为 $h_{AB}=i_A+D_{AB}\tan\delta_{AB}-b_B+f$(若为电子全站仪测量则为 $h_{AB}=i_A+S_{AB}\sin\delta_{AB}-b_B+f$,此时,花杆被反射棱镜代替), $f=c+\gamma=0.43D_{AB}^2/R$。人们在进行三角高程测量时大多采用对向观测,即由 A 点观测 B 点,再由 B 点观测 A 点,通过取对向观测所得高差的平均值以抵消两差 f 的影响,但实际测量中大气状态时刻在变,因此完全抵消是不可能的。

　　(2)竖直角的观测方法与数据处理　测量瞄准目标后一定要消除视差。一个测回的具体观测步骤如下:①以盘左照准目标 B 花杆,即用十字丝中丝近中央处切准目标 B 花杆的顶部,转动竖盘指标水准器微动螺旋使竖盘指标水准器气泡居中,读取竖盘读数 L,即为上半测回;②将望远镜倒转 180°,以盘右照准目标 B 花杆,即用十字丝中丝近中央处切准目标 B 花杆的顶部,转动竖盘指标水准器微动螺旋使竖盘指标水准器气泡居中,读取竖盘读数 R,即为下半测回;③若需要对竖直角测量 n 个测回,则重复前述动作 n 次;④若经纬仪带竖盘指标水准器自动补偿装置,则在安置好经纬仪后应立即打开自动补偿装置工作钮(此时若转动经纬仪照准部可听到自动补偿装置工作时的轻微"滴答"声),竖直角测量结束后应马上关闭自动补偿装置工作钮,以保护自动补偿装置,然后才能卸仪器;⑤带竖盘指标水准器自动补偿装置的经纬仪测量竖直角照准目标后可直接读取竖盘读数。

　　一测回竖直角观测的数据处理方法如下。计算竖盘指标差 x, $x=(L+R-360°)/2$;判别竖盘结构,即盘左仰角竖盘读数小于 90°(Ⅰ类经纬仪)还是大于 90°(Ⅱ类经纬仪)。同一台经纬仪只需判别一次;计算一测回竖直角 δ,对于Ⅰ类经纬仪 $\delta=90°-L+x$ 或 $\delta=R-270°-x$,对于Ⅱ类经纬仪 $\delta=L-90°-x$ 或 $\delta=270°-R+x$。

　　若对竖直角测量了 n 个测回则可计算出 n 个 δ(为了便于表达改写为 δ_i),n 个 δ_i 计算时的竖盘指标差不得超限(2″级经纬仪指标差变化容许值为 ±15″;6″级经纬仪为 ±25″),若超限则重测超限测回,若不超限则取平均值作为最终的竖直角 δ′,即 $\delta'=\sum\delta_i/n$。

3.5.7　经纬仪的调校方法

　　仪器的设计和制造不论如何精细,各主要部件之间的关系也不可能完全满足理论要求,仪器使用过程中的震动、磨损和温度变化也会改变各部件之间的正确关系,为此,应在使用仪器之前对仪器进行检验和校正。

　　(1)各主要螺旋的检查与调整　将仪器取出整置在脚架上,对仪器进行一般性检视,然后对仪器的各主要螺旋进行检查和调整。应检查三个脚螺旋松紧是否适度,脚螺旋松紧度不合适时可转动脚螺旋上的小调整螺旋直到脚螺旋松紧合适为止。脚架上的螺丝也要检查它们应是固紧的不能有松动,否则会使脚架松动给观测带来影响。微动螺旋包括水平微动螺旋、垂直微动螺旋。指标水准器微动螺旋是与弹簧共同起作用的,使用微动螺旋过程中若微动螺旋旋入过多会使弹簧过分压缩、弹力过强;若旋入过少则弹簧过分伸张、弹力不足。上述两种情况都容易产生"后效"作用而给观测带来误差。长期使用的仪器其微动螺旋的弹簧由于长期的压缩和锈蚀容易产生弹力不足问题,应注意检查其弹力,弹力不足应及时修理。

(2)照准部水准器轴与竖轴正交的检校

① 检查。转动照准部使照准部水准器与任意两个脚螺旋的连线平行(设这两个脚螺旋分别为 A、B,另一个脚螺旋为 C)并设竖盘位于 A 端,同时对向转动 A 和 B 两个脚螺旋使照准部水准器气泡居中。将照准部转动 $90°$ 使照准部水准器与 A、B 两个脚螺旋的连线正交(竖盘置于 C 端),转动脚螺旋 C 使照准部水准器气泡居中。将照准部旋转 $180°$,此时照准部水准器仍与 A、B 两个脚螺旋的连线正交,竖盘位于 C 脚螺旋的另一侧,若这时照准部水准器气泡仍位于刻划中心则说明照准部水准器轴与竖轴正交,否则说明二者不正交,此时应转动脚螺旋 C 改正气泡偏离量的一半。再将照准部旋转 $90°$,此时照准部水准器与 A、B 两个脚螺旋的连线平行,竖盘在 B 端,此时若照准部水准器轴与竖轴正交则气泡不会偏离刻划中心,若偏离刻划中心可同时对向转动 A、B 两个脚螺旋改正气泡偏移量的一半。至此仪器已被整置水平。仪器水平的标志是不论仪器照准部转到什么位置,气泡偏离水准管刻划中心的格数及气泡在水准管上的位置保持不变。

② 校正。经过上述的整平与正交检查若发现照准部水准器轴与竖轴不正交(即仪器整平后气泡仍不居中)应紧接着进行校正(图 3-53)。由图 3-53 可以看出只要用改针改正照准部水准器一端的改正螺旋使气泡居中即可,此时水准器轴即处在正确位置,$a'a$ 与竖轴正交。几种常用经纬仪的照准部水准器改正螺旋见图 3-54。

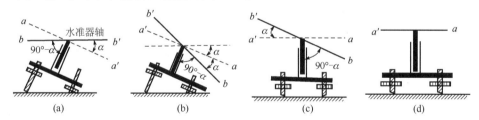

图 3-53 照准部水准器轴与竖轴不正交的校正

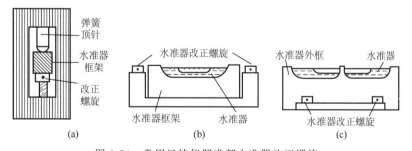

图 3-54 常用经纬仪照准部水准器改正螺旋

(3)望远镜的调焦及视差的消除 望远镜是用来精确照准目标的。为此,目标在望远镜中的成像必须清晰且成像于十字丝面上,为了达到这两个目的,观测前应转动望远镜的调焦环(或调焦螺旋)使目标清晰地成像于十字丝面上(这个过程叫做调焦或叫对光)。调焦的方法是将望远镜指向天空转动望远镜目镜直到十字丝十分清晰为止;选择一个距离适中的目标将望远镜指向目标后转动望远镜的调焦环(或调焦螺旋)使目标在望远镜中的成像清晰。

(4)竖盘指标差的检查校正

① 检查。竖盘指标水准器的气泡居中时竖盘的读数指标与测站铅垂线垂直(或平行)并通过竖盘的分划中心,或者说竖盘的读数指标线应垂直(或平行)于指标水准器轴。若指标水准器的气泡居中时竖盘的读数指标线的实际位置偏离正确位置一个角度i,这个角度就是竖盘指标差(一般规定,当读数指标的实际位置使竖盘读数偏大时i为正;反之为负)。检查指标差的方法是在盘左和盘右位置上用中丝照准同一目标并在指标水准器气泡居中后读出竖盘读数L和R,用指标差计算公式即可计算出该仪器的指标差i,若指标差的绝对值超出规定的限值则应进行指标差校正。J2级仪器的指标差为$i=[(L+R)-360°]/2$;J07或J1级仪器的指标差为$i=L+R-180°$。

② 校正。J2级仪器应用公式$R'=R-i$(或$L'=L-i$)算出竖盘的正确读数R'或L',J07或J1仪器则用$R'=R-i/2$(或$L'=L-i/2$)算出竖盘的正确读数R'或L'(式中L、R分别是测定指标差时的竖盘左、盘右的读数;i为按指标差公式算得的指标差数值)。在盘右(或盘左)位置上以中丝精确照准测定指标差时的原目标转动测微器配置出与R'(或L')相应的测微器读数,再转动竖盘指标水准器微动螺旋使竖盘上的读数与R'(或L')的大读数(度数及$10'$或$2'$的整倍数)相同,即应使竖盘上的读数与R'(或L')相同(这时指标水准器的气泡将偏离其中央位置)。转动指标水准器的改正螺旋使指标水准器气泡居中则指标差的校正完成。校正后应进行检测直到符合要求为止。

对于竖盘指标自动归零经纬仪,其指标差测定与校正方法与上述的方法基本相同(只是没有使指标水准器气泡居中的操作)。校正的方法是用测微器和垂直微动螺旋使竖盘读数为R'(或L'),转动望远镜十字丝的改正螺旋使十字丝水平中丝上下移动(直到照准原观测目标为止)。

(5)光学对点器检校 苏光J2和蔡司(ZEISS)010等经纬仪的光学对点器安装在经纬仪的照准部上(与照准部一起转动);威特(Wild)T2等经纬仪的光学对点器安装在仪器基座上(不和照准部一起转动)。

① 投影法。投影法适用于光学对点器随照准部一起转动的经纬仪,具体方法步骤如下。a.置经纬仪于脚架上将仪器整平。b.在仪器下方地面上平放一张白纸,固定仪器照准部,调整对点器目镜直至对点器目镜中分划板上的圆圈清晰为止,然后,将对点器分划板圆圈中心标绘在白纸上(为第一位置A_1)。c.转动仪器照准部120°固定之,按相同的方法将对点器分划板圆圈中心标绘在白纸上(为第二位置A_2)。d.将仪器照准部再转动120°固定之,按上述方法在白纸上标绘出第三位置A_3。e.若白纸上的三个投影点A_1、A_2、A_3重合则说明对点器视准轴与仪器竖轴一致;若三点分离则两轴不一致(需要进行对点器调校)。f.调校的方法是将对点器目镜后面盖板上的四个螺旋取下并将目镜管伸出至尽头后把盖板移出,可以看到目镜管的两个固定螺旋,将这两个固定螺旋松开,移动目镜管使对点器分划板圆圈中心与A_1、A_2、A_3组成的三角形中心一致后固定目镜固定螺旋(再按上述方法检查对点器的对中精度直到符合要求后方可固定对点器盖板)。

② 垂球调校。经纬仪的检校方法有两种:一种是在专用脚架上检校;另一种是用垂球进行检校。使用专用脚架检校对点器的方法与上述投影法基本相同。

用垂球进行检校的过程是将仪器整置在脚架上精确整置仪器水平后挂上对中垂球,使垂球尖尽可能的接近平放在地面上的白纸,待垂球静止时将垂球尖投影到白纸上然后取下垂球,调好对点器目镜焦距并从目镜中观察白纸上记下的垂球尖的位置是否在对点器分划板圆圈中心,若在圆圈中心则说明对点器的视准轴与竖轴一致;若不在圆圈中心则需进行校正。校正的方法是用改针将对点器目镜后的三个改正螺旋都略微松开,再根据需要调整三个改正螺旋中的一个直至使分划板圆圈中心与垂球尖的投影位置一致为止,这项改正需反复进行,满足要求后将改正螺旋固定。

(6)精密光学经纬仪的视准轴误差检校 望远镜物镜光心与十字丝中心的连线称为视准轴。假设仪器已整置水平,即竖轴与测站铅垂线一致且横轴与竖轴正交,但视准轴与横轴不正交,即实际的视准轴与正确的视准轴存在夹角C。C称视准轴误差,见图3-55。当实际视准轴偏向竖盘一侧时C为正值,反之为负值。产生视准轴误差的原因是安装和调整不正确,即望远镜的十字丝中心偏离了正确的位置而造成视准轴与横轴不正交从而产生视准轴误差,外界温度的变化也会引起视准轴位置变化并产生视准轴误差。

视准轴误差C对观测方向值的影响ΔC($\Delta C = C/\cos\alpha$,α为观测目标的竖直角,α越大ΔC也越大(反之就越小),$\alpha = 0$时$\Delta C = C$)。盘左观测时实际视准轴位于正确视准轴的左侧,使正确方向值L_0比含有视准轴误差的实际方向值L小ΔC,即$L_0 = L - \Delta C$。纵转望远镜以盘右观测同一目标时实际视准轴位于正确视准轴的右侧,显然此时对方向值的影响恰好和盘左时的数值相同、符号相反,即正确方向值R_0较有误差的方向值R大,因而有$R_0 = R + \Delta C$。取盘左与盘右的中数可得$(L_0 + R_0)/2 = (L + R)/2$,可见,取盘左与盘右的中数可以消除视准轴误差的影响。观测一个角度时,若两个方向的竖直角相等则视准轴误差的影响可在半测回角度值中得到消除(若竖直角不相等但差异不大且接近于0°则C的影响也可以忽略不计)。望远镜纵转前后同一方向的盘左、盘右观测值之差为$L - R \pm 180° = 2\Delta C$。由于视准轴与横轴的关系是机械结合的结果,因此,短时间内可认为C是常值(若各个方向的竖直角α很小且相差不大则$2\Delta C$会近似等于$2C$,即也可认为是常值),故而,可认为$L - R \pm 180° = 2C$,$2C$通常被称为二倍照准差。

由于短暂观测时间内视准轴受温度等外界因素影响产生的变化很小,因此,观测过程中$2C$变动的主要原因是观测照准读数等偶然误差的影响,因此,计算$2C$并规定其变化范围可作为观测质量判断的标准之一。$2C$的常值部分对观测结果是没有影响的,有影响的仅是它的变动部分。$2C$数值过大时对记录、计算不太方便,因此,$2C$绝对值过大时需校正($2C$的绝对值对于J07、J1型仪器应不大于$20''$,J2型仪器应不大于$30''$)。

校正$2C$的方法是首先选择一个竖直角接近于0°的目标用盘左、盘右观测出$2C$值,若$2C$值的绝对值大于规定的限差即应进行$2C$的校正。对无目镜测微器的仪器应先按$R_0 = R + C$(或$L_0 = L - C$)算出正确读数,然后用测微盘对准正确读数的不足度盘一格的零数,再用水平微动螺旋使平盘的上下分划像重合使平盘读数等于R_0或L_0(此时望远镜的十字丝中心将偏离目标影像),用十字丝网校正螺旋使十字丝照准目标即可完成$2C$的校正工作。不同类型的仪器其十字丝校正螺旋不尽相同(见图3-56),校正时应注意校正螺旋的对抗性,校正后通常应再检测一次。

(7)精密光学经纬仪的横轴倾斜误差检校 见图3-57,当视准轴与横轴正交且竖轴与测站铅垂线一致时,仅由于横轴与竖轴不正交而使横轴倾斜一个小角i称为横轴倾斜误差。引起横轴倾斜误差的主要原因是仪器安装、调整不完善导致仪器横轴两支架不等高(或横轴两端的直径不相等)。横轴倾斜误差i对观测方向值的影响Δi为$\Delta i = i\tan\alpha$,α为观测目标的竖直角。α越接近于90°则Δi越大,$\alpha = 0°$时$\Delta i = 0$。

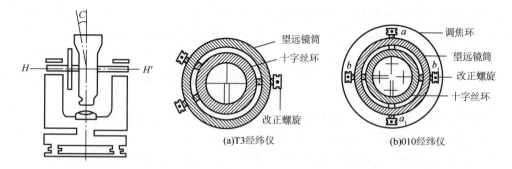

图 3-55   视准轴误差   图 3-56   十字丝校正螺旋

盘左时横轴倾斜会使视准轴偏向竖盘一侧,正确方向值 L_0 比有误差的方向值 L 小 Δi,即 $L_0 = L - \Delta i$。纵转望远镜在盘右位置观测时正确读数 R_0 比有误差的读数 R 大,即 $R_0 = R + \Delta i$。取盘左和盘右读数的中数可得 $(L_0 + R_0)/2 = (L + R)/2$,可见,横轴倾斜误差对观测方向值的影响在盘左和盘右读数中可以得到消除。观测一个角度时若两个方向的竖直角相差不大且接近于 $0°$ 则横轴倾斜误差在半测回角度值中可以得到削减或消除。望远镜纵转前后同一方向盘左和盘右观测值之差 $L - R \pm 180° = 2\Delta i$,说明即使没有视

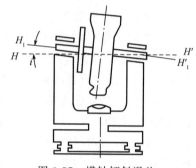

图 3-57   横轴倾斜误差

准轴误差存在,同一方向的盘左和盘右读数之差中仍含有横轴倾斜误差 i 的影响。在山区,一个测站上的各个观测方向的竖直角相差较大,若视准轴误差和横轴误差同时存在时则有关系式 $L - R \pm 180° = 2\Delta C + 2\Delta i$,因此,单纯用 $2C$ 变化来判断观测成果质量是不严谨的,为此,必须对仪器的 i 角大小加以限制(J07、J1 型仪器的 i 角不得超过 $\pm 10''$,J2 型仪器不得超过 $\pm 15''$),若超过限差则应对仪器进行校正。

视准轴误差与横轴倾斜误差同时存在时的盘左和盘右读数之差为 $L - R \pm 180° = 2\Delta C + 2\Delta i$,将 $\Delta C = C/\cos\alpha$ 和 $\Delta i = i\tan\alpha$ 代入并省略"$\pm 180°$"可得 $L - R = 2C/\cos\alpha + 2i\tan\alpha$。若观测目标的竖直角 $\alpha_H > 0°$(称之为高点)则在盘左和盘右位置观测高点时有关系式 $L_H - R_H = 2C/\cos\alpha_H + 2i\tan\alpha_H$;若观测目标的竖直角 $\alpha_L < 0°$(称之为低点)则在盘左和盘右位置观测低点时有关系式 $L_L - R_L = 2C/\cos\alpha_L + 2i\tan\alpha_L$。设置高点和低点时若使 $|\alpha_H| = |\alpha_L| = \alpha$,则将上述高、低点关系式相加和相减可得到 2 个关系式,即 $C = \{[(L_H - R_H) + (L_L - R_L)]\cos\alpha\}/4$、$i = [(L_H - R_H) - (L_L - R_L)]/[4\tan\alpha]$,若对高点和低点均观测 n 个测回则有 $C = \{[\sum(L_H - R_H) + \sum(L_L - R_L)]\cos\alpha\}/(4n)$、$i = [\sum(L_H - R_H) - \sum(L_L - R_L)]/[4n\tan\alpha]$,若令 $C_H = [\sum(L_H - R_H)]/(2n)$、$C_L = [\sum(L_L - R_L)]/(2n)$ 则可得到高低点法检验视准轴误差及横轴倾斜误差的关系式 $C = [(C_H + C_L)\cos\alpha]/2$、$i = (C_H - C_L)/[2\tan\alpha]$。

横轴倾斜误差 i 的检验可在室内或室外进行。室内检验时可用两个照准器(任何装有十字丝的仪器均可)作为照准目标,室外检验时可在距仪器 5m 以外的地方设置两个目标,两个目标位置的要求是高点和低点应大致在同一方向上且两目标竖直角的绝对值应不小于 $3°$ 并大致相等(其差值不得超过 $30''$)。

检验过程是先观测高点和低点间的水平角 6 测回并在各测回间均匀分配度盘。观测过程中同一测回不得改变照准部的旋转方向,即半数测回顺时针方向旋转照准部,半数测回逆转。

观测中各测回角度值互差对 J07、J1 型仪器应小于 $\pm3''$；J2 型仪器不得超过 $\pm8''$。观测中高点和低点应分别比较 $2C$ 变化，对 J07、J1 型仪器 $2C$ 变化不得超过 $\pm8''$；J2 型仪器 $2C$ 变化不得超过 $\pm10''$。再观测高点和低点的竖直角，用中丝法观测 3 个测回，观测中竖直角以及竖盘指标差的互差不得超过 $10''$，若超限则应重测。通常，横轴倾斜误差超限需要对仪器进行校正时应由仪器检修人员进行。检验数据记录可参考表 3-2 和表 3-3。表 3-2 中，$120°$ 位置为划去测回不采用（重测于后），$C_H=[\sum(L_H-R_H)]/(2n)=67.1/(2\times6)=+5.59''$；$C_L=[\sum(L_L-R_L)]/(2n)=60.6/(2\times6)=+5.05''$。

表 3-2　某 $0.7''$ 级经纬仪横轴不垂直于竖轴之差测定中的高、低两点间水平角测定数据

度盘位置	照准点	读数 盘左(L) ° ′ g ″		读数 盘右(R) ° ′ g ″		2C(左-右±180°) °	$\frac{1}{2}$[左+(右±180°)] ° ′ ″	角度 ° ′ ″
（顺）0°	1 高点	0 00 00.5 / 00.6	01.1	179 58 55.8 / 55.8	111.6	+09.5	359 59 56.35	
	2 低点	0 00 07.3 / 07.6	14.9	180 00 02.3 / 02.6	04.9	+10.0	0 00 09.90	0 00 13.55
30°	1	30 04 14.3 / 14.6	28.9	210 04 08.5 / 08.3	16.8	+12.1	30 04 22.85	
	2	30 04 20.3 / 20.4	40.7	210 04 15.4 / 15.8	31.2	+09.5	30 04 35.95	0 00 13.10
60°	1	60 08 23.2 / 22.9	46.1	240 08 16.7 / 16.4	33.1	+13.0	60 08 39.60	
	2	60 08 29.6 / 29.4	59.0	240 08 22.9 / 23.3	46.2	+12.8	60 08 52.60	0 00 13.00
（逆）90°	1	90 12 31.9 / 31.6	63.5	270 12 25.6 / 25.7	51.3	+12.2	90 12 57.40	
	2	90 12 38.2 / 38.2	76.4	270 12 33.8 / 33.6	67.4	+09.0	90 12 71.90	0 00 14.50
120°	1	120 16 42.8 / 42.7	85.5	300 16 37.2 / 37.2	74.4	+11.1	120 16 79.95	
	2	120 16 51.1 / 51.3	102.4	300 16 45.8 / 45.9	91.7	+10.7	120 16 97.05	0 00 17.10
150°	1	150 20 51.1 / 50.9	102.0	330 20 45.7 / 45.4	91.7	+10.9	150 20 96.55	
	2	150 20 57.8 / 57.8	115.6	330 20 52.6 / 52.6	105.2	+10.4	150 20 110.40	0 00 13.85
重120°	1	120 16 41.4 / 41.6	83.0	300 16 36.6 / 37.0	73.6	+09.4	120 16 78.30	
	2	120 16 48.8 / 48.5	97.3	300 16 44.2 / 44.2	88.4	+08.9	120 16 92.85	0 00 14.55

表 3-3　某 0.7″级经纬仪横轴不垂直于竖轴之差测定中的高、低两点间竖直角测定数据

照准点	测回	读数				指标差	竖直角
		盘左	均值	盘右	均值		
高点	I	92°00′01.3″		87°58′56.8″			
		01.4″	02.7″	56.6″	113.4″	−03.9″	+4°00′09.3″
	II	92°00′01.3″		87°58′57.0″			
		01.3″	02.6″	57.2″	114.2″	−03.2″	+4°00′08.4″
	III	92°00′00.3″		87°58′56.6″			
		00.2″	00.5″	57.0″	113.6″	−05.9″	+4°00′06.9″
中数 +4°00′08.2″							
低点	I	87°58′57.8″		92°00′00.1″			
		58.1″	115.9″	00.2″	00.3″	−03.8″	−4°00′04.4″
	II	87°58′59.1″		92°00′00.2″			
		59.3″	118.4″	00.3″	00.5″	−01.1″	−4°00′02.1″
低点	III	87°58′58.2″		92°00′00.6″			
		58.5″	116.7″	00.5″	01.1″	−02.2″	−4°00′04.4″
中数 −4°00′03.6″							
$\alpha=4°00′05.9″$。$i=(C_H−C_L)/[2\tan\alpha]=(5.59″−5.05″)\times14.2948/2=3.86″$							

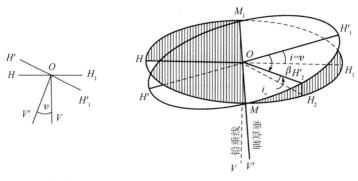

图 3-58　竖轴倾斜误差　　图 3-59　竖轴倾斜误差对观测方向值的影响

（8）精密光学经纬仪的竖轴倾斜误差检校　当经纬仪三轴（竖轴、横轴、视准轴）间的关系均已正确时，若仪器未严格整置水平就会使仪器竖轴偏离测站铅垂线一个微小的角度 v（竖轴倾斜误差）。见图 3-58，OV 为与测站铅垂线一致的垂直轴位置（与之正交的横轴为 HH_1），OV' 为与测站铅垂线不一致即倾斜一个小角 v 的垂直轴的位置（横轴也随之倾斜至 $H'H_1'$ 位置），这样，与横轴正交的视准轴也就偏离了正确位置，此时，视准轴绕横轴俯仰时形成的照准面将不是铅直照准面而是倾斜照准面，因而就会给水平方向观测带来误差。

见图 3-59，竖轴与测站铅垂线一致时与之正交的横轴 HH_1 处于水平位置，若照准部绕竖轴旋转一周则横轴 HH_1 将始终处于水平面 H_1MHM_1 上。当竖轴倾斜一个小角 v 而处于 OV' 位置时与之正交的横轴将处于 $H'H_1'$ 位置，照准部旋转一周过程中的横轴 $H'H_1'$ 将始终处于倾斜面 $H_1'MH'M_1$ 上，可见，竖轴与测站铅垂线不一致将引起与之正交的横轴倾斜，从而给水平方向观测值带来误差。由图 3-59 可看出，横轴 $H'H_1'$ 的倾斜量是变化的，横轴 $H'H_1'$ 与竖轴倾斜面 VOV' 一致时其横轴倾斜量最大为 v，其值与竖轴倾斜的小角 v 相等；当横轴

$H'H_1'$ 转到 MOM_1 位置,即与竖轴倾斜面 VOV' 正交时横轴倾斜量最小,为零。也就是说,在横轴随照准部绕倾斜的竖轴 OV' 由 $H'OH_1'$ 位置转动到 MOM_1 位置时其横轴的倾斜量将由 $v \rightarrow 0$。设横轴 $H'H_1'$ 在 OH_2' 位置时的倾斜量为 i_v,观测目标的竖直角为 α,则竖轴倾斜误差 v 对水平方向观测值的影响可表达为 $\Delta v = i_v \tan\alpha$。为进一步阐述 i_v 与 v 的关系可过 H_2' 与 OV 作大圆弧交 MH_1 于 H_2,设横轴由 OH_1' 转至 OH_2' 时的转角为 β,因 OH_1' 与 OM 正交而有 $MH_2' = 90° - \beta$,在球面三角形 MH_2H_2' 中 $\angle MH_2H_2' = 90°$、$MH_2' = 90° - \beta$、$\angle H_2MH_2' = v$、$H_2H_2' = i_v$,依正弦公式可得 $\sin i_v = [\sin v \sin(90° - \beta)]/\sin 90° = \sin v \cos\beta$,因 i_v 与 v 均为小角度,故可有 $i_v = v\cos\beta$,代入 $\Delta v = i_v \tan\alpha$ 可得 $\Delta v = v\cos\beta \tan\alpha$。

基于上述分析可得 Δv 的以下两个特性:①竖轴倾斜的方向和大小不随照准部转动而变化,其所引起的横轴倾斜方向在望远镜纵转前后是相同的,即 Δv 的正负号不变,因而,对任一观测方向不能期望通过盘左和盘右观测取中数而消除其误差影响;②竖轴倾斜误差对观测方向值的影响不仅与竖轴倾斜量、观测目标的竖直角有关,而且随观测方向方位的不同而不同。

为减弱或消除竖轴倾斜误差影响,作业过程中应采取以下 3 方面措施:①观测前要精密整平仪器,观测过程中要经常注意照准部水准器是否居中;②一站观测过程中应适当增加重新整平仪器的次数以改变竖轴倾斜方向,使 Δv 对观测结果的影响具有偶然性;③观测目标竖直角较大时可对其观测值加入竖轴倾斜改正。

(9)精密光学经纬仪的偏心差检校 仪器的平盘不但要求刻划准确精密,而且要求安装时应使度盘分划中心与照准部旋转中心一致,同时还要求度盘分划中心与度盘旋转中心一致。亦即要求三心:照准部旋转中心、度盘分划中心及度盘旋转中心一致,这个要求如不能满足就将产生照准部偏心差和平盘偏心差。

① 照准部偏心差检校。水平角观测中照准部绕竖轴转动,因照准部旋转中心与平盘分划中心不一致产生的误差叫照准偏心差(见图 3-60)。图 3-60 中,L 为平盘分划中心、V 是照准部旋转中心,两中心之间的距离 $LV = e$ 称为照准部偏心距,度盘零分划线 LO 与偏心距方向间的角度($\angle OLP = P$)称为照准部偏心角。当 V 与 L 重合时照准目标 T 的测微器读数为 A(即正确读数应为 $\angle OLA$);照准部有偏心差时照准目标 T 的测微器读数为 A'(即读数为 $\angle OLA' = M_A$),以上二者的读数之差即为照准部偏心差对水平方向观测读数的影响。在 $\Delta VA'L$ 中,$\angle VA'L = \varepsilon$、$\angle VLA' = M_A - P$、$VL = e$,因偏心距很小,故可认为 $VA' \approx LA \approx r$(r 为平盘半径)。依正弦定理有 $\sin\varepsilon = [e\sin(M_A - P)]/r$,因 ε 角很小,故可得照准部偏心差对水平方向读数的影响的表达式 $\varepsilon = e\rho''[\sin(M_A - P)]/r$,可见,照准部偏心差的影响是以 2π 为周期的系统性误差。

基于以上叙述不难看出,存在照准部偏心差时的测微器平盘正确读数 M 会比实际读数 M_A 大 ε(即 $M = M_A + \varepsilon$)。若在相距测微器 A 的 $180°$ 处再安装一个测微器 B,那么,测微器 B 在平盘上的实际读数应为 $M_B = M_A + 180°$。由此可得照准部偏心差对测微器 A 和测微器 B 在平盘上的读数的影响分别为 $\varepsilon_A = e\rho''[\sin(M_A - P)]/r$、$\varepsilon_B = e\rho''[\sin(M_B - P)]/r = e\rho''[\sin(M_A + 180° - P)]/r = -e\rho''[\sin(M_A - P)]/r = -\varepsilon_A''$。由此可以得出结论,即相对 $180°$ 的两个测微器所得读数的平均值可以消除照准部偏心差的影响。对采用重合法读数的光学经纬仪而言,由于其光学测微器的特殊构造保证了其可以直接得到 A、B 两个测微器读数的平均值(即正、倒像分划线重合读数),因此,采取对径 $180°$ 分划线重合法读数也可完全消除照准部偏心差的影响。

② 平盘偏心差检校。平盘旋转中心与其分划中心不重合产生的偏心差称为平盘偏心差(见图 3-61)。图 3-61 中,L 为平盘分划中心,R 为平盘旋转中心,$LR = e_1$ 为平盘偏心差(又称平盘偏心距),O 为平盘零分划,P_1 为 LR 的延长线与平盘相交的分划,零分划方向 LO 与偏心

距方向 LR（即 LP_1）之间的角度 $P_1=\angle OLP_1$（称为平盘偏心角），e_1、P_1 统称为平盘偏心元素。水平角观测过程中通常要求在整测回之间变换平盘以减弱度盘分划误差影响（见图 3-61），变换平盘时（照准部保持不动）度盘分划中心 L 将在以度盘旋转中心 R 为圆心、以 r_1（RL）为半径的圆周上移动，从而使照准部的偏心元素 e、p 随之变动：当 L 转至 RV 的连线 L' 上时照准部偏心元素 e 的数值为最小，即 $L'V=e-e_1$；当 L 转至 RV 的延长线 L'' 上时照准部偏心元素 e 的数值最大，即 $L''V=e+e_1$，这个位置称为度盘最不利位置；L 转至其他位置时的偏心距 e 的数值介于最小和最大之间。可见，存在平盘偏心差时转动平盘后平盘偏心差对观测方向读数的影响是通过改变照准部偏心元素以照准部偏心差影响的形式表现出来的，显然，消除其影响也必须借助度盘正、倒像分划重合法读数来实现。

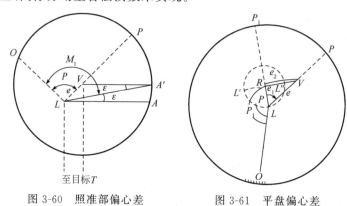

图 3-60　照准部偏心差　　　　图 3-61　平盘偏心差

　　平盘偏心差的检验应在照准部偏心差检验之后紧接着进行。若存在平盘偏心差则变换平盘时将使照准部偏心差的大小发生变化。因此，为查明照准部偏心差可能达到的最大值就必须对平盘偏心差进行检验。用于一、二等三角观测的仪器每 $2\sim3$ 年应进行一次照准部偏心差和平盘偏心差检验，三、四等三角观测可不进行此项检验，但需在每期作业开始前进行"照准部旋转是否正确"的检验。偏心差检验需要借助专门设备进行且技术要求很高，普通测量人员难以完成，需要进行此项检验时应有专人按相关规定进行。

　　（10）精密光学经纬仪的照准部旋转误差检校　观测中的观测方向通常是分布在测站四周的，只有通过旋转照准部和俯仰望远镜才能照准目标。因此，不仅要求竖轴、横轴、视准轴三者的关系正确，而且要求照准部应旋转灵活、平稳。所谓"照准部转动平稳"就是指其转动时不产生偏斜和平移，照准部旋转时是否平稳的检验就是"照准部旋转是否正确的检验"。所谓"照准部转动灵活"就是指转动时没有紧滞现象，亦即固定在底座上的平盘没有丝毫的带动现象，否则，将引起仪器底座位移而产生系统误差，为此要进行"照准部旋转时仪器底座位移而产生的系统误差的检验"。

　　① 照准部旋转是否正确及其检验。照准部是绕竖轴旋转的，照准部转动时若产生晃动（倾斜或平移）就称为"照准部旋转不正确"。照准部旋转不正确时将带来竖轴倾斜误差和照准部偏心差，前一种误差对观测方向读数的影响不能通过正倒镜观测的方法消除，从而影响观测成果的质量。因此，必须进行此项检验。照准部旋转不正确的原因是竖轴和轴套间的间隙过大以及其间的润滑油较黏和油层分布不均匀。某些经纬仪采用半运动式柱形轴，用一组滚珠与轴套的锥形面接触，这些滚珠除承受仪器照准部的重量外还对竖轴的转动起定向作用，当各个滚珠的形状和大小有较大差异时也将引起照准部旋转不正确。照准部旋转不正确的表现形式是仪器不易整置水平，如在旋转 $1\sim2$ 周的过程中照准部水准器的气泡会从中央向一端偏

离,而后又会经水准管中央逐渐偏向另一侧,最后回复到中央位置,呈现周期性。判断照准部旋转是否正确就是以此为依据的。

"照准部旋转是否正确"的检验过程有以下 3 步:①整置仪器使竖轴垂直,读记照准部水准器气泡两端(或中间位置)的读数至 0.1 格;②顺时针方向旋转照准部,每旋转照准部 45°待气泡稳定后按前述方法读记照准部水准器气泡一次,如此连续顺转三周;③完成前述顺转三周动作后紧接着逆时针方向旋转照准部,每旋转 45°读记水准器气泡一次,连续逆转三周。在上述操作过程中照准部不得有多余旋转。操作过程中,各个位置气泡读数互差对 J07、J1 型仪器不超过 2 格(按气泡两端读数之和进行比较为 4 格);对于 J2 型仪器不得超过 1 格(按气泡两端读数之和比较为 2 格),若超出上述限差并以照准部旋转两周为周期而变化则说明照准部旋转不正确,应对仪器进行检修。照准部旋转是否正确的检验示例可参考表 3-4。

表 3-4 某 2″经纬仪照准部旋转是否正确的检验

照准部位置	气泡读数			照准部位置	气泡读数		
	左	右	和或中数		左	右	和或中数
旋转第一周							
	g	g	g		g	g	g
0°	06.9	13.2	20.1	180°	07.0	13.4	20.4
45°	06.9	13.3	20.2	225°	07.1	13.5	20.6
90°	06.9	13.4	20.3	270°	07.1	13.5	20.6
135°	06.9	13.3	20.2	315°	07.0	13.4	20.4
旋转第二周							
0°	07.2	13.6	20.8	180°	07.0	13.3	20.3
45°	07.2	13.8	20.8	225°	06.9	13.3	20.2
90°	07.1	13.5	20.7	270°	06.8	13.2	20.0
135°	07.0	13.4	20.4	315°	06.9	13.2	20.4
旋转第三周							
0°	06.9	13.2	20.1	180°	07.0	13.2	20.2
45°	06.9	13.2	20.1	225°	07.1	13.3	20.4
90°	07.0	13.3	20.3	270°	07.0	13.3	20.3
135°	06.9	13.2	20.1	315°	07.0	13.3	20.3
旋转第一周							
315°	07.1	13.4	20.5	135°	07.0	13.3	20.3
270°	07.1	13.5	20.6	90°	06.8	13.2	20.0
225°	07.2	13.5	20.7	45°	06.9	13.2	20.1
180°	07.0	13.4	20.4	0°	06.8	13.1	19.9
旋转第二周							
315°	06.9	13.2	20.1	135°	06.5	12.8	19.3
270°	07.0	13.2	20.2	90°	06.6	12.9	19.5
225°	06.8	13.1	19.9	45°	06.6	12.9	19.5
180°	06.7	13.0	19.7	0°	06.8	13.1	19.9

续表

照准部位置	气泡读数			照准部位置	气泡读数		
	左	右	和或中数		左	右	和或中数
旋转第三周							
315°	07.1	13.3	20.4	135°	06.8	13.0	19.8
270°	07.0	13.2	20.2	90°	06.6	12.9	19.5
225°	06.8	13.0	19.8	45°	06.8	12.9	19.7
180°	06.7	13.0	19.7	0°	06.9	13.0	19.9
最大变动1.5				中心变化位置0.74			

② 照准部旋转时仪器底座位移而产生的系统误差的检验。仪器的平盘是与底座固定在一起的,若在转动照准部时底座有带动现象将使平盘与照准部一起转动从而给水平方向观测带来系统误差。照准部转动时仪器底座产生位移的原因有 3 个,即支承仪器底座脚螺旋与螺孔之间有空隙存在、竖轴与轴套间存在摩擦力、三脚架架头和脚架间松动。进行此项检验的实质是鉴定仪器的稳定性。

检验方法是在仪器墩或牢固的脚架上整置好仪器并选定一清晰的目标,顺转照准部一周后照准目标读数,再顺转一周照准目标读数;然后,逆转一周照准目标读数,再逆转一周照准目标读数。以上操作可视作一个测回,应连续测定十个测回后分别计算顺、逆转二次照准目标读数的差值并取十次的平均值(此值的绝对值对 J07、J1 型仪器应不超过 0.3″;对于 J2 型仪器应不超过 1.0″)。检验记录、计算可参考表 3-5,表 3-5 中顺转一周之系统差平均值为 −0.08″、逆转一周之系统差平均值为 +0.20″。

表 3-5　某 2″经纬仪照准部旋转时仪器底座位移而产生的系统误差的检验过程与结果

序号	项目	度盘位置	测微器之读数		和或中数	一周之系统差
			Ⅰ	Ⅱ		
Ⅰ测回						
			g	g	″	
1	顺转一周照准目标读数	0°	02.9	02.6	05.5	
2	再顺转一周照准目标读数		02.4	02.2	04.6	−0.9
3	逆转一周照准目标读数		02.0	01.9	03.9	
4	再逆转一周照准目标读数		02.3	02.1	04.4	+0.5
Ⅱ测回						
1	顺转一周照准目标读数	18°	01.1	01.3	02.4	
2	再顺转一周照准目标读数		01.2	01.2	02.4	0.0

续表

序号	项目	度盘位置	测微器之读数		和或中数	一周之系统差
			I	II		
3	逆转一周照准目标读数		01.4	01.2	02.6	
4	再逆转一周照准目标读数		01.8	01.8	03.6	+1.0
Ⅲ 测回						
1	顺转一周照准目标读数	36°	04.6	04.8	09.4	
2	再顺转一周照准目标读数		05.1	05.1	10.2	+0.8
3	逆转一周照准目标读数		04.9	04.9	09.8	
4	再逆转一周照准目标读数		04.6	04.8	09.4	−0.4
Ⅳ 测回						
1	顺转一周照准目标读数	54°	08.8	08.9	17.7	
2	再顺转一周照准目标读数		08.9	08.9	17.8	+0.1
3	逆转一周照准目标读数		08.4	08.4	16.8	
4	再逆转一周照准目标读数		08.3	08.4	16.7	−0.1
Ⅹ 测回						
1	顺转一周照准目标读数	162°	04.8	04.5	09.3	
2	再顺转一周照准目标读数		04.5	04.6	09.1	−0.2
3	逆转一周照准目标读数		04.8	04.9	09.7	
4	再逆转一周照准目标读数		04.8	05.0	09.8	+0.1

（11）精密光学经纬仪的平盘分划误差检校　水平方向或水平角的观测值是通过在平盘上的分划读数求得的,若度盘分划线位置不正确将影响测角精度。根据误差产生的原因和特性的不同,平盘分划误差可分为分划偶然误差、度盘分划长周期误差、度盘分划短周期误差3种。平盘在用刻度机刻度过程中,外界偶然因素影响会使刻度机在度盘上刻出的某些分划线时而偏左、时而偏右,这种误差称为分划偶然误差,其大小通常在±0.20″~±0.25″以下。这

种误差只要在较多的度盘位置上进行观测读数就可得到较好的抵偿。因被刻度盘的旋转中心与刻度机的标准盘旋转中心不重合或被刻度盘与标准盘不平行，或标准齿盘有误差等会使刻出的度盘分划线存在着一种以平盘全周为周期的有规律性变化的系统性误差，这种误差称为分划长周期误差，其大小可达±2″，这种误差的最重要特点是在一个周期内，其数值一半为正、一半为负、总和为零。因刻度机的扇形轮和涡轮有偏心差或扇形轮和涡轮有齿距误差会使刻出的度盘分划线产生一种以度盘一小段弧（约30′至1°）为周期且在度盘全周上多次重复出现有规律变化的系统误差，这种误差称为分划短周期误差（其大小可达±1.0″～±1.2″）。

　　基于上述度盘分划误差原因分析和基本特性，对分划偶然误差只要在度盘的多个位置上进行观测就可减弱；对于长周期误差可按其周期性的特点将观测的各测回均匀地分布在一个周期内（即度盘的全周）并取各测回观测值的中数即可减弱或消除其影响。测微器分划也同样会存在周期性系统误差，为减弱它的影响，各测回观测的测微器位置也要均匀地分配在测微器的全周上。综上所述，为减弱度盘分划误差和测微器分划误差影响，在进行水平方向观测或水平角观测时，各测回零方向应对准的度盘位置和测微器位置应符合规定，即J07、J1型仪器按 $180°(i-1)/m+4'(i-1)+120''(i-1/2)/m$ 确定；J2仪器按 $180°(i-1)/m+10'(i-1)+600''(i-1/2)/m$ 确定（其中，i 为测回序号，即 $i=1、2、3、\cdots、m$）。

　　（12）精密光学经纬仪的光学测微器行差及其测定　由光学测微器的测微原理可知，若开始时测微盘位于0″分划，当转动测微轮使度盘的上下分划像各移动半格（即相对移动一格）时测微盘应由0″分划转到 n_0'' 分划（这里 n_0 为测微器理论测程，即度盘最小格值 G 的一半。对于J07、J1型仪器 $n_0=120$，对J2型仪器 $n_0=600''$），但实际上度盘分划像移动半格时测微盘不一定恰好转动 n_0''，而是转动了 n''，n_0 与 n 之差称为测微器行差（以 r 表示），即 $r=n_0-n$，是度盘分划像移动半格时测微盘转动的理论格数 n_0 与测微盘实际转动格数 n 之差。在测微器读数窗中看到的度盘分划影像是由显微镜将度盘加以放大后形成的，见图3-62。

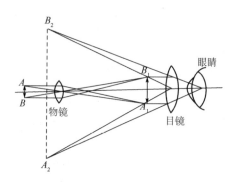

图 3-62　测微器行差与读数物镜离度盘距离的关系

　　图3-62中，AB 为度盘分划，其经物镜在成像面上生成实像 A_1B_1，再经目镜在明视距离上形成放大的虚像 A_2B_2。由几何光学知道，度盘分划像 A_1B_1 的宽窄与显微镜物镜的位置有关，物镜向下移动（即靠近度盘分划）时分划像 A_1B_1 变宽（使 $n_0<n$，r 为负）；物镜向上移动则分划像 A_1B_1 将变窄（使 $n_0>n$，r 为正）。因此，测微器行差实质是由于显微镜物镜位置不正确而产生的。当然，若度盘对径分划经过的光路不正确也会使正像和倒像分划的宽窄不相等，这样，正像分划的行差 r_z 与倒像分划的行差 r_d 也不相等。因此，应计算出 $r=(r_z+r_d)/2$ 和 $\Delta r=r_z-r_d$（r 和 Δr 的绝对值对J07、J1型仪器不应超过 1″；对于J2型仪器不超过 2″）。造成物镜

位置不正确的原因是安装和调整不正确及外界因素(比如振动等)影响,因此,若测微器行差超出上述规定就要由仪器修理人员调整测微器物镜的位置。

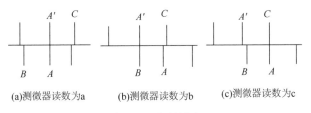

(a)测微器读数为a　　　(b)测微器读数为b　　　(c)测微器读数为c

图 3-63　行差测定

由上述分析可以得出测微器行差的以下两个性质:①对于某台仪器而言,其测微器行差既可能为正($n_0 > n$)也可能为负($n_0 < n$)且是确定值,故对某台仪器而言其行差是系统性误差且其影响在观测值中不能消除;②行差对观测读数的影响随测微盘上读数的增大而增大,因行差是代表测微盘 n_0 个分格的误差,那么测微盘一个分格的行差应为 $r_1 = r/n_0$,若测微盘读数为 C 则 C 所含的行差为 $r_C = rC/n_0$,此即为计算行差改正数的公式,对于 J07、J1 型仪器其 $r_C = rC/120''$;对于 J2 仪器其 $r_C = rC/600''$。

既然行差是系统性误差且其对观测读数的影响不能消除,因此,就应该测定出行差大小并采取必要的措施将其影响限定在允许的范围内。通常光学经纬仪的行差应在每次业务开始前和结束后各测定一次。在作业过程中还应每隔两个月测定一次。由 $r_C = rC/n_0$ 可知,n_0 为已知,只要当度盘正、倒分划影像移动半格时分别测出测微盘转动的格数 n_z、n_d 就可以求出行差。图 3-63 为读数窗里的对径分划像,令中间的正像分划线为 A,其左边的分划线为 B,与 A 对径 180° 的分划线为 A',A' 右边的分划线为 C,由光学经纬仪读数原理可知,正倒像分划像是相对移动的且移动量相同,因此可按以下思路测定行差:以倒像 A' 为指标线,先让其与 A 分划重合读取测微盘读数;再转动测微轮使 A' 与 B 重合并读取测微盘读数,两次读数之差即为 n_z。同样,以 A 为指标线先后与 A'、C 重合并读取测微盘读数可算得 n_d,这样,可得 $r_z = n_0 - n_z$,$r_d = n_0 - n_d$,$r = r_z/2 + r_d/2$。

按上述测定行差的基本思想人们制定了在每个度盘配置位置上测定行差的操作方法。将测微盘零分划线对准指标线,用度盘变换钮变换度盘至要求的位置。用水平微动螺旋使 A 分划线与对径的 A' 分划重合,见图 3-63(a),然后转动测微轮使 A 与 A' 分划线精密重合,读取测微轮上的读数 a(若读数小于零时,读数作负数)。转动测微轮以 A' 分划线为指标使分划线 A' 与 B 分划线精密重合,见图 3-63(b),读取测微盘上的读数 b(注意,实测时这里的 b 为实际读数减 n_0)。以 A 分划线为指标使 A 与 C 两分划线精密重合,见图 3-63(c),读取测微盘上的读数 c(同样,这里的 c 也为实际读数减 n_0)。读取 a、b、c 时均应进行两次重合读数。按上述测定结果可算出行差值($n_z = n_0 + b - a$、$n_d = n_0 + c - a$),即 $n_z = n_0 - (n_0 + b - a) = a - b$,$n_d = n_0 - (n_0 + c - a) = a - c$,将各个度盘位置测得的($a-b$)和($a-c$)之值取平均值代入即可求得 r_z'' 和 r_d'' 并进而求得 r'' 和($r_z'' - r_d''$)作为行差最后测定结果。行差测定可参考表 3-6,$r_z = +0.58''$、$r_d = +0.61''$、$r = +0.60''$、$r = -0.03''$。

若按上述方法测得的行差值超出规定的范围则在观测作业之前应对仪器进行校正,若处于外业观测过程中则应在观测成果中加入行差改正,行差改正数的计算公式为 $r_C = rC/n_0$。由于每一个读数中均应加入此项改正,工作量很大,为使计算改正简便易行可先依据测得的行差 r'' 按 $r_C = rC/n_0$ 编制出"行差改正数表"进行改正。

表 3-6　某 2″经纬仪平盘光学测微器行差测定

度盘位置	a ″	b ″	c ″	$a-b$ ″	$a-c$ ″	度盘位置	a ″	b ″	c ″	$a-b$ ″	$a-c$ ″
0°0′	+0.2 +0.2 +0.2	−0.3 −0.3 −0.3	−0.5 −0.7 −0.6	+0.5	+0.8	180°00′	−1.0 −0.8 −0.9	−1.7 −1.5 −1.6	−1.1 −1.5 −1.3	+0.7	+0.4
30°20′	−1.0 −1.2 −1.1	−1.7 −1.5 −1.6	−1.9 −2.1 −2.0	+0.5	+0.9	210°20′	+0.1 −0.2 0.0	−0.2 −0.3 −0.2	−0.3 −0.1 −0.2	+0.2	+0.2
60°40′	−0.9 −1.0 −1.0	−1.6 −1.7 −1.6	−1.5 −1.0 −1.2	+0.6	+0.2	240°40′	−0.4 −0.7 −0.6	−1.0 −0.8 −0.9	−1.4 −1.6 −1.5	+0.3	+0.9
90°00′	+0.0 +0.2 +0.1	−0.9 −0.6 −0.8	−0.9 −0.5 −0.7	+0.9	+0.8	270°00′	+0.4 +0.8 +0.6	+0.0 −0.2 −0.1	−0.4 −0.6 −0.5	+0.7	+1.1
120°20′	+0.1 +0.2 +0.2	−0.7 −0.9 −0.8	−0.1 −0.5 −0.3	+1.0	+0.5	300°20′	−0.5 −0.8 −0.6	−1.1 −1.0 −1.2	−1.4 −1.4 −1.4	+0.6	+0.8
150°40′	−0.8 −0.8 −0.8	−1.4 −1.5 −1.4	−1.2 −1.6 −1.4	+0.6	+0.6	330°40′	+0.3 +0.3 +0.3	+0.0 −0.2 −0.1	+0.2 +0.1 +0.2	+0.4	+0.1

（13）精密光学经纬仪垂直微动螺旋使用正确性的检验　望远镜小范围俯仰时一般都是通过转动垂直微动螺旋来进行的，即用垂直微动螺旋通过制动臂来转动横轴，仪器横轴系的结构特点，比如重量偏于竖盘一端、制动臂与横轴结合不良等决定了用垂直微动螺旋转动横轴时可能会使横轴产生水平位移，从而引起视准轴变动并给水平方向观测值带来误差。检验方法是首先精确整平仪器，然后用望远镜照准一悬挂有垂球的细线，转动垂直微动螺旋使望远镜俯仰 2°～3°观察望远镜的十字丝中心与垂球线是否始终一致，若十字丝中心离开了垂球线则说明垂直微动螺旋使用不正确。因此，在进行水平角观测时禁止使用垂直微动螺旋俯仰望远镜而必须用手俯仰望远镜。

第4章
建筑测量用钢卷尺

4.1 建筑测量用钢卷尺的特点

长度是最重要的度量衡单位，目前国际通行的长度标准是米。钢卷尺是一种经典的、传统的长度测量工具，建筑测量用钢卷尺自身的精度对施工精度具有决定性影响，经济发达国家的建筑施工现场钢卷尺已被手持式激光测距仪取代。建筑测量用钢卷尺必须选用高精度的、全钢架的、带钢插尖的、带钢摇把的、尺面镀镍的、全毫米分划的、有单一零位点的、超耐磨、防腐蚀、总长不短于50m的优质长钢卷尺，见图4-1（a）、（b）。超高土木工程结构施工或超深土木工程结构施工为了传递标高应该选用满足前述要求的超长钢卷尺，图4-1（c）为总长1000m的优质超长钢卷尺。

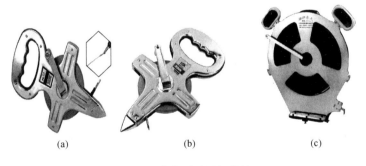

(a)　　　　　　　　　(b)　　　　　　　　　(c)

图4-1　建筑测量用钢卷尺

我国现行《钢尺制造标准》（GB 10633）中规定，在标准温度20℃、标准拉力50N的情况下钢尺全长最大允许误差为30m尺不超过6.3mm、50m尺不超过10.3mm。目前市售长钢卷尺自身长度误差很大，所有尺的名义总长均与其实际总长不符，自身精度1/5000左右的长钢卷尺凤毛麟角。我国建筑施工规范规定轴线尺寸的放样精度应不低于1/6000，显然，精度1/5000左右长钢卷尺（已经是最高精度级别的钢尺了）是无法满足施工规范对放样精度要求的，因此，建筑测量用钢卷尺必须通过鉴定后才能使用（使用鉴定后的钢卷尺进行建筑施工放样可以达到1/10000甚至更高的精度）。

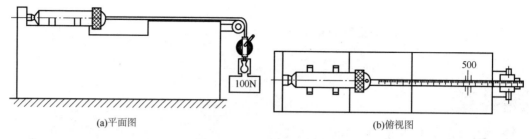

(a)平面图　　　　　　　　　　　　　　　　(b)俯视图

图 4-2　平台法鉴定钢卷尺

钢卷尺的鉴定方法很多，比如基准线鉴定法、直接比长法等。基准线鉴定法一般由测绘产品质量监督部门进行，直接比长法适用于自我鉴定不具有法律效力。经典的鉴定方法是平台法，见图 4-2。在弹性限度内，钢尺的长度具有随温度和拉力变化而变化的特性。钢尺的拉力伸长量 Δ 与拉力增量 ΔF、钢尺全长 L、钢尺截面积 Q、钢尺弹性模量 E 间的关系基本服从虎克定律，即

$$\Delta=\frac{\Delta FL}{(QE)}$$

式中，Δ、L 单位为 m；Q 单位为 m^2；ΔF 单位为 N；E 的单位为 Pa；钢的弹性模量 E 为 $(2.0\sim2.1)\times10^5$ MPa。

钢尺长度随温度变化的变化量 ΔL_t 为

$$\Delta L_t=\mu L\Delta t$$

式中，Δt 为温度变化量，单位℃；L 为钢尺全长，单位 m；μ 为钢尺的线膨胀系数，$\mu=(1.15\sim1.26)\times10^{-5}/℃$，通常取 $\mu=1.2\times10^{-5}/℃$；ΔL_t 为温差 Δt 时钢尺的全长伸长量，单位 m。

鉴于上述原因，钢尺鉴定和钢尺量距时必须采用统一的拉力值，即应确保钢尺鉴定和钢尺量距时的拉力增量 $\Delta F=0$。这样就可以忽略钢尺长度因拉力变化而发生的变化。若钢尺鉴定和钢尺量距时的温度相同则钢尺长度随温度变化而发生的变化也就不存在了，但钢尺鉴定和钢尺量距时的温度一般是不相同的，因此，钢尺长度随温度变化而变化的 ΔL_t 是必须考虑的。我国测绘系统规定钢尺鉴定和钢尺量距时必须采用统一的拉力值 100N，100N 被称为钢尺的标准拉力 F。

钢卷尺鉴定的目的是获得钢卷尺在标准拉力 F、鉴定温度 t_0 时的真实全长 L_0，通过钢卷尺鉴定可以得到钢卷尺的真长关系式

$$L_0=L+KL$$

式中，L 为钢卷尺的名义全长；K 为 t_0 温度下钢卷尺每米长度改正数。人们习惯将 KL 用 ΔL 表示，ΔL 也因此而被称为钢卷尺的全长改正数，即 $\Delta L=KL$，ΔL 可以通过与标准长度比对获得。L_0、L、ΔL 单位均为 m；K 的单位为 m/m。

若使用鉴定后的钢卷尺在标准拉力 F、温度 t 情况下量距，则该种情况下该钢卷尺的真实全长 $L_t=L_0+\Delta L_t=L_0+\mu L\Delta t=L_0+\mu L(t-t_0)=L+KL+\mu L(t-t_0)$，于是，就有了钢卷尺鉴定后的尺长方程式 $L_t=L+KL+\mu L(t-t_0)$ 或 $L_t=L+\Delta L+\mu L(t-t_0)$，尺长方程式是钢卷尺鉴定后的唯一结论和技术成果。若使用鉴定后的钢卷尺在标准拉力 F、温度 t 情况下量距得到的钢卷尺名义长度为 S，则该种情况下名义长度 S 的真实长度 S_t 为 $S_t=S+KS+\mu S(t-t_0)$ 或 $S_t=S+S\Delta L/L+\mu S(t-t_0)$。

4.2 建筑测量用钢卷尺的使用

测量上要求的距离是指两点间的水平距离（简称平距），若测得的是倾斜距离（简称斜距）还须将其改算为平距。钢尺量距通常仅用于短距离（50m 以内）的、精度要求不太高（1/2000～1/6000）的丈量工作。钢尺量距就是利用具有标准长度的钢尺直接量测两点间距离的工作，按丈量精度的不同可分为普通量距和精密量距。丈量距离的工具除钢尺外还有标杆（或花杆）［图 4-3（a）］、测钎［图 4-3（b）］、垂球、弹簧秤［图 4-4（a）］、温度计［图 4-4（b）］等。标杆一般长 2～3m，杆上涂有以 20cm 为间隔的红、白漆，以便远处清晰可见，用于标定方向；测钎，一般长 0.3m 左右，用于标定尺子端点的位置及计算丈量过的整尺段数；垂球用来投点；弹簧秤和温度计用以控制丈量拉力和测定温度。

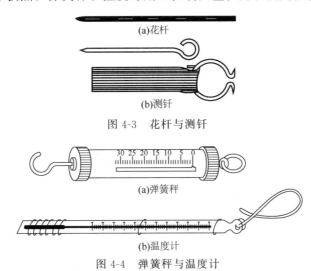

图 4-3 花杆与测钎

图 4-4 弹簧秤与温度计

测量用钢卷尺长度有限，当测量的距离大于钢卷尺全长时就必须将待量的距离分成若干短的线段（称分段），然后逐段丈量，最后再将各段数据相加从而完成距离丈量工作。将待量距离分成若干短线段的工作称为直线定线工作，即使若干空间点位于同一个铅垂面内的工作。因此，钢尺量距的主要工序有 3 个，即直线定线、分段丈量、数据处理，分段丈量要求往返进行，即先由 A 一段接一段地丈量到 B，再由 B 一段接一段地丈量到 A。直线定线的方法通常有目估定线和仪器定线（借助经纬仪、电子全站仪、水准仪等测绘仪器）两种。直线定线分段点的基本要求可概括为 4 点：①相邻分段点间的空间直线距离应略小于钢卷尺的最大量程（短半米左右）；②相邻分段点间的空间连线上不能有不可动障碍物（比如地面起伏的土丘，若有则必须在不可动障碍物的最高点增加一个分段点）；③分段点处的地面要硬，以确保分段木桩钉入后的稳定性；④分段点的位置应便于量距。

目估定线过程见图 4-5，在需丈量距离的两端点 A 和 B 上竖立标杆，由一测量员站在 A 点标杆后 1m 处，观测另一测量员所持标杆，标杆大致在 AB 方向附近移动，当与 AB 两点的标杆重合时即在同一直线上。

仪器定线时，如经纬仪定线时应首先清除丈量距离的两端点间连线上的障碍物，然后安置经纬仪（或电子全站仪、水准仪等测绘仪器）于 A 点上，对中整平瞄准 B 点，将照准部制动，利用微动螺旋准确瞄准（使十字丝单竖丝平分花杆或花杆中线平分双竖丝），此时，

图 4-5　目估定线

经纬仪望远镜纵转形成的面就是 A、B 点所在的铅垂面，然后转动经纬仪望远镜进行定线，将花杆依次放在各个中间分段点附近移动到花杆被单竖丝平分或花杆中线平分双竖丝时，花杆尖所在的位置就是分段点的位置，即位于 A、B 点所在的铅垂面内，在分段点位置处用锤子将标定点位用的木桩铅直打入土中，然后再将花杆放在木桩上微动，到花杆被单竖丝平分或花杆中线平分双竖丝时，在木桩与花杆尖的接触位置处钉上一个小头的钉子或用细铅笔划个十字叉，十字叉的交点位于木桩与花杆尖的接触位置，则小头钉子的中心或十字叉的交点即为分段点，该点在 A、B 点铅垂面内。这种定木桩位置、钉小头钉子、划十字叉的方法就是各项工程建设测量放样时惯常采用的手法。

　　普通量距的分段丈量可视实际情况的不同采用平量法和斜量法。见图 4-6，平坦区普通量距由 3～4 人配合进行，一人持钢尺零端（称为后司尺员）、一人持钢尺末端（称前司尺员）、另一人记录，丈量时应按定线方向直线状拉紧尺子并目估使尺子水平，后尺手将尺子一端的零点对准 A 点，前尺手紧靠尺于末端的分划线处插入测钎，这样就量完了第一尺段。用同样方法，继续向前量第二、第三……尺段，最后量取不足一整尺的距离 q，则 A、B 的往测水平距离 D_{AB} 为 $D_{AB}=n\times l+q$，其中，n 为整尺段数；l 为钢尺的有效全长，亦即最大量程；q 为不足一整尺的长度，读数至 mm。为进行校核并提高量距精度必须往返丈量，返测时要重新定线，返测水平距离 D_{BA} 的计算方法同往测，根据往测水平距离 D_{AB} 和返测水平距离 D_{BA} 可计算往返丈量的较差 ΔD 与相对较差 K_D，当 K_D 满足规定要求（限差）后（即 $K_D \leqslant K_{max}$）取往测水平距离 D_{AB} 和返测水平距离 D_{BA} 的平均值作为 A、B 点间的最终水平距离 $D_{AB'}$，若 K_D 不满足规定要求（限差）则重新测量一个往测或返测（直到满足要求为止），相应计算公式为 $\Delta D=|D_{AB}-D_{BA}|$，$K_D=\Delta D/[(D_{AB}+D_{BA})/2]=|D_{AB}-D_{BA}|/[(D_{AB}+D_{BA})/2]$，$D_{AB'}=(D_{AB}+D_{BA})/2$。倾斜地面的分段丈量方法有 2 种，即平量法 [图 4-7（a）] 和斜量换算法 [图 4-7（b）]，地面坡度不大时可采用平量法：将尺子拉平然后用垂球在地面上标出其端点，则 A、B 点间的水平距离仍为 $D_{AB}=n\times l+q$，这种量距方法产生误差的因素很多因而精度不高，若地面坡度比较均匀可采用斜量换算法，即沿斜坡丈量出倾斜距离 S 并测出倾斜角 α 或高差 h，然后将 S 换算成水平距离 D，$D=S\cos\alpha$ 或 $D=(S^2-h^2)^{1/2}$。

　　精密量距的分段丈量过程一般需 5 人配合，应使用鉴定过的基本分划为毫米的钢尺，每个分段的丈量主要有以下 5 个过程组成。

　　① 测定待量分段两个木桩顶间的高差 h_1，每段量距前将水准尺或塔尺轻轻放在分段点木桩顶上，用水准仪测定待量分段两个木桩顶间的高差 h_1。

　　② 丈量待量分段斜距 3 次，2 人拉尺、2 人读数、1 人指挥兼记录和读温度。

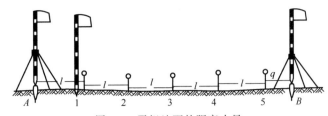

图 4-6　平坦地面的距离丈量

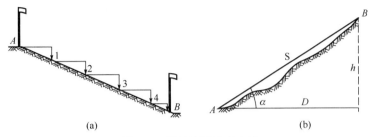

(a)　　　　　　　　　　　　　(b)

图 4-7　倾斜地面距离丈量

③ 丈量时拉伸钢尺置于两木桩顶上，最大限度地靠近木桩但不与木桩接触，丈量过程中不允许触碰木桩，丈量时一人（后尺员）手拉挂在钢尺零分划端的弹簧秤，另一人（前尺员）手拉钢尺另一端（尺架与尺盒位置），前尺员将尺架尖插入土中、别住摇把，后尺员张紧尺子，待弹簧秤上指针指到该尺鉴定时的标准拉力（100N）时后尺员维持标准拉力不再加力后喊"预备"，此时，前尺员和后尺员共同保持钢尺的稳定，前尺读尺员马上先记住钢尺上的大读数然后喊"好"并在喊"好"的同时把钢尺前尺端的全部读数读出来并马上喊出该读数 Q_1（比如"487963"，即 48.7963m），后尺读尺员在前尺读尺员喊"好"的同时把钢尺后尺端的全部读数 H_1 记住，记录员将前尺读尺员喊出的读数 Q_1 记录后念一下刚才记下的 Q_1（称为回报数，目的是防止记录错误），若前尺读尺员认为记录员记录有误则马上提出更正，否则就不做声，后尺读尺员见记录员回报数后前尺读尺员不做声就可立即将自己记住的后尺端的全部读数 H_1 喊出来（比如"2341"，即 0.2341m），记录员再将后尺读尺员喊出的读数 H_1 记录后念一下刚才记下的 H_1，若后尺读尺员认为记录员记录有误则马上提出更正，否则也就不再做声，同时，记录员记下温度 t_1，第一次斜距丈量结束。然后，前尺员放松或摇紧摇把，后尺员相应地往外拉尺或往里送尺，使钢尺在木桩顶的位置发生变化（变化量一般在 10cm 以上），然后重复第一次斜距丈量过程，完成第二次斜距丈量，得第 2 组观测数据 Q_2、H_2、t_2。随后，前尺员再次放松或摇紧摇把，后尺员也相应地再次往外拉尺或往里送尺，使钢尺在木桩顶的位置再次发生变化（变化量在 10cm 以上），然后仍重复第一次斜距丈量过程，完成第三次斜距丈量，得第 3 组观测数据 Q_3、H_3、t_3。

④ 再次测定待量分段两个木桩顶间的高差 h_2。将水准尺或塔尺再次轻轻放在分段点木桩顶上，用水准仪再次测定待量分段两个木桩顶间的高差 h_2，以检查木桩位置的稳定性，并与 h_1 一起共同作为分段倾斜改正的依据计算倾斜改正数。h_1 与 h_2 的互差应不超过 5mm，否则说明木桩在斜距丈量过程中发生了变位应重新丈量斜距三次。

⑤ 在步骤②③完成后进行分段丈量数据的预处理。每个分段的丈量数据共有 11 个，依次是 h_1；Q_1、H_1、t_1；Q_2、H_2、t_2；Q_3、H_3、t_3；h_2。首先计算 3 次丈量的斜距 S_i（$S_i = Q_i - H_i$），S_1、S_2、S_3 的互差应不超过 3mm，否则应重新补量一次斜距。若补量一次仍不合格，则 4 次斜距丈量结果全部作废，重新丈量斜距三次，直到合格为止。该计算工作是在

②过程完成后立即进行，符合要求后即可计算平均斜距 S （$S=\sum S_i/n$）。然后计算 2 次测量的两木桩顶间的平均高差 h，在 h_1 与 h_2 的互差不超过 5mm 前提下取 $h=（h_1+h_2）/2$。最后计算 3 次斜距丈量时的平均温度 t'（$t'=\sum t_i/n$）。分段水平距离的计算主要包含分段斜距 S 的实际长度 S_t [$S_t=S+KS+\mu S（t-t_0）$ 或 $S_t=S+S\Delta L/L+\mu S（t-t_0）$] 和分段的水平距离 D [$D=（S_t^2-h^2）^{1/2}$]。往测各分段水平距离 D 的和即为往测水平距离 D_{AB}，返测各分段水平距离 D 的和即为返测水平距离 D_{BA}，根据往测水平距离 D_{AB} 和返测水平距离 D_{BA} 可计算往返丈量的较差 ΔD 与相对较差 K_D，当 K_D 满足规定要求（限差）后取往测水平距离 D_{AB} 和返测水平距离 D_{BA} 的平均值作为 A、B 点间的最终水平距离 $D_{AB}{}'$。若 K_D 不满足规定要求（限差），则重新测量一个往测或返测，直到满足要求为止。相应的计算公式仍为 $\Delta D=|D_{AB}-D_{BA}|$，$K_D=\Delta D/[（D_{AB}+D_{BA}）/2]=|D_{AB}-D_{BA}|/[（D_{AB}+D_{BA}）/2]$，$D_{AB}{}'=（D_{AB}+D_{BA}）/2$。

钢尺距离丈量时往返丈量的两次结果一般不完全相等，这说明丈量中不可避免地存在误差。为保证丈量所要求的精度，必须了解距离丈量中的主要误差源，并采取相应的措施消减其影响。钢尺距离丈量的误差可概括为以下 7 点：尺长误差、温度变化误差、拉力误差、钢尺不水平误差、定线误差、风力影响误差、其他误差。

第5章
手持式激光测距仪

5.1 手持式激光测距仪的特点

1960年世界上第一台红宝石激光器的诞生使得距离测量摆脱了对尺子的依赖,测绘进入了激光测量的时代。激光测距具有测程长、精度高、操作简便、自动化程度高的特点。目前激光测距的最高精度可达±(0.1mm+0.1mm/km)。

目前,人们习惯将激光测距仪与电子经纬仪集成在一起构成电子全站仪,或者说是将激光测距仪变成电子全站仪的一个部件,单独用于测距的激光测距仪已非常罕见,短距测量采用的激光测距仪一般都非常小巧,手持式激光测距仪就是目前最常见、使用最普遍的激光测距仪。图5-1为几种典型手持式激光测距仪的外貌及典型手持式激光测距仪的操作面板。典型手持式激光测距仪的零位一般为底部平面(特殊需要时也可设定在腰部或顶部平面)。手持式激光测距仪测量不需要反射镜,利用目标对测距激光的自然反射就可获得高精度的距离(最远测程300m、精度优于1/30000)。手持式激光测距仪应用领域很广,测量不便时可采用、环境干扰时可采用、建筑装修时可采用、房产测量时也可采用。

5.2 手持式激光测距仪的使用

图5-2是一个典型手持激光测距仪,以此为例介绍一下手持激光测距仪的使用方法。操作面板见图5-2(b),显示屏见图5-2(c)。

手持激光测距仪使用前应务必认真阅读随机用户手册里的所有条款和操作指南,不遵循这些安全条款和操作指南可能会导致危险的激光辐射伤害、电击或者人身伤害。

安装/更换电池时应打开电池仓盖,把电池正确地放入电池仓,盖回电池仓盖。当电池电量过低时,显示屏上代表电池的图标将会在显示屏上持续闪烁(此时应尽快更换新电池),应使用碱性电池。手持激光测距仪长期不用时应将电池取出。

手持激光测距仪可以设定单位。长按图5-2(b)中的3键可切换所需要的单位。可供选择的单位包括长度——0.000m、0.00m、0.00ft、$0'0''^{1/16}$、$0^{1/16}$ in 等,面积——0.000m^2、0.00m^2、0.00ft^2、0.00ft^2、0.00ft^2 等,体积——0.000m^3、0.00m^3、0.00ft^3、0.00ft^3、

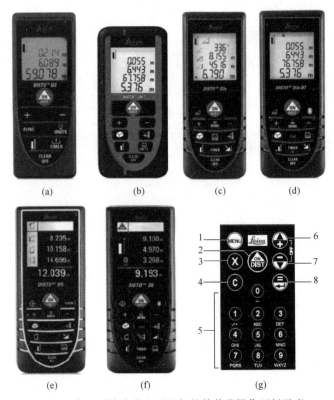

图 5-1 典型手持式激光测距仪的外貌及操作面板示意

1—菜单键；2—启动和测量键；3—乘/延迟测量键；4—清除键；5—文字与数字键盘 0～9；

6—加/前进键；7—减/后退键；8—等于/回车键

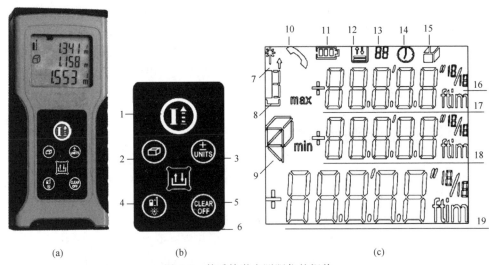

图 5-2 某手持激光测距仪的概貌

1—【开机/单次测量/连续测量】键；2—【面积/体积/勾股测量功能】键；3—【加/减/单位】键；

4—【基准边/显示屏照明】键；5—【清除/关机】键；6—【数据存储】键；7—激光开启指示符；

8—测量基准边；9—面积/体积/勾股；10—硬件错误指示符；11—电池电量指示；12—数据存储指示符；

13—数据储存数量；14—定时测量指示符；15—墙面测量指示符；16—单位（包括乘方、立方）；

17—辅助显示 2；18—辅助显示 1；19—主显示

0.00ft³ 等。

启动/关闭应遵守相关规定。按图 5-2（b）中的 1 键仪器和激光同时启动，仪器进入待测模式。按住图 5-2（b）中的 5 键约 2 秒可以关闭仪器，3 分钟内未对仪器进行操作仪器会自动关闭。

图 5-2（b）中的 5 键兼有【清除键】功能，按它可取消最后一个指令，在同一功能内单次测量（面积或体积等）时可以用该清除键清除测量结果、重新测量。

长按图 5-2（b）中的 4 键约 2 秒可以开启或关闭显示屏照明。

仪器默认的基准边是仪器后端，短按图 5-2（b）中的 4 键可以切换基准边（关机后则恢复默认设置）。

单次测量时可短按图 5-2（b）中的 1 键开启激光，再次短按此键则完成测量。

连续测量时可短按图 5-2（b）中的 1 键开启激光，长按此键约 2 秒开始连续测量，若要停止连续测量则应再次短按此键，连续测量时主显示区显示最新测量值，辅助显示区显示测量过程中的最大值和最小值。

应正确使用【加/减】功能。单段距离、面积、体积测量均可通过加/减运算进行累加或累减操作。短按图 5-2（b）中的 3 键可进行加法或减法切换（运算符号会显示在主显示的前面），选定运算法后，在距离测量模式下测量完成后会自动进行运算（结果显示在主显示区，测量值在辅助显示区）；在面积、体积模式下完成面积或体积测量后按图 5-2（b）中的 1 键才进行运算（结果显示在主显示区，最新测量值在辅助显示区）。

应正确使用【面积】功能。短按图 5-2（b）中的 2 键直到"斜矩形"显示在显示屏上，按图 5-2（b）中的 1 键完成第一条边测量，再按图 5-2（b）中的 1 键完成第二条边测量后会自动进行面积运算（结果显示在主显示区）。

应正确使用【体积】功能。短按图 5-2（b）中的 2 键直到"斜立方体"显示在显示屏上，按图 5-2（b）中的 1 键分别完成三条边测量后会自动进行体积运算（结果显示在主显示区，辅助显示区显示相关信息）。

应正确使用【勾股】功能。勾股测量主要用于测量被测物体有遮挡或没有有效反射面，因而不能直接测量的距离。只有当激光束与被测目标形成直角后才能获得准确的测量值。短按图 5-2（b）中的 2 键直到"直角三角形"显示在显示屏上，根据屏幕提示按图 5-2（b）中的 1 键分别完成直角边-直角边或斜边-直角边测量后会自动进行勾股运算，结果显示在主显示区。短按图 5-2（b）中的 2 键直到"带高的任意三角形"显示在显示屏上，根据屏幕提示按图 5-2（b）中的 1 键分别完成三条边的测量（测第二条边时应保持与目标边垂直，或采用连续测量由仪器自动选取最小值的方式获得），计算结果显示在主显示区。在勾股模式下测量时直角边长度必须小于斜边长度，否则仪器会显示提示信息号。在勾股模式下测量时应确保从同一个起始点开始测量；斜边-直角边模式还应确保直角边与被测面垂直。

应正确使用【数据存储/调用】功能。长按图 5-2（b）中的 6 键，直到"含下箭头槽"显示在显示屏上，将主显示区的值存储为常数，用于以后的各功能计算。短按图 5-2（b）中的 6 键，直到"含上箭头双线槽"显示在显示屏上，按图 5-2（b）中的 3 键循环查看储存的数据，可按图 5-2（b）中的 1 键调出用于各功能计算。短按图 5-2（b）中的 6 键，直到"含上箭头槽"显示在显示屏上，此时主显示屏上的数据为先前预置的常数，可按图 5-2（b）中的 1 键调出用于各功能计算。

应重视仪器的提示信息。使用仪器的过程中，在显示屏上可能会出现如下提示信息。204 指数据溢出，一般重复步骤可以解决；205 指测程超限；252 指温度太高；253 指温度太低；255 指接收信号过弱可找测量反射能力强的目标点；256 指接收信号过强可找测量反射能力弱的目标点；257 指勾股测量违规，在这种情况下可重新测量，确保斜边大于直角边；258 指初始化出错，一般重新开机可解决此问题；出现"电话"符号指硬件错误，此信号若在多次开关仪器后仍然出现，应与生产厂家或其经销商联系。

以 Leica DISTO™ D5 为例，其面板、电池安装、基准边、使用领域及方法见图 5-3 中的相关图解。

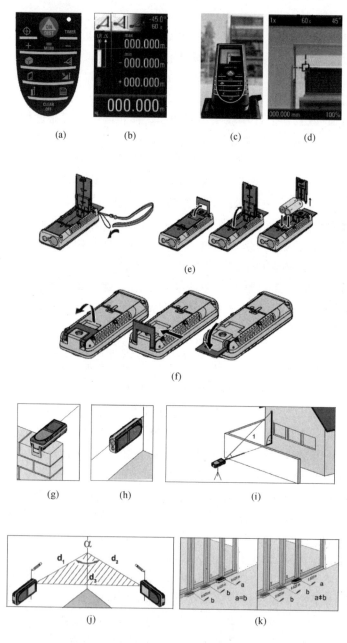

图 5-3

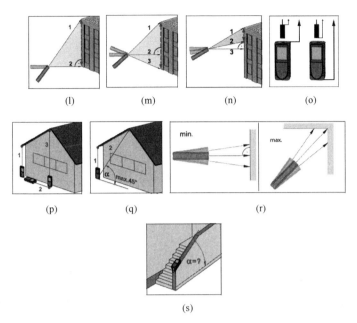

图 5-3　Leica DISTO™ D5 使用图解

　　激光测距仪测距值的归算应遵守相关规定。将测距值归算为椭球面上的距离应合理处理数据，短距时可采用简便方法归算到大地水准面上（这也是电子全站仪广泛采用的形式），即 $S=D(1-H/R)$，其中，D 为处在反射镜高程面上的水平距离；H 为反射镜处的高程；R 为地球平均曲率半径；S 为大地水准面（平均海水面）上的距离。将测距值归算为高斯平面上的距离也应合理处理数据，归算到高斯平面上的距离公式为 $s=S\{1+[m-1+Y^2/(2R^2)]\}$，其中，$s$ 为高斯平面上的距离；S 为椭球面上的距离；m 为尺度因子（通常 $m=1$）；Y 为测距边两端点近似横坐标的平均值；R 为地球平均曲率半径。

第6章
GNSS接收机

6.1　全球导航卫星定位系统（GNSS）概貌

6.1.1　全球导航卫星定位系统（GNSS）的基本特征

当前，全球导航卫星系统（GNSS）主要有 GPS、GLONASS、COMPASS、GALILEO 等 4 种星座系统，整个 GNSS 系统为任何装备了 GNSS 接收机的近地用户提供了全球、全天候、24 小时的定位、测速和定时服务。

除了这 4 种系统外，人们也可以借助 SBAS（WASS/EGNOS/MSAS/QZSS）系统以及 CORS 系统进行地面定位。

尽管 GPS、GLONASS、GALILEO、北斗导航（COMPASS）等 4 种星座系统在技术细节上有许多差别，但它们都由三个基本组成部分，即空间部分、控制部分、用户部分。空间部分为 GNSS 卫星，每颗卫星都配备了时钟和无线电设备，这些卫星不间断地连续播发数据信息，比如星历、历书、时间与频率的改正等。控制部分为分布在地球上的地面站，地面站负责监控卫星并向卫星上传数据以确保卫星正常地发送数据，这些数据包括星钟改正和新的星历，卫星位置作为时间的函数。用户部分即 GNSS 的使用者，泛指使用 GNSS 接收机并用相应的卫星系统进行定位的民用和军方用户。

借助 GNSS 系统可以计算绝对位置。计算绝对位置时，固定的或移动的接收机要确定它在地心坐标系统下的三维坐标。为了计算位置坐标，接收机必须观测出仪器到至少四颗卫星之间的距离（称为伪距），观测的伪距必须经过钟差（接收机时钟相对于 GPS 时间的偏差）改正和大气影响产生的信号延迟改正。卫星的位置坐标由接收机收到的导航信息中的星历数据计算获得。如果仅使用单一的卫星系统则至少需要接收到四颗卫星信号才能够计算出接收机的位置坐标；因为不同系统之间存在有时间差如果使用混合的多个卫星系统则至少需要接收到五颗卫星信号才能够计算出接收机的位置坐标。

借助 GNSS 系统可以计算差分位置，即 DGPS。DGPS 又称为差分 GPS，是一种相对定位技术，其利用两台或更多的接收机接收到的数据借助复杂的算法进行综合处理从而高精度地计算出接收机的位置坐标。DGPS 具有不同的技术模式，根据使用的 GNSS 观测数据类型的不同可分为码相位差分观测和载波相位差分观测；根据实时输出结果和后处理输出结果的要求不同可分为实时 DGPS 和后处理 DGPS。

GNSS 系统的定位质量决定于精度、可用卫星、完整性等 3 大要素。定位结果的精度主要取决于可见卫星数、信号完整性以及卫星的几何分布，即所谓的几何精度因子或 DOP，差分 GPS 定位（DGPS 和 RTK）能有效减小大气和轨道误差并削弱美国国防部对 GPS 信号采取 SA（反电子欺骗）时的影响，视野内卫星越多、信号越强、DOP 值越小则定位的精度也就越高。可用卫星数量的多寡影响位置的计算精度，可用卫星越多则定位越精确。容错能力强可使定位结果有更好的完善性并提高定位精度，可将几种因素组合起来提高容错能力，比如，借助接收机自主完善性监测（RAIM）侦测发现有故障的 GNSS 卫星并从定位计算中将它们删除；仅使用 GPS 或 GLONASS 或 COMPASS 定位时需锁定 5 颗以上的卫星（在混合定位模式下需锁定 6 颗以上的卫星）；借助卫星广域差分增强系统（WAAS、EGNOS 等）生成并发送 DGPS 改正信息和数据完整性信息（比如卫星的健康状态警告等）；采用最新的星历和历书。

6.1.2 GPS 系统的特点

GPS 是英文 Global Positioning System（全球定位系统）的简称。GPS 起始于 1958 年美国军方的一个项目。20 世纪 70 年代，美国陆海空三军联合研制了新一代卫星定位系统 GPS，主要目的是为陆海空三大领域提供实时、全天候和全球性的导航服务，并用于情报收集、核爆监测和应急通讯等一些军事目的，经过 20 余年的研究实验，耗资 300 亿美元，到 1994 年，全球覆盖率高达 98% 的 24 颗 GPS 卫星星座已布设完成。利用 GPS 定位卫星在全球范围内实时进行定位、导航的系统称为全球卫星定位系统（简称 GPS）。

GPS 导航系统的基本原理是测量出已知位置的卫星到用户接收机之间的距离，然后综合多颗卫星的数据就可知道接收机的具体位置。要达到这一目的，卫星的位置可以根据星载时钟所记录的时间在卫星星历中查出。而用户到卫星的距离则通过记录卫星信号传播到用户所经历的时间，再将其乘以光速得到。

GPS 的空间部分是由 24 颗卫星组成（21 颗工作卫星；3 颗备用卫星），它位于距地表 20200km 的上空，均匀分布在 6 个轨道面上（每个轨道面 4 颗），轨道倾角为 55°。卫星的分布使得在全球任何地方、任何时间都可观测到 4 颗以上的卫星，并能在卫星中预存导航信息，GPS 的卫星因为大气摩擦等问题随着时间的推移，导航精度会逐渐降低。

GPS 的地面控制系统由监测站、主控制站、地面天线所组成，主控制站位于美国科罗拉多州春田市。地面控制站负责收集由卫星传回的信息并计算卫星星历、相对距离、大气校正等数据。

GPS 的用户设备部分即 GPS 信号接收机。其主要功能是能够捕获到按一定卫星截止角所选择的待测卫星，并跟踪这些卫星的运行。当接收机捕获到跟踪的卫星信号后，就可测量出接收天线至卫星的伪距离和距离的变化率，解调出卫星轨道参数等数据。根据这些数据，接收机中的微处理计算机就可按定位解算方法进行定位计算，计算出用户所在地理位置的经纬度、高度、速度、时间等信息。接收机硬件和机内软件以及 GPS 数据的后处理软件包构成完整的 GPS 用户设备。GPS 接收机的结构分为天线单元和接收单元两部分。接收机一般采用机内和机外两种直流电源。设置机内电源的目的在于更换外电源时不中断连续观测。在用机外电源时机内电池自动充电。关机后机内电池为 RAM 存储器供电，以防止数据丢失。

目前各种类型的接收机体积越来越小，重量越来越轻，便于野外观测使用。其次则为使用者接收器，现有单频与双频两种，但由于价格因素，一般使用者所购买的多为单频接收器。

6.1.3　GLONASS 系统的特点

GLONASS（格洛纳斯）是俄语中"全球卫星导航系统 GLOBAL NAVIGATION SAT-ELLITE SYSTEM"的缩写，其作用类似于美国的 GPS、欧洲的 GALILEO（伽利略）卫星定位系统。GLONASS 开发于 1976 年的苏联时期，现在由俄罗斯继续该计划，俄罗斯 1993 年开始独自建立本国的全球卫星导航系统，2007 年开始运营（当时只开放俄罗斯境内卫星定位及导航服务），2009 年其服务范围已拓展到全球，该系统主要服务内容包括确定陆地、海上及空中目标的坐标及运动速度信息等。

GLONASS 星座卫星由中轨道的 24 颗卫星组成，包括 21 颗工作星和 3 颗备份星，分布于 3 个圆形轨道面上，轨道高度 19100km、倾角 64.8°，可提供高精度的三维空间和速度信息，也提供授时服务。

GLONASS 与 GPS 有许多不同之处。一是卫星发射频率不同，GPS 的卫星信号采用码分多址体制，每颗卫星的信号频率和调制方式相同，不同卫星的信号靠不同的伪码区分。而 GLONASS 采用频分多址体制，卫星靠频率不同来区分，每组频率的伪随机码相同。由于卫星发射的载波频率不同，GLONASS 可以防止整个卫星导航系统同时被敌方干扰，因而，具有更强的抗干扰能力。二是坐标系不同，GPS 使用世界大地坐标系（WGS−84），而 GLONASS 使用苏联地心坐标系（PE−90）。三是时间标准不同，GPS 系统时与世界协调时相关联，而 GLONASS 则与莫斯科标准时相关联。2011 年 7 月 GLONASS 系统正式全面运行。俄罗斯计划到 2020 年前将全球通信卫星增加至 53 颗，将遥感卫星数量增加至 27 颗，导航卫星增加至 30 颗，到 2030 年将通信卫星、遥感卫星和导航卫星分别增加至 77 颗、34 颗和 36 颗以上。未来的 GLONASS 系统将完全达到美国 GPS 卫星导航系统标准。

6.1.4　GALILEO 系统的特点

GALILEO 伽利略卫星导航系统（Galileo Satellite Navigation System）是由欧盟研制和建立的全球卫星导航定位系统。2011 年"伽利略"卫星首发成功。2012 年 10 月第三颗和第四颗"伽利略"在轨验证（IOV）卫星搭乘"联盟"火箭发射升空，这些新卫星加入了 2011 年发射的首批两颗伽利略卫星的体系，定位于距地 23222km 高的中地球轨道，从而完成 IOV 阶段所需的基础设施部署并首次实现了仅仅基于伽利略卫星进行地面定位估算。IOV 阶段后将是继续按需部署卫星和地面段并最终实现"全面运行能力"达到服务预期。首批 22 颗"全面运行能力"卫星由德国建造，德国还负责平台和最终卫星的集成。英国萨里卫星技术有限公司负责建造有效载荷。

伽利略定位系统是欧盟一个正在建造中的卫星定位系统，有"欧洲版 GPS"之称。伽利略定位系统计划总共发射 30 颗卫星，其中 27 颗卫星为工作卫星，3 颗为候补卫星。该系统除了 30 颗中高度圆轨道卫星外，还有 2 个地面控制中心。

6.1.5　北斗卫星导航系统 COMPASS 系统的特点

COMPASS（北斗卫星导航系统）是由中国自行研制的全球卫星定位与通信系统（CNSS），是继美全球定位系统（GPS）和俄 GLONASS 之后第三个成熟的卫星导航系统。

系统由空间端、地面端和用户端组成，空间端包括 5 颗静止轨道卫星和 30 颗非静止轨道卫星。地面端包括主控站、注入站和监测站等若干个地面站。用户端由北斗用户终端以及与美国 GPS、俄罗斯 GLONASS、欧洲 GALILEO 等其他卫星导航系统兼容的终端组成。可在全球范围内全天候、全天时为各类用户提供高精度、高可靠定位、导航、授时服务并具短报文通信能力。2011 年 12 月 27 日起，COMPASS 开始向中国及周边地区提供连续的导航定位和授时服务。2012 年 5 月 COMPASS 拥有在轨卫星 12 颗，初步具备区域导航、定位和授时能力，定位精度优于 20m、授时精度优于 100ns（纳秒）。2012 年 9 月 11 日北斗（上海）位置综合服务平台和上海北斗导航及位置服务产品检测中心（筹）启动建设。2020 年中国北斗系统将有能力参与全球竞争。

北斗卫星导航系统致力于向全球用户提供高质量的定位、导航和授时服务，包括开放服务和授权服务两种方式。开放服务是向全球免费提供定位、测速和授时服务，定位精度 10m、测速精度 0.2m /s、授时精度 10ns。授权服务是为有高精度、高可靠卫星导航需求的用户提供定位、测速、授时和通信服务以及系统完好性信息。

北斗导航终端与 GPS、GALILEO 和 GLONASS 相比，优势在于短信服务和导航结合并增加了通信功能；全天候快速定位，极少的通信盲区，精度与 GPS 相当，而在增强区域（也就是亚太地区）甚至会超过 GPS；向全世界提供的服务都是免费的，在提供无源定位导航和授时等服务时，用户数量没有限制且与 GPS 兼容；特别适合集团用户大范围监控与管理，以及无依托地区数据采集用户数据传输应用；独特的中心节点式定位处理和指挥型用户机设计，可同时解决"我在哪？"和"用户在哪？"问题；自主系统，高强度加密设计，安全、可靠、稳定，适合关键部门应用。北斗一号系统属于有源定位系统，系统容量有限，定位终端比较复杂。

北斗卫星导航系统的工作过程是：首先由中心控制系统向卫星Ⅰ和卫星Ⅱ同时发送询问信号，经卫星转发器向服务区内的用户广播。用户响应其中一颗卫星的询问信号，并同时向两颗卫星发送响应信号，经卫星转发回中心控制系统。中心控制系统接收并解调用户来的信号，然后根据用户的申请服务内容进行相应的数据处理。对定位申请，中心控制系统测出两个时间延迟：即从中心控制系统发出询问信号，经某一颗卫星转发到达用户，用户发出定位响应信号，经同一颗卫星转发回中心控制系统的延迟；从中心控制发出询问信号，经上述同一卫星到达用户，用户发出响应信号，经另一颗卫星转发回中心控制系统的延迟。由于中心控制系统和两颗卫星的位置均是已知的，因此由上面两个延迟量可算出用户到第一颗卫星的距离以及用户到两颗卫星距离之和，从而知道用户处于一个以第一颗卫星为球心的一个球面和以两颗卫星为焦点的椭球面之间的交线上。另外中心控制系统从存储在计算机内的数字化地形图查寻到用户高程值，又可知道用户处于某一与地球基准椭球面平行的椭球面上，从而中心控制系统可最终计算出用户所在点的三维坐标，这个坐标经加密由出站信号发送给用户。

"北斗"卫星导航定位系统的军事功能与 GPS 类似，民用功能包括个人位置服务、气象应用、道路交通管理、铁路智能交通、海运和水运、航空运输、应急救援等。

6.1.6 CORS 系统的特点

CORS 连续运行参考站系统，是指利用多基站网络 RTK 技术建立的连续运行卫星定位服务综合系统（Continuous Operational Reference System）。CORS 系统是卫星定位技术、计算机网络技术、数字通信技术等高新科技多方位、深度结晶的产物。CORS 系统由基准站网、数据处理中心、数据传输系统、定位导航数据播发系统、用户应用系统五个部分组成，各基准站与监控分析中心间通过数据传输系统连接成一体，形成专用网络。CORS基准站网由范围内均匀分布的基准站组成，负责采集GPS卫星观测数据并输送至数据处理中心，同时提供系统完好性监测服务。CORS的数据处理中心是系统的控制中心，用于接收各基准站数据，进行数据处理，形成多基准站差分定位用户数据，组成一定格式的数据文件，分发给用户。数据处理中心是CORS的核心单元，也是高精度实时动态定位得以实现的关键所在，中心24小时连续不断地根据各基准站所采集的实时观测数据在区域内进行整体建模解算，自动生成一个对应于流动站点位的虚拟参考站（包括基准站坐标和GPS观测值信息）并通过现有的数据通信网络和无线数据播发网向各类需要测量和导航的用户以国际通用格式提供码相位/载波相位差分修正信息，以便实时解算出流动站的精确点位。CORS的数据传输系统是指各基准站数据通过光纤专线传输至监控分析中心，该系统包括数据传输硬件设备及软件控制模块。CORS的定位导航数据播发系统通过移动网络、UHF电台、Internet等形式向用户播发定位导航数据。CORS的用户应用系统包括用户信息接收系统、网络型RTK定位系统、事后和快速精密定位系统以及自主式导航系统和监控定位系统等，按照应用精度的不同用户服务子系统可分为毫米级用户系统、厘米级用户系统、分米级用户系统、米级用户系统等；按照用户应用的不同可分为测绘用户与工程用户（厘米、分米级）、车辆导航与定位用户（米级）、高精度用户（事后处理）、气象用户等几类。

　　CORS系统彻底改变了传统RTK测量作业方式，其优势体现在8个方面：改进了初始化时间、扩大了有效工作的范围；采用连续基站，用户随时可以观测，使用方便，提高了工作效率；拥有完善的数据监控系统，可有效地消除系统误差和周跳，增强差分作业的可靠性；用户不需架设参考站，真正实现单机作业，减少了费用；使用固定可靠的数据链通信方式，减少了噪声干扰；提供远程Internet服务，实现了数据的共享；扩大了GPS在动态领域的应用范围，更有利于车辆、飞机和船舶的精密导航；为人类智慧空间建设提供了新的契机。

　　"空间数据基础设施"是信息社会、知识经济时代必备的基础设施。CORS是"空间数据基础设施"最为重要的组成部分，可以获取各类空间的位置、时间信息及其相关的动态变化。通过建设若干永久性连续运行的GPS基准站，提供国际通用各式的基准站站点坐标和GPS测量数据，以满足各类不同行业用户对精度定位、快速和实时定位、导航的要求，及时地满足区域规划、国土测绘、地籍管理、城乡建设、环境监测、防灾减灾、交通监控、矿山测量等多种现代化信息化管理的社会要求。CORS的建立可以大大提高测绘精度速度与效率，降低测绘劳动强度和成本，省去测量标志保护与修复的费用，节省各项测绘工程实施过程中约30％的控制测量费用。CORS的建立可以对工程建设进行实时、有效、长期的变形监测，对灾害进行快速预报，CORS项目完成将为区域诸多领域如气象、车船导航定位、物体跟踪、公安消防、测绘、GIS应用等提供精度达厘米级的动态实时GPS定位服务，将极大地加快该区域基础地理信息的建设。CORS是区域信息化的重要组成部分，可由此建立起区域空间基础设施的三维、动态、地心坐标参考框架，从而从实时的空间位置信息面上实现区域真正的数字化。CORS建成能使更多的部门和更多的人使用GPS高精度服务，它必将在区域经济建设中发挥重要作用，由此带给区域巨大的社会效益和经济效益是不可估量的，它将为区域发展进一步提供良好的建设和投资环境。

6.2　GNSS 接收机的特点

　　GPS 卫星接收机种类很多，根据型号分为测地型、全站型、定时型、手持型、集成型；根据用途可分为车载式、船载式、机载式、星载式、弹载式等。

　　GNSS 接收机按接收机载波频率的不同可分为单频接收机和双频接收机。单频接收机只能接收 L1 载波信号测定载波相位观测值进行定位，由于其不能有效消除电离层延迟影响，故单频接收机只适用于短基线（<15km）的精密定位。双频接收机可同时接收 L1、L2 载波信号，其可利用双频对电离层延迟的不同消除电离层对电磁波信号延迟的影响，因此双频接收机可用于长达几千千米的精密定位。

　　GPS 接收机能同时接收多颗 GPS 卫星的信号，为了分离接收到的不同卫星的信号以实现对卫星信号的跟踪、处理和量测必须采用专门的器件，具有这样功能的器件称为天线信号通道。GNSS 接收机根据接收机所具有通道种类的不同可分为多通道接收机、序贯通道接收机、多路多用通道接收机。

　　GNSS 接收机按接收机工作原理的不同可分为码相关型接收机、平方型接收机、混合型接收机、干涉型接收机。码相关型接收机利用码相关技术得到伪距观测值。平方型接收机利用载波信号的平方技术去掉调制信号以恢复完整的载波信号，通过相位计测定接收机内产生的载波信号与接收到的载波信号之间的相位差测定伪距观测值。混合型接收机综合了前述两种接收机的优点，既可以得到码相位伪距，也可以得到载波相位观测值。干涉型接收机将 GPS 卫星作为射电源，采用干涉测量方法测定两个测站间距离。

　　GNSS 导航终端可以导航路线，让用户在陌生的地方不迷路，划出路线让用户到达目的地，告诉用户自己当前位置和周边的设施等等。系统广泛应用于公安、医疗、消防、交通、物流等领域。跟随 GPS 的一系列关联的应用都涉及数学和算法、GIS 系统、地图投影、坐标系转换等。

6.2.1　IGS 的特点与作用

　　在全球地基 GPS 连续运行站（约 200 个）的基础上所组成的国际 GPS 服务 IGS（International GPS Service）是 GPS 连续运行站网和综合服务系统的范例。它无偿向全球用户提供 GPS 各种信息，比如 GPS 精密星历、快速星历、预报星历、IGS 站坐标及其运动速率、IGS 站所接收的 GPS 信号的相位和伪距数据、地球自转速率等，这些信息在大地测量和地球动力学方面支持了无数的科学项目，包括电离层、气象、参考框架、精密时间传递、高分辨的推算地球自转速率及其变化、地壳运动等。IGS 现在提供的轨道有三类，即最终（精密）轨道、快报轨道、预报轨道。IGS 还可提供极移和世界时信息，GPS 作为一种空间大地测量技术，本身并不具备测定世界时（UT）的功能，但由于一方面 GPS 卫星轨道参数和世界时相关，另一方面，也和测定地球自转速率有关，自转速率又是世界时的时间导数，因此 IGS 仍能给出每天的日长（LOD）值。

6.2.2　测地型 GNSS 接收机的特点

　　使用合适的 GPS 接收机进行测量可以为用户提供精确的定位结果，这是任何测量工程所必需的。下面以目前世界最先进、全功能型、最新型的拓普康 Hiper V GNSS 接收机为例

（见图 6-1）介绍一下测地型 GNSS 接收机的特点。

图 6-1　拓普康 Hiper V GNSS 接收机

拓普康 Hiper V GNSS 接收机是拓普康 Hiper 家族中的又一力作，由美国拓普康定位系统公司倾心制造。Hiper V 作为一款专业型、高精度 GNSS 接收机，具有集成度高、功能全面的特点，可满足高精度 GNSS 应用领域的各种需求。Hiper V 采用了拓普康最新一代的 Vanguard™芯片技术和 Fence Antenna™天线，具有 226 个超级通用通道，支持现存及未来规划的所有卫星系统信号的接收。其特点可概括为以下 5 个方面：支持四星信号跟踪；采用性能优良的拓普康栅栏天线技术；高度集成、配置灵活；机身轻巧、坚固耐用；专业设计、操作简便。拓普康 Hiper V 的相关技术参数见表 6-1。拓普康 Hiper V 高度集成整机，集接收机、卫星天线、电台通信、手机模块、电池、内存卡、多状态指示灯、语音提示等为一体，功能强劲，拓普康公司可根据用户自身的应用需求和资金情况提供定制的配置方案，比如用户既可选择基本型的静态接收机，也可购买全功能型的含电台和手机模块的 RTK 型接收机，搭配多样、配置灵活。配合拓普康专业的野外采集软件 MAGNET Field 一起使用可轻松实现点位测量、连续测量、线路放样等，内业数据处理采用 MAGNET Tools 软件可快捷地处理、导出所有外业采集的数据进而满足用户在 GNSS 定位领域应用的诸多需求，在仪器高测量、记录静态数据等方面也有诸多独特的人性化设计，使用户的野外测量工作变得轻松、快捷。

表 6-1　拓普康 Hiper V 的相关技术参数

卫星跟踪	
芯片	最新一代的 Vanguard™芯片，支持四星，226 个超级通用通道
跟踪信号	GPS、GLONASS、SBAS（WASS/EGNOS/MSAS/QZSS）、GALILEO、COMPASS
天线类型	内置栅栏天线（Fence Antenna）
定位精度	
RTK（L1+L2）	H：10mm+1.0mm/km；V：15mm+1.0mm/km
静态后处理（L1+L2）	H：3mm+0.5mm/km；V：5mm+0.5mm/km
静态后处理（L1）	H：3mm+0.8mm/km；V：4mm+1mm/km
DGPS	<0.5m
数据通信	
蓝牙	一级蓝牙，115200bps
电台	内置 UHF 全波段收、发及中继电台
手机模块	可选内置 HSPA（3.5G，向下兼容 GPRS/GSM）或 CDMA 模块
串口	7 芯串行输入输出

续表

数据通信	
数据储存	可拆卸式 SD/SDHC 存储卡，标准 1GB，最大支持 32GB
采样率	1～20Hz（标配 10Hz）
差分数据输入/出	支持 TPS，RTCMv2.x，3.x（推荐使用）；CMR/CMR+
ASCⅡ输出	支持 NMEA0183v2.x，3.0
外业操控软件	拓普康 MAGNETTM Field
物理指标	
大小	184mm×95mm（D×H）
外壳	坚固的镁合金外壳
重量	1000～1280g（取决于配置）
状态显示	丰富的 LED 状态指示灯——22 个
电池	可充电锂电池 7.2V，5240mAh（标配两块），充电时间＜4 小时。
输入电压（直流）	6.7～18V
电源接口	5 芯密封输入
静态及蓝牙工作时间	单块电池典型＞7.5 小时
RTK 工作时间	单块电池典型＞5.0 小时
典型功耗	4.0W
环境	
工作温度	−40℃～+65℃
贮存温度	−40℃～+70℃
湿度	100%防冷凝
防水等级	IP67，可承受 1m 水下短时浸泡
抗摔	可承受 2m 自由落体至硬地面

接收机已具备充裕的通道数跟踪现有及未来规划中卫星系统的信号，在 GALILEO 或 COMPASS 完全具备商业化运营条件时接收机可开通对上述卫星系统的跟踪

6.3　GNSS 接收机的使用

　　GNSS 接收机的使用方法非常简单，有点类似于电脑或手机，使用前也需要预先安装像 Windows、安卓之类的系统软件。下面以近几年比较普及、国内应用较普遍的傻瓜型一体式 GNSS 接收机为例介绍一下 GNSS 接收机的基本特点及使用方法。需要强调的是利用 GNSS 接收机确定点的平面位置具有很高的精度，完全可以满足各种土建施工的平面定位要求，但不可以用 GNSS 接收机进行高程测量，因 GNSS 接收机测得的高程为 GPS 大地高，土建工程需要的高程是正常高。GPS 大地高与正常高之间的转换非常复杂，需要特殊的技术措施和合理的计算模型支持。土建工程施工精度要求不高时可将两点 GPS 高程间的差值作为两点间的正常高高差，即等同于通过水准仪获得的两点间的高差，这种 GPS 高差测量的方法在 500m 范围内与水准仪测量结果的偏差大概在 5cm 以内。

6.3.1 傻瓜型一体式 GNSS 接收机的特点

大多数傻瓜型一体式 GNSS 均为 72 通道的 GNSS 接收机，通常配置有可拆卸的电池、两个数据接口、一个控制器接口用于控制和查看数据、外置存储卡插槽、内置电台和蓝牙模块、并可选配 GSM/GPRS 模块。打开傻瓜型一体式 GNSS 接收机电源并完成自检时接收机会对 72 个通道进行初始化并开始跟踪可见的 GPS、GLONASS、COMPASS 和 GALILEO 卫星，接收机的每个通道都能用于跟踪 C/A-L1、P-L1 及 P-L2 信号，72 个可用通道使得接收机能在任何时间、任何地点都能同时跟踪所有可见的 GPS、GLONASS、COMPASS 和 GALILEO 卫星。根据接收机的选项，傻瓜型一体式 GNSS 接收机可执行以下 8 方面功能，即多路径抑制；卫星广域差分增强系统（WAAS、EGNOS 等）；可调的锁相环（PLL）和延迟锁定环（DLL）参数；双频静态、动态、实时动态（RTK）和差分 GPS（DGPS）测量模式；自动记录数据；设置不同的截止高度角；设置不同的测量参数；静态或动态模式。

6.3.2 傻瓜型一体式 GNSS 接收机的结构

典型的傻瓜型一体式 GNSS 接收机的结构见图 6-2，主要有上盖、保护圈、下盖、控制面板等组成。

傻瓜型一体式 GNSS 的先进设计大大减少了用户使用接收机时的电缆数量，因而工作更可靠、效率更高（尤其是在接收机移动时），仪器外壳内设计了安装空间以便安装可拆卸式可充电电池、SD/MMC 和 SIM 卡槽、蓝牙模块、多系统接收机主板、电台模块等。一般内置有 TX/RX/RP 电台模块和 GSM/GPRS 模块、两个数据接口、一个电源接口、一个控制面板（用于控制数据的输入/输出并查看其状态）、电台中继站。

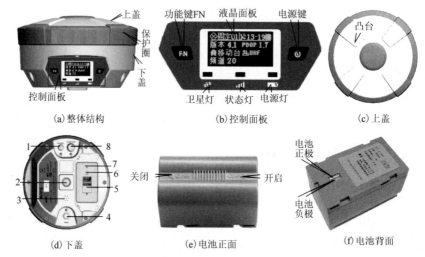

(a) 整体结构　　(b) 控制面板　　(c) 上盖

(d) 下盖　　　(e) 电池正面　　　(f) 电池背面

图 6-2　典型的傻瓜型一体式 GNSS 接收机的结构

1—五芯插座及防护塞；2—连接螺孔；3—喇叭；4—电台天线连接座；5—SIM 卡槽；6—弹针电源座；
7—电池仓；8—八芯插座及防护塞

控制面板是接收机的最小操作界面，用于显示和控制数据的输入/输出。电池指示灯显示每个电池的状态。状态（STAT）指示灯显示跟踪卫星的状态：红色闪烁表示接收机已经开机但还没有跟踪到卫星，绿色闪烁表示接收机已经开机且已经跟踪到了 GPS 卫星，每闪烁一次表示跟踪到了一颗 GPS 卫星，橙色闪烁表示接收机已经开机且已经跟踪到了 GLO-

NASS卫星，每闪烁一次表示跟踪到了一颗GLONASS卫星。记录（REC）指示灯显示数据记录的状态，绿色每闪烁一次表示数据正在写入SD/MMC卡；橙色表示接收机正在改变模式；橙色闪烁表示接收机正在检查内部文件系统；红色表示接收机有故障。电台（RX-TX）指示灯显示电台模块的状态，不亮表示模块已经关闭；绿色闪烁表示模块处在接收状态；绿色表示数据链已经建立且模块可以接收数据；"绿色不闪＋红色闪烁"表示模块正在接收数据；红色表示模块处在发射状态；红色闪烁表示检测到了故障；"红色闪烁＋绿色闪烁"表示模块正处于命令模式。GSM/GPRS显示无线网络连接状态，指示灯出现橙色（红色和绿色）表示模块正在初始化；绿色闪烁表示模块已经开机且已经注册上网络并正在等待呼叫（被动模式）；红色表示连接已经建立；绿色闪烁表示模块处在直接控制模式；橙色闪烁表示模块出现错误（比如初始化错误、PIN码错误等）。蓝牙（BT）指示灯显示蓝牙无线通信的状态，蓝色闪烁表示蓝牙模块已经打开但还没有建立连接；蓝色表示蓝牙模块已经打开且已建立连接；不亮表示蓝牙模块已经关闭。电源键的作用是对接收机进行开机或关机。功能/记录键（FUNCTION）可以完成不同的功能，比如切换接收机信息模式和后处理模式、开始/停止数据记录、设置串口波特率为9600等，（FUNCTION）通常与记录（REC）指示灯的状态联动。功能/记录键（FUNCTION）键模式为"观测模式"。

　　傻瓜型一体式GNSS一般有三个接口，USB接口用于接收机与外接设备的高速数据传输（接口端一般为黄色）；串口用于接收机与外接设备的数据传输（接口端一般为黑色）；电源口用于连接接收机与外接电源（接口端一般为红色）。外接电台天线接口大多位于仪器壳的顶部并采用TNC接头，底部的连接头可连接接收机和标准5/8″测杆头或快速连接器。SD/MMC卡槽和SIM卡槽一般位于两块电池的两边上部。SD/MMC卡槽位于控制面板左边、电池卡槽的上部，连接选购的SD/MMC卡和接收机主板来提供内存。SD/MMC卡一旦插入后一般不再取出，卡中存储的数据可以通过USB、串口、蓝牙等进行传输。SD/MMC卡大多可以在市面上购买到。SIM卡槽位于控制面板右边、电池卡槽的上部，用于将标准的SIM卡安装到接收机中。SIM卡一旦插入后，提供接收机的GSM模块一个唯一的标识号，启动接收机的GSM功能和相应的服务（接收机主板连接GSM模块，GSM模块上插了SIM卡）。SIM卡插入后一般不再取出，可以用程序来设置插有SIM卡的GSM模块，SIM卡大多可以在市面上购买。

　　傻瓜型一体式GNSS标准配置包括数据通信线和电源线等用于设置接收机和供电。连接电源插座和充电器的电缆一般有不同的制式，分美式、欧式、澳式等。接收机电源线包括接收机电源端口至SAE接头的电缆、接收机充电电缆、USB电缆、串口电缆。傻瓜型一体式GNSS标准配置中一般还会有一些附件一起，比如SD卡（大于128MB）、钢卷尺（大于3m）、可升缩的测杆、电缆包等。电源/充电器连接到接地的插座上时可给接收机内置电池充电，也能作为外接电源使用。电台/GSM天线支持电台模块和GSM模块，其接头为TNCRF阳口。基座和基座连接器用于整平三脚架并将接收机或天线强制固定在三脚架上。快速连接器可连接接收机和测杆，利用快速连接器可以方便快速地连接/拆卸接收机和测杆。精密基座连接器用于在某点上精密对中、定向、整平三脚架，连接头插入精密基座并将接收机固定在精密基座上。手簿用于在野外直接设置和监控傻瓜型一体式GNSS基准站和流动站，可以使用随机的野外数据采集软件和接收机设置及监控软件来设置和管理接收机。ODU到夹口电缆用于观测时连接接收机和外接电源来给接收机供电。通常，所有的接收机出厂时都带有一个临时的OAF文件，允许在预定的一段时间内使用接收机，下列功能选项可通过 OAF 打开，比如信号类型；外置 SD 卡；标准更新率 1Hz；RTK 更新率 1Hz、5Hz、10Hz 或 20Hz；RTCM/CMR 输入/输出；高级多路径抑制；广域增强系统（WAAS）；接收机自主完善性监测（RAIM）等，完整的可用功能选项可访问仪器厂家的网站或联系仪器代理商。

6.3.3　傻瓜型一体式 GNSS 接收机测量前的准备工作

用傻瓜型一体式 GNSS 进行测量前需要安装厂家提供的软件并进行必要的设置，即安装接收机设置软件；安装 SD 卡和/或 SIM 卡；电池充电；电源设置（机内电池或外接电池）；设置蓝牙模块；采集星历。安装软件可通过 GPS+CD 盘来安装。还应安装用于控制 GPS+接收机的 Windows® 兼容软件，该类软件使用 GPS 接收机接口指令来设置在内置电池完全充满电的情况下诊断接收机的性能。同时，应安装厂家的 Modem 程序，Modem 程序用于设置接收机内的电台。应安装 BTCONF 程序，BTCONF 程序用于设置接收机内的蓝牙模块，应使用最新的版本来正确设置接收机。每次执行 BTCONF 程序设置蓝牙模块时 BTCONF 会保存设置值到一个文件，比如 btconf.ini。每次改变了蓝牙模块的设置时 BT-CONF 程序都会自动更新这一文件。如果想对不同的应用保存唯一的蓝牙模块设置，只要在不同的文件夹下面保存 BTCONF 程序即可。应安装 FLoader 程序，FLoader 程序用于装在接收机内的电源板、GPS 主板、电台模块的固件，应使用最新的版本来正确设置接收机。应安装选购 SD 卡和 SIM 卡，SD 卡用作记录数据的存储器，SIM 卡用于两个带 GSM 模块的接收机之间利用手机通信来传输数据。安装 SD 卡时应确认接收机已经关机，应取下接收机电池，小心插入 SD 卡（标志面朝下，从电池仓上边的插槽内插入 SD 卡），接收机开机状态不能取出 SD 卡，不正确取出 SD 卡将可能会毁坏数据。安装 SIM 卡必须支持电路切换数据模式来直接在接收机之间通信，SIM 卡必须具有 GPRS 功能来支持 GPS 网络 IP 通信，基准站和流动站都必须具有 SIM 卡。安装 SIM 卡时应确认接收机已经关机，应取下接收机的电池，需要时应先将 SIM 卡插入卡套内，接收机一旦开机其主板将会检测 SIM 卡并准备好要使用它。应对接收机与计算机电池充电，开始工作前给电池充足电以便工作最长的时间。电池装在接收机上时连接电源充电器到接收机电源口可以给电池充电且可以两块电池同时充电。

按住电源键直到指示灯短暂闪烁是再释放可打开接收机。按住电源键 1~4s（直到 STAT 与 REC 指示灯熄灭），即可关闭接收机，这个时间延迟（约 1s）用来防止误关接收机的。

要设置接收机、管理文件或者维护接收机需连接计算机与接收机并运行管理软件，连接可使用配备蓝牙的外部设备（计算机/控制手簿）；或使用一条 RS-232 数据电缆；或使用一条 USB 数据线和一台安装了 USB 驱动程序的计算机。

6.3.4　傻瓜型一体式 GNSS 接收机的设置

必须根据要求的测量方法来设置基准站和流动站接收机。在需要实时定位结果的应用中，基准站接收机提供正确计算流动站接收机的位置所需的改正信息。基准站通常应在已知点上设立并采集 GPS/GLONASS 卫星信号（一旦接收机接收到卫星信号即可通过其载波和码相位准确计算和验证其位置），然后，接收机通过电台（或 GSM）将该改正信息传送到流动站接收机。流动站接收机接收来自基准站的改正信息后准确地计算其点位坐标。需要后处理应用时，多台接收机通常采用相同的时间间隔、分别记录公共卫星的码相位和/或载波相位的原始观值，然后使用后处理软件来计算处理。

应正确进行接收机设置。可以采用几种方式设置傻瓜型一体式 GNSS 接收机以便采集 RTK 或后处理数据，比如静态基准站采集观测数据并将该数据存入内存；RTK 基准站采集观测数据、计算差分改正数并将差分改正数发送到 RTK 流动站；静态流动站在与静态基准站相同的时间间隔内采集公共卫星的观测数据；RTK 流动站采集观测数据并从 RTK 基准站接收差分改正数以计算其相对位置；流动站作为中继站向其他流动站接收机转发 RTK 基准站的差分改正数从而扩大了 RTK 的作业范围。

对最常见的应用推荐采用下列基准站和流动站设置，当然也可以根据工程应用的需要来设置参数。连接接收机与计算机；在计算机上运行 PC-CDU（显示 PC-CDU 主屏）；点击文件连接；在连接参数对话框上选择参数并点击连接；点击设置接收机并点击应用；点击将所有参数设为默认值；点击控制面板选项卡并设置相关参数然后点击应用；点击定位选项卡并将高度角设为 10°（或 15°）然后点击应用。对于基准站接收机点击基准站选项卡并设置相关参数然后点击应用，指定的基准测量坐标与天线 L1 相位中心相关。对于流动站接收机点击流动站选项卡并设置相关参数然后点击应用，继续进行 RTK 测量。

RTK 测量应点击接口选项卡并选择串行接口，设置相关接口参数后点击应用，对后处理测量则应保留这些参数的默认值，点击高级选项卡后点击多路径选项卡设置相关参数并点击应用。点击确定以存储设置并关闭对话框。一旦设置接收机则设置会始终保留直到使用 PC-CDU 等软件或清除 NVRAM 从而改变设置为止（详细的设置基准站和流动站接收机的设置可参考 PC-CDU 参考手册）。继续进行其他设置（或点击文件断开），然后点击文件退出。

6.3.5 傻瓜型一体式 GNSS 接收机的观测设置

在接收机开始观测之前需对其进行观测设置。傻瓜型一体式 GNSS 接收机既可用作基准站又可用作流动站。观测期间可以操作控制面板来记录数据、改变接收机模式并查看数据记录状态和卫星信息。

（1）傻瓜型一体式 GNSS 接收机的观测设置　一个典型的 GPS 测量系统应该包括基准站（安置在已知点上）和流动站（安置在未知点上）。设置基准站和流动站接收机后必须测量天线高度。采集数据前应确保基准站和流动站接收机具有当前的星历数据。

① 架设接收机。在安置流动站接收机之前必须先安置基准站、记录观测数据并发送差分改正数。对后处理测量，基准站接收机不需要设置为发送差分改正数。基准站接收机和流动站接收机的设置方法同前。设置基准站接收机的过程有 6 步：a. 在已知控制点上安置三脚架；b. 将通用基座固定到三脚架上；c. 将连接头插入精密的基座支架；d. 将傻瓜型一体式 GNSS 接收机固定到连接头上，将电台天线安装到电台天线接口上；e. 整平基座并拧紧中心固紧螺钉；f. 根据需要安装其他附件，如备用电源等。设置流动站接收机应遵守相关规定，需要时可将快速连接头安装在测杆上；将傻瓜型一体式 GNSS 接收机安装到快速连接头上并确保接收机已锁定到位；将电台天线安装到电台天线接口上。

② 测量天线高度。测量天线相对测点的高度不仅对高程测量很重要，对平面位置测量也很重要。平面位置测量一般在很大的区域内进行，这个区域通常只能近似为平面，因此天线位置必须以三维方式进行改正，然后再投影到二维平面上。接收机计算的是天线相位中心

的坐标，为了求出测点标志中心的坐标用户必须确定一些关键性参数，这些关键性参数包括天线到测点标志中心高度（量取）、测量天线高度的方式、所用天线的类型等，天线高有垂高和斜高两种量测方式，垂高是指从测点标志中心到接收机底部固定螺丝基座上天线高参考点（ARP）的距离，斜高是指从测量点标志中心到接收机前后面板上斜高测量标志（SHMM）处下边沿的距离。利用 GPS/GLONNASS 信号直接测量的点被称为天线的相位中心，这个位置类似于测距仪测量的是棱镜内部的一点，用户必须输入棱镜常数以补偿该点不在棱镜反射表面的偏差），使用 GPS/GLONASS 天线时输入的偏移量取决于天线的量高方式，对"垂高"而言这个偏移量只是简单的加到量取的天线高上以获得一个"真实"的垂高。对"斜高"必须先用天线半径计算出垂直高度再加上相应的偏移量。由于测量斜高的参考点与测量垂高的参考点位置不一样，因此，斜高的偏移量与垂高的偏移量是不同的。

③ 启动接收机。共有 5 步动作，即量测测点标志中心到天线的斜高或垂高（见图 6-3），外业时在记录本中记录接收机 SN 号、天线高、点名和开始观测时间。按电源键并释放、打开接收机电源，刚开始 STAT 指示灯将会闪红色。当接收机锁定一颗或多颗卫星时 STAT 指示灯将会闪绿色（表示 GPS 卫星）、黄色（表示 GLONASS 卫星），短促的红色闪烁表明接收机还没有解算出位置。当短促的红色闪烁消失后，接收机已能定位并可以开始测量。

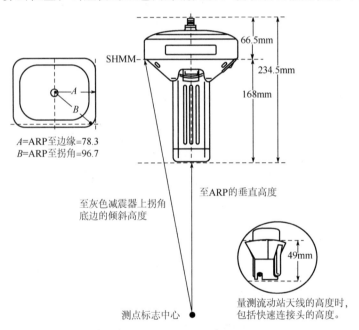

图 6-3   天线偏移量测量

④ 采集数据。按住 FUNCTION 功能键 1～5 秒即可开始采集数据，当 REC 指示灯变绿时释放 FN 键（表明一个文件已经打开并开始了数据采集，每次数据写入到内存时 REC 指示灯都会闪烁绿色），数据采集完成时按住 FUNCTION 功能键直至 REC 指示灯熄灭，要关闭接收机时应按住电源键直至所有的指示灯都熄灭、然后释放。

（2）控制面板操作   使用控制面板可以执行下列各项功能：打开或关闭接收机将接收机置于休眠模式；开始或结束数据记录（FUNCTION 功能键）；改变接收机信息显示模式；显示跟踪到的 GPS 卫星数（绿色）和 GLONASS 卫星数（橙色）（STAT 指示灯）；显示数据记录状态（REC 指示灯）；每次记录数据到内存的时候进行指示（REC 指示灯）；做动态

后处理测量的时候使用 FUNCTION 功能键显示后处理模式的状态（静态或动态）；显示内置电池状态（电量足、电量中等、电量低，BATT 指示灯）；显示接收机的电源（BATT 指示灯）；电台接收到信号的时候显示电台的状态（TX、RX 指示灯）；显示蓝牙状态（BT 指示灯）。

要打开/关闭接收机可按下电源键，开机按下电源键直到控制面板的指示灯短暂闪烁为止；关机按下电源键直到指示灯不亮为止、然后松开。要开始/停止记录数据则按下 FUNC-TION 功能键 1～5 秒，在数据记录期间 REC 指示灯显示为绿色（可以用 PC-CDU 设置采样率），每次向接收机的 SD/MMC 卡中写入数据时接收机 REC 指示灯会闪绿色，若 REC 指示灯显示红色则说明剩余内存不足、存在硬件故障、没有 SD/MMC 卡或者是 OAF 文件不合适。使用 PC-CDU 可启用接收机 FUNCTION 功能键的模式，用于静态测量的"LED 闪烁模式切换"或用于动态测量的"观测模式切换"。每次打开或关闭数据记录功能时将会打开一个新文件或者将数据附加到原有的文件上。使用 PC-CDU 启用了"观测模式切换"时按下 FUNCTION 功能键不到 1 秒即可实现后处理模式间的切换。使用 PC-CDU 启用了"LED 闪烁模式切换"时按下 FUNCTION 功能键不到 1 秒即可改变接收机的信息模式。按下 FUNCTION 功能键 5～8 秒松开后可将接收机 A 口波特率设置为 9600bps 从而改变接收机串口的波特率（一旦外业手簿不支持接收机设置的接口波特率，可利用该项功能强制地将接收机 A 口波特率设置为 9600bps），在约 5 秒后 REC 指示灯变成红色，在随后的 3 秒钟期间松开 FUNCTION 功能键即可。

（3）基准站静态测量　静态测量是经典的测量方法，对所有长度的基线（短、中、长）都非常适用。静态测量至少需要两台接收机，将天线在基线两个端点的测量标志中心上对中整平，在一个时段内同时采集原始观测数据。这两台接收机跟踪四颗或更多的卫星并有相同的采样率（5～30 秒）和截止高度角。观测时段长度可从几分钟至几小时变化，最佳的观测时段长度取决于测量员的经验和以下 8 方面因素：所测基线的长度；可见卫星数量；卫星的几何精度因子（DOP）；天线的位置；电离层的活跃水平；使用接收机的类型；所要求的测量精度；求解整周模糊度参数的必要性。一般情况下，单频接收机可测量不超过 15km 的基线。对于 15km 或更长的基线应使用双频接收机。

双频接收机主要有两个优势。首先，双频接收机可以估计并几乎完全消除电离层对码相位和载波相位的影响，在长基线观测或电离层风暴期间可比单频接收机提供更高的精度。其次，双频接收机只需更短的观测时间即可达到所需的精度要求。测量结束后接收机采集的数据可以下载到计算机里并使用后处理软件处理。

用控制面板进行静态测量的过程有 6 步：①连接接收机与计算机；②运行 PC-CDU；③点击高级选项卡后点击多路径抑制选项卡设置相关参数然后点击应用；④点击共同跟踪选项卡并设置相关参数然后点击应用；⑤按架设接收机的规定对天线和接收机进行架设；⑥开始测量。

（4）流动站动态测量（走走停停模式）　在动态、走走停停测量中，固定不动的接收机（基准站）架设在一个已知点（比如测量标石）上或者一个未知点上。基准站接收机连续跟踪卫星信号并将原始数据记录到接收机内存中；流动站接收机架设在一个未知点上以静态模式采集 2～10 分钟的数据，完成之后将流动站接收机设为动态模式并移到下一个测点，到达该测点及以后各测点上时接收机设为静态模式采集原始数据。也就是说，流动站接收机移动时设为动态模式，在每个测点上采集数据时设为静态模式。

流动站动态测量（走走停停模式）的过程有 8 步。①按照前述基准站静态测量中的介绍用 PC-CDU 设置并架设基准站接收机。②连接流动站接收机与计算机、运行 PC-CDU，点击设置→接收机→控制面板进行相关参数设置，然后点击应用。③将流动站接收机架设到未知点上并按电源键让接收机采集 2～10 分钟的静态数据（REC 指示灯将显示黄色）。④查看 STAT 指示灯显示的卫星跟踪情况。⑤观测结束后按 FUNCTION 功能键小于 1 秒使流动站接收机进入动态观测模式（若 REC 指示灯闪绿色则表明当前观测模式为动态；若闪黄色则表明当前观测模式为静态）。⑥将流动站接收机移动到测点，按 FN 键小于 1 秒，以静态模式采集 2～10 分钟的数据。⑦重复前述 2 个步骤直至测完所有的点（在点上观测的时间与静态测量一样取决于相同的因素）。⑧观测结束后按 FN 键 1～5 秒停止数据记录（必要时可关闭接收机）。

流动站动态测量方法可使作业人员减少在点上的观测时间。因此，相较其他可用的测量方法而言，动态测量可让测量人员观测更多的点。

（5）流动站动态测量（连续动态测量模式）　连续动态测量即所谓的边界测量（流动站接收机不需要在每个测点上静止记录数据然后再移动到下一个点，流动站可以一直保持移动）。如果开始点（流动站）坐标已知，流动站可以不需要初始化，整周模糊度参数在流动站移动时解算（称为"整周模糊度的动态解算"）。如果出现失周（比如障碍物阻挡了卫星），接收机将在移动中重新初始化。观测完成后，接收机采集的原始数据可以下载到计算机上使用后处理软件进行解算。

流动站动态测量（连续动态测量模式）的过程有 7 步。①使用 PC-CDU，按"基准站静态测量"设置基准站接收机并架设基准站。②使用 PC-CDU 连接计算机与流动站接收机，点击设置→接收机→控制面板进行相关参数设置然后点击应用。③将流动站接收机架设在开始点上然后按电源键，观测几分钟以便接收机采集历书。④查看 STAT 指示灯显示的卫星跟踪情况。⑤按住 FN 键 1～5 秒，在动态模式下开始采集数据（天线状态为动态）。⑥沿着选定的边界移动流动站接收机。⑦流动站接收机移动到边界另一端时停止观测几分钟，完成之后按 FN 键停止记录数据并关闭接收机。

（6）RTK 测量　RTK 测量与上述动态测量一样，一个接收机用作基准站并进行观测（其天线附装到固定三脚架或其他一些设备上）；另一个接收机用作流动站并进行观测（使用天线，天线附装到移动标杆上并移到观测点）。与后处理动态测量不同，RTK 测量利用基准站和流动站之间的通信链路。基准站接收机使用电台链路向流动站接收机发送其测量和位置数据，流动站依据发送的数据及其自己的观测数据立即进行基线分析并输出结果。RTK 测量中使用的具体设置可参考"电台设置"和"接收机设置"中的相关要求。使用 PC-CDU监控实时动态流动站接收机应检查主屏幕上的 LQ 字段以确保接收机获得差分校正值。通常，接收机会在 10～30 秒内开始输出天线相位中心坐标以及解算类型。但电台和 GSM 电话则可能需 60 秒进行同步。

Geo 选项卡上显示的大地坐标始终采用 WGS84 计算，并有导航解、码差分解、实时动态浮点解、实时动态固定解等 4 种解算类型。导航解是指接收机在自主模式下不使用差分校正值计算三维坐标。码差分解是指流动站接收机在差分模式下只使用伪距计算当前相对坐标。实时动态浮点解是指流动站接收机在差分模式下使用伪距和相位计算当前相对坐标，但采用浮点解算法，其相位整周模糊度不是固定的整数，相反使用的是"浮动"估算值。实时动态固定解是指流动站接收机在差分模式下将相位整周模糊度确定为固定整数时计算的当前相对坐标。

LQ 字段反映接收的差分信息的状态并包含 4 方面信息：①数据链路质量（以百分比计）；②自最后接收到的信息起过去的时间（以秒计）；③收到的正确信息的总数（取决于收到的信息类型）；④收到的损坏信息的总数（取决于收到的信息类型）。如果接收机（因某些原因）未接收差分校正值（或者未设置任何一个接口接收差分校正值）则 LQ 字段为空白或看起来像 100％（999，0000，0000）。

（7）实时动态测量（RTK）　实时动态测量（RTK）是一种差分 GPS 数据处理方法，这些数据（比如差分改正信息）实时地从基准站传输到一个或多个流动站。

① 架设 RTK 基准站。用 PC-CDU 设置 RTK 基准站的步骤有 13 步。a. 按"接收机设置"中的描述设置基准站接收机。b. 如果使用外置 35W 发射电台则将外置 35W 电台连到接收机。c. 架设基准站接收机等仪器设备（在打开发射天线模式前一定要连接电台天线）。d. 按接收机的电源键。e. 查看 STAT 指示灯显示的卫星跟踪状态。f. 使用 PC-CDU 连接接收机与计算机。g. 点击设置→接收机。h. 点击对话框底部，设置所有参数为缺省值。i. 在接收机设置窗口中点击控制面板选项卡并进行所需的设置（可参考 PC-CDU 用户手册）。j. 点击定位选项卡设置截止高度角为 15°，然后点击应用。k. 选择基准站选项卡，设置相关参数，然后点击应用。l. 点击端口选项卡，设置相关端口参数，如果使用内置电台或 GSM 模块通常选择端口 C。m. 点击应用，接收机就开始发送数据到所选的串口。

② 设置 RTK 流动站。按以下 8 个步骤设置 RTK 流动站（设置之前应该设置好电台）。a. 按前面"接收机设置"中的描述架设流动站接收机。b. 使用 PC-CDU 连接接收机与计算机。c. 点击设置→接收机。d. 选择定位选项卡并设置定位中的截止高度角为 15°。e. 点击流动站选项卡并设置所需的定位模式。f. 点击端口选项卡，然后设置串口 C 的相关参数。g. 点击应用。点击确定，关闭接收机设置窗口。h. 在 PC-CDU 主界面中检查 LQ 区域，确认流动站接收机接收到了差分改正数据（一般在 10～30 秒内，接收机将开始输出天线相位中心的坐标及其解的类型）。

Geo 选项卡上显示的大地坐标始终采用 WGS84 计算，并有导航解、码差分解、实时动态浮点解、实时动态固定解等 4 种解算类型。导航解为接收机在自主模式下不使用差分校正值计算的三维坐标。码差分解为流动站接收机在差分模式下只使用伪距计算的当前相对坐标。实时动态浮点解为流动站接收机在差分模式下使用伪距和相位计算当前的相对坐标（但采用浮点解算法，其相位整周模糊度不是固定整数，而是"浮动"估算值）。实时动态固定解为流动站接收机在差分模式下在相位整周模糊度确定为固定整数时计算当前相对坐标。

LQ 字段反映接收的差分信息的状态并包含以下 4 方面信息：①数据链路质量（以百分比计）；②自最后接收到的信息起过去的时间（以秒计）；③收到的正确信息的总数（取决于收到的信息类型）；④收到的损坏信息的总数（取决于收到的信息类型）。如果接收机（因某些原因）未接收差分校正值，或如果未设置任何一个接口接收差分校正值，则 LQ 字段为空白或看起来像 100％（999，0000，0000）。

6.3.6　傻瓜型一体式 GNSS 接收机的文件管理

外业测量工作结束要对数据进行后处理时需要将接收机内存中的数据下载到计算机上。下载并删除文件可以清空接收机内存为下一次测量做准备。有时，可能需要清除接收机的 NVRAM 以消除跟踪卫星的问题。为满足工程应用需要有时可能需要更新接收机的 OAF 以提供扩展的操作和功能。接收机内的各种功能板（GPS、电源、电台和蓝牙）都要求有固件才能正常运行并提供合适的功能。

（1）数据文件下载到计算机　外业测量工作结束可将观测数据文件下载到计算机以便进行后处理、存储或备份。由于接收机内存只能存放有限的文件和信息，所以需下载数据文件到计算机里以防丢失。

使用 Windows 文件管理器下载数据文件时有 8 步。①连接接收机与计算机。②打开 Windows 文件管理器并点击 Receiver 文件夹，窗口的右侧显示区自动开始搜索与任何计算机接口（COM 和 USB）连接的接收机。③完成时将会显示与计算机接口连接的所有接收机。④如欲在找到所需接收机时停止搜索接收机则可点击停止，即可只显示发现的接收机。⑤若欲更新关于与计算机接口连接的接收机的信息则可点击"搜索连接的接收机"。⑥若欲查看关于接收机的信息则可对准所需接收机点击鼠标右键并选择"属性"选项。⑦若欲查看采集到的原始文件则可点击所需接收机。⑧若欲从接收机向文件夹输入文件则可选择所需文件并使用拖拉法复制到文件夹。

使用 Link 下载数据文件时有 8 步。①连接接收机与计算机。②若欲启动 Link 则可点击工具栏上的从设备输入按钮。③从设备输入对话框的左侧，双击接收机。④程序自动搜索与计算机接口（COM 和 USB）相连的接收机，完成时显示与计算机接口相连的所有接收机。⑤若欲查看关于接收机的信息则可对准所需接收机点击鼠标右键并选择"属性"选项。⑥在"从设备输入"窗口的右侧浏览并选择或创建文件夹，用于存储文件。⑦若欲查看采集的原始文件则可双击（或在弹出菜单中点击"选择"）所需接收机；若欲从接收机向计算机传输数据文件以及存入选定的文件夹则可选中所需文件并点击双箭头。⑧显示正在传输的数据文件。

用 PC-CDU 下载文件有 8 步。①连接计算机与接收机。②运行 PC-CDU，在连接参数对话框中打开 RTS/CTS 握手协议并点击连接按钮。③点击文件→文件管理，再点击文件管理对话框中的下载路径选项卡。④选择或建立新的文件夹（使用创建按钮）来保存下载的文件。⑤点击文件下载选项卡选择要下载的文件（要选择多个文件下载，可按住 Shift 键跳跃式地点击文件，即可一次选择多个文件，或按住 Ctrl 键分别点击单个文件）。⑥点击下载按钮开始下载数据，下载期间每个文件旁边的状态指示器会显示文件的下载状态（蓝色表示文件在下载队列中等待下载；红色表示文件正在下载；绿色表示文件已成功下载）。⑦点击文件管理对话框退出按钮。⑧继续进行其他操作，或点击文件→断开，再点击文件→退出，从而退出 PC-CDU。

（2）从接收机 SD 卡删除文件　可按以下 7 步从接收机删除文件。①连接接收机与计算机。②运行 PC-CDU，在连接参数对话框中打开 RTS/CTS 握手协议并点击连接按钮。③点击文件→文件管理，在文件下载选项卡中选择要删除的文件。④点击删除按钮。⑤在删除确认对话框中点击"是"该文件即被删除。⑥点击文件管理对话框的退出按钮。⑦继续进行其他操作，或点击文件→断开，再点击文件→"退出"即可退出 PC-CDU。

（3）管理接收机内存　用接收机作静态或动态测量时有时需要知道接收机记录的文件会占用多少接收机内存。可通过公式大概计算一下所记录文件的大小，以下公式基于缺省的原始数据信息集，即仅记录 L1 数据时 $SS=183+22\times N$；记录 L1 和 L2 数据时 $SS=230+44\times N$。其中，"SS"为接收机记录文件每个历元原始数据大小的估值（以字节表示）；N 为每历元观测到的卫星个数。

（4）管理接收机选项 选项授权文件可用于启用接收机中的某些功能、特点和选项，比如接收机处理的信号类型（L1、L1/L2 等）、接收机可用的内存空间、数据发射或接收速率。

（5）查看接收机的功能选项 可以使用 PC-CDU、计算机、RS-232 数据电缆查看接收机的功能选项以及上装新的 OAF 文件，过程如下。①连接接收机与计算机。②点击工具→接收机选项，功能管理对话框将出现且一般会包含以下 5 方面信息，即"功能"显示功能选项的名称，"当前"显示接收机当前功能状态，"购买"显示当前功能是否购买，"租用"显示当前功能是否租用，"截止日期"显示功能失效的日期。由于功能可以是购买的也可以是租用的，"当前"的状态显示的是当前功能的有效值。功能选项栏的值可以是"1"或"—"（指当前的固件版本不支持该功能）、"0"指该功能不可用、"正整数"指该功能可用、"yes"或"no"指该功能可用或不可用。③查看结束后，点击功能管理窗口中的退出按钮，然后点击文件→断开（以避免串口冲突）。

（6）装载选项授权文件 GNSS 代理商通常会为用户提供选项授权文件（OAF 文件）并提供用户的接收机 ID 号。装载选项授权文件的过程是上装新的 OAF 文件（先执行"查看接收机功能选项"的前 2 个步骤）；点击功能管理窗口底部的升级按钮；找到 OAF 文件的位置且该文件对于每台接收机来讲是唯一的。选择合适的 OAF 文件并点击打开按钮，新的功能选项会上装到接收机中，随后功能管理窗口中的列表将会更新。结束后按退出按钮退出功能管理界面，点击文件→断开（以避免串口冲突）。

（7）清除 NVRAM 接收机的非易失性随机存储器（NVRAM）存放着跟踪卫星所需要的重要数据（比如卫星星历、接收机位置等），NVRAM 里也保存着接收机的当前设置（比如记录截止高度角、采样率、接收机内部文件系统信息等）。尽管清除 NVRAM 不是一项日常操作（接收机正常工作时不推荐使用），但有时清除 NVRAM 可以解决接收机的通信或跟踪问题。清除接收机的 NVRAM 类似计算机的"热启动"。清除 NVRAM 后接收机需要一些时间（约 15 分钟）重新采集历书和星历。清除 NVRAM 并不会删除记录在傻瓜型一体式 GNSS 内存里的任何文件，但它将把接收机置为出厂时的缺省设置。此外，NVRAM 还保存有接收机文件系统的信息。清除 NVRAM 后接收机的 STAT 指示灯将在一段时间内闪烁橙色（表示接收机正在扫描和检查文件系统）。

用控制面板清除 NVRAM 的过程有 6 步：①按电源键关闭接收机；②按住 FUNCTION 功能键；③按住电源键约 1 秒然后释放电源键（但要一直按住 FUNCTION 功能键）；④等到 STAT 和 REC 指示灯都变绿色；⑤等到 STAT 和 REC 指示灯都变为橙色；⑥释放 FUNCTION 功能键（此时 STAT 和 REC 指示灯都闪烁橙色）。

用 PC-CDU 清除 NVRAM 的过程有两步：①连接接收机与计算机；②点击工具→清除 NVRAM（REC 指示灯闪橙色，STAT 指示灯闪红色）。结束后接收机自动断开与 PC-CDU 的连接。

（8）切换接收机工作模式 傻瓜型一体式 GNSS 接收机有三种工作模式：两种信息模式和一种供电模式。"正常模式"为标准测量模式；"扩展信息模式"在正常模式下用于测试。"休眠模式"用于停止记录数据，但使接收机保持通电处于"待机"状态。

扩展信息模式（EIM）通常被用作接收机的测试。在该种模式下，接收机仍然正常工作（但 STAT 指示灯显示扩展信息）。分隔符是一个很容易识别的双闪，它显示出 EIM 模式中执行的各项检测的总体状态，它的闪烁颜色是由其他的闪烁颜色计算得来的，测试完成后它的颜色为以下颜色之一——至少有一个是橙色闪烁；没有橙色闪烁且至少有一个是红色闪烁；所有闪烁都是绿色。在双闪分隔符后有六次闪烁分别对应着六种测试，每次闪烁表示的信息均不相同：第一闪表示数据足够用于定位；第二闪表示 GPS 卫星的信噪比良好；第三闪表示 GLONASS 卫星的信噪比良好；第四闪表示振荡器的频率偏差小于 3×10^{-6}；第五闪表示振荡器的艾伦方差优于 $2.7e^{-10}$；第六闪表示连续跟踪时间大于 15 分钟。在扩展信息模式中，STAT 指示灯每个周期闪 7 次，每次闪烁对应着不同的情况：橙色表示该项测试信息不可用；绿色表示测试通过；红色表示测试失败。要切换到 EIM 模式可在控制面板上快按（一秒以内）FUNCTION 功能键，并观察双闪分隔符，好的接收机和天线在观测条件良好情况下所有的测试应该在开机 15 分钟后闪烁绿色，按 FUNCTION 功能键返回到正常模式。

休眠模式下电池会继续给电源板和蓝牙模块供电，休眠模式是接收机正常的关闭状态。其操作过程为：关闭接收机；按住电源键 4～8 秒；当 REC 和 STAT 指示灯都变成橙色时释放电源键（接收机进入休眠模式）；RS-232 口上的任何信号都将打开接收机。如果按下电源键超过 14 秒接收机将没有任何反应（这是接收机的抗卡键设计）。

（9）检查固件（Firmware）版本　用 PC-CDU 检查接收机的固件版本时应连接接收机与计算机，点击帮助→关于，"关于 PC-CDU"对话框将会打开，"关于 PC-CDU"对话框中列出了各种重要的软硬件信息，结束后点击确定按钮后点击文件→断开（以避免串口冲突）。

（10）上装新的固件　基准站和流动站接收机必须装同一版本的固件。接收机的主板和电源板必须装同一压缩文件中的固件。蓝牙模块的固件独立于主板和电源板，有不同的压缩文件。

（11）上装接收机和电源板固件　接收机主板和电源板的固件以压缩文件的方式发行，可下载并解压缩。压缩文件中通常包含三个文件，即接收机主板的 RAM 文件，比如 ramimage.ldr；接收机主板的 Flash 文件，比如 main.ldp；电源板的 RAM 文件，比如 powbrd.ldr。升级新的固件时必须将这三个文件全部上装且这三个文件必须来自同一固件压缩文件。

以 Floader 软件为例，上装过程为在 Floader 界面中点击 Device 选项卡页面，设置 DeviceType 为 Receiver，然后点击 Getfrom Device 按钮获取设备信息。点击 Program 选项卡，设置 Capture Method 为 Soft Break Capture（推荐）。找到并选择接收机主板的 RAM 文件和 FLASH 文件。点击 Load 按钮，直到固件 100% 的上装到接收机中（如果选择了不正确的文件，在 Floader 对话框底部将显示出错信息，请选择正确的文件）。选择 Device 选项卡，设置 Device Type 为 Receiver's Power Board，点击 Getfrom Device 按钮获取电源板的信息。选择 Program 选项卡，设置 Capture Method 为 Soft Break Capture（推荐）。找到并选择电源板的 RAM 文件。点击 Load 按钮，直到电源板固件 100% 上装到接收机中（如果选择了不正确的文件，在 Floader 对话框底部将显示出错信息，请选择正确的文件）。点击 File→Exit，退出 Floader。上装新的固件后应清除接收机 NVRAM 并重新采集星历。

（12）上装蓝牙模块固件　蓝牙模块的固件以压缩文件的形式发行，应下载并解压缩。压缩文件中一般包含两个文件，即蓝牙模块的 RAM 文件，比如 btloader.ldr；蓝牙模块的 Flash 文件，比如 btmain.ldp。升级新的固件时必须将这两个文件全部上装且这两个文件必须来自同一固件压缩文件。

以 Floader 软件为例，上装过程如下。在 Floader 界面中点击 Device 选项卡，设置 Device Type 为 Receiver，点击 Getfrom Device 获取接收机信息。选择 Program 选项卡，设置

Capture Method 为 Soft Break Capture。找到并选择蓝牙模块的 RAM 文件和 Flash 文件。点击 Load 按钮，直到固件 100% 上装到接收机中（如果选择了不正确的文件，在 Floader 对话框底部将显示出错信息，请重新选择正确的文件）。点击 File→Exit，退出 Floader。

6.3.7 GNSS 观测数据处理中的坐标系转换问题

（1）我国的坐标系统　新中国成立以来，我国先后采用了 3 个坐标系统，即 1954 年北京坐标系、1980 年西安坐标系、2000 国家大地坐标系。不同的坐标系统采用的参考椭球不同，参考椭球的大小和形状决定于其长半径 a 和短半径 b，因此，参考椭球的长半径 a、短半径 b 和扁率 α 就构成了参考椭球的最重要的几何要素，$\alpha = (a-b)/a$。

我国在 1980 年以前采用的国家椭球是前苏联大地测量学家克拉索夫斯基 1940 年推求的参考椭球（称为克拉索夫斯基椭球，$a = 6378245m$、$\alpha = 1/298.3$），利用克拉索夫斯基椭球建立的大地坐标系统称为"1954 年北京坐标系"，该坐标系的大地原点在前苏联的普尔科沃，即我国的"1954 年北京坐标系"是苏联的普尔科沃坐标系在中国境内的延伸，因此，也就带来了一些问题，这些问题包括椭球参数有较大误差（长半轴约大 109m）、参考椭球面与我国大地水准面存在着自西向东明显的系统性倾斜、几何大地测量和物理大地测量应用的参考面不统一、定向不明确等。为了解决以上问题，1980 年我国启用了新的国家大地坐标系统，称为"1980 年国家大地坐标系"（也有人称之为"1980 年西安坐标系"）。

"1980 年国家大地坐标系"采用的国家椭球是 IAG-1975 椭球。IAG-1975 椭球是 1975 年国际大地测量与地球物理联合会（IUGG）第 16 届大会上由国际大地测量协会推荐的一个椭球（是 1975 年国际第三个推荐值，$a = 6378140m$、$\alpha = 1/298.257$），该椭球的地球引力常数 $GM = 3.986005 \times 10^{14} m^3/s^2$、地球重力场二阶带球谐系数 $J_2 = 1.08263 \times 10^{-8}$、地球自转角速度 $\omega = 7.292115 \times 10^{-5} rad/s$、赤道的正常重力值 $\gamma_0 = 9.78032 m/s^2$。"1980 年国家大地坐标系"的大地原点地处我国中部，位于陕西省西安市以北 60km 处的泾阳县永乐镇（见图 6-4）。

(a)大地原点室　　　　　　　　(b)大地原点标志

图 6-4　中国国家大地原点

从 2008 年 7 月 1 日起启用"2000 国家大地坐标系"。"2000 国家大地坐标系"是以"2000 国家大地控制网"为基础建立的。"2000 国家大地坐标系"采用 WGS-84 椭球（即 GPS 采用的参考椭球，$a = 6378137m$、$\alpha = 1/298.257223563$），该坐标系的原点是地球的质心，Z 轴指向 BIH1984.0 定义的协议地球极 CTP 方向，X 轴指向 BIH1984.0 零子午面和

CTP 赤道的交点，Y 轴和 Z、X 轴构成右手坐标系。大地原点与"1980 年国家大地坐标系"相同。

（2）GNSS 观测数据处理中的坐标系自动转换　通过 GNSS 技术获得的是 WGS-84 下的大地坐标，我国除了上述 3 个国家层面上的坐标系统外，还有地方坐标系，如城市坐标系、工程坐标系、矿区坐标系、厂区坐标系以及军用坐标系等。因此，经常需要将通过 GNSS 技术获得的 WGS-84 大地坐标换算为 1954 年北京坐标系、1980 年西安坐标系、2000 国家大地坐标系、地方坐标系、军用坐标系等的坐标，为此，一些国内 GPS 制造商在其后处理软件中配置了相应的转换程序，可以使用户通过 GNSS 技术直接获得 1954 年北京坐标系、1980 年西安坐标系、2000 国家大地坐标系、地方坐标系、工程坐标系等的坐标。

（3）各坐标系间的关系　椭球面上的点位可在各种坐标系中表示，所用坐标系不同其表现出的坐标值也不同。

① 子午面直角坐标系同大地坐标系的关系。过 P 点作法线 P_n，它与 X 轴的夹角为 B，过 P 点作子午圈的切线 TP，它与 X 轴的夹角为（$90°+B$）。子午面直角坐标 x、y 同大地纬度 B 的关系式为 $x=\dfrac{a\cos B}{\sqrt{1-e^2\sin^2 B}}=\dfrac{a\cos B}{W}$，$y=\dfrac{a(1-e^2)\sin B}{\sqrt{1-e^2\sin^2 B}}=\dfrac{a}{W}(1-e^2)\sin B=\dfrac{b\sin B}{V}$。

② 空间直角坐标系同子午面直角坐标系的关系。空间直角坐标系中的 P_2P 相当于子午平面直角坐标系中的 y，前者的 OP_2 相当于后者的 x，并且二者的经度 L 相同。$X=x\cos L$、$Y=x\sin L$、$Z=y$。

③ 空间直角坐标系同大地坐标系的关系。同一地面点在地球空间直角坐标系中的坐标和在大地坐标系中的坐标可用如下两组公式转换。$x=(N+H)\cos B\cos L$、$y=(N+H)\cos B\sin L$、$z=[N(1-e^2)+H]\sin B$ 和 $L=\arctan\dfrac{y}{x}$，$B=\arctan\dfrac{z+Ne^2\sin B}{\sqrt{x^2+y^2}}$、$H=\dfrac{z}{\sin B}-N(1-e^2)$。其中，$e$ 为子午椭圆第一偏心率，可由长短半径按式 $e^2=(a^2-b^2)/a^2$ 算得；N 为法线长度，可由式 $N=a/\sqrt{1-e^2\sin^2 B}$ 算得。

6.3.8　GNSS 观测数据处理中的观测网平差问题

基线向量处理后，用户通常需要对基线处理结果进行进一步的检验，并将基线向量的成果转化成用户需要的国家坐标或地方坐标，这就是网平差所完成的工作。网平差一般可采用自由网平差、三维约束平差、二维约束平差、高程拟合等方法。网平差实际上可分为三个过程，即前期准备工作（由用户完成坐标系的设置、输入已知点的经纬度、平面坐标、高程等）；网平差的实际进行（软件自动完成）；对处理结果的质量进行分析与控制（用户分析处理的过程）。可见，软件只是实现了网平差的解算，更重要的是需要用户参与并最终作出正确的判断，这通常是一个反复的过程。

（1）网平差的前期准备工作

① 坐标系设定。在进行网平差设置之前应检查坐标系的设置是否正确。通常情况下，国内用户选择的坐标系椭球为北京 54、西安 80、国家 2000，用户需要专门设置中央子午线、x 和 y 方向的加常数等。我国开发的软件，用户在安装软件时，北京 54、、西安 80、国家 2000 的椭球参数已经设置到软件系统中去了，并且在建立新项目时用户通常已经输入了坐标系参数，在进行网平差之前进行坐标系的设置是为了进一步检查坐标系参数。

② 网平差的设置。网平差设置共分三部分，即网平差设置、二维平差设置、高程拟合方案等。用户可以选择将要进行的网平差（比如三维平差、二维平差、水准高程拟合等）。国内软件一般不提供自由网平差选项，因为在进行这些联合平差之前软件都将自动进行自由网平差。还可重置中央子午线，因为通常情况下，用户在国内通常只需要使用一组椭球参数（比如北京 54），在不同的地区通常只需要重置中央子午线。

二维联合平差是使用频率最高的平差方法，因为自由网平差后用户得到的仅仅是 WGS-84 基准下的大地坐标，用户要得到国家或地方投影坐标必须要与静态基线网中的已知点联测，从而将基线网中的其他点坐标转换成用户需要的平面坐标。通常在自由网平差后得到 WGS-84 下的大地坐标投影后需要四个转换参数才能得到准确的投影坐标，这四个参数分别为两个平移参数、一个旋转参数、一个比例参数，可以对这四个参数进行选择（默认的选择为平移、旋转、缩放），除非特殊情况建议用户选择默认选项。

水准高程拟合可以对几种拟合方案进行选择，默认为曲面拟合。

③ 已知坐标的输入。在进行了网平差的设置后需要输入已知点的坐标。在观测站点列表窗口查看观测站点的【属性】将出现相应的标签对话框，输入该已知点的固定方式及固定坐标，输入完成后不要忘记勾选约束。在输入已知点坐标时要注意以下 3 点：整个项目中的所有已知点都应该在同一个系统下；已知点的分布要合理；输入高程时要判断该高程为大地高、三角高还是水准高（三维平差时要求的高程为大地高，水准拟合时要求的高程为椭球高，若一个项目中既要输入大地高又要输入水准高，应另起项目名进行分别处理）。

（2）网平差的运行 在工具条上点击网平差按钮软件将根据已知基线解算结果、网平差设置、观测站点坐标进行网平差。

① 提取基线向量网。网平差运行的第一步是提取基线向量网，构成基线向量网的原则有 4 条：这条基线在这个项目中且未被删除；具有起算点名和推算点名的基线；已经对这条基线进行了解算且在基线向量列表中显示了合格的基线；该基线没有设置成不参与基线解算及网平差。凡满足上述 4 个条件的基线将在网平差的第一步自动加载进来以构成基线向量网。

② 基线向量网的连通检验。若网图没有连通就进行平差将出现网平差无法收敛的情况，因此，网平差之前软件将自动对网图进行连通检验。如果网图没有连通应检查能构成基线向量网的基线向量、观测站点名等（在网图的属性中也可以检查网图是否连通）。

③ 自由网平差。网图连通检查后软件将自动进行自由网平差。自由网平差的结果将反映在基线列表窗口、观测站点列表窗口及详细成果输出窗口中。基线列表窗口将显示每一条参与只有网平差的基线的改正数、平差值。观测站点列表窗口将显示观测站点的自由网平差坐标。成果报告输出将以网页的形式显示所有参与自由网平差的基线向量的改正数、平差值以及 X、Y、Z 三个方向及点位中误差等信息。在进行网平差设置之前也可先进行自由网平差（人们也常用自由网平差对基线解算的质量等进行检验）。

④ 三维约束平差。如果在网平差设置时选择了三维约束平差且至少对一个在基线向量网中的观测站点进行 BL（经纬度）或 BLH（经纬度、高程）约束，这样，在进行网平差时将进行三维约束平差。三维约束平差将根据观测站点的约束情况选择待求解的未知数个数，如果选择了三个以上的已知点并且固定了它们的 BLH，则在三维约束平差时将在两个基准之间求解七参数。如果已知约束条件不足，则三维约束平差将根据约束条件选择转换参数（如有三个约束条件则将只求解三个平移参数）。三维约束平差的结果将在观测站点、详细成果输出中反映出来。在成果报告输出网页窗口将以表格方式输出观测站点三维约束平差

后的坐标及点位误差信息。

（3）二维约束平差　如果在网平差设置时选择了二维约束平差且至少对一个在基线向量网中的观测站点进行 x、y（北向、东向）约束，这样，在进行网平差时将进行二维约束平差。二维约束平差的结果将在观测站点列表窗口及详细成果输出网页窗口中显示出来。详细成果输出中会列出二维平差得到的四个转换参数、二维平差每两个相邻点之间的平面距离及误差以及各观测站点的平面坐标及误差。

（4）水准高程拟合　如果在网平差设置时选择了水准拟合且至少对一个在基线向量网中的观测站点进行了 BLH 或 xyH 或 H 中的水准高程约束，这样，在进行网平差时将进行二维约束平差。水准高程拟合的结果将在观测站点列表窗口及详细成果输出网页窗口中显示出来。详细成果输出中将列出水准拟合的方法及得到的转换参数、水准拟合后的水准高及其误差。

（5）网平差结果的检验　网平差结束后应对网平差结果进行检验，网平差的检验主要通过改正数、中误差以及相应的数理统计检验结果等项来评价。若网平差结果达不到要求则需要从以下 4 个方面来寻找网平差结果不合格的原因：检查坐标系等是否设置正确；检查已知点是否正确且是否是在一个系统内；检查基线向量网是否正确（对于不合格的静态基线可以禁止它参与网平差，如该基线是不能删除的或在基线网中非常重要则需要重新解算，必要时需重新进行外业观测）；检查观测文件的观测站点、天线高是否正确（出现这种情况的时候，往往闭合差或自由网平差的结果非常差）。

（6）GPS 网的数理统计检验　无约束的自由网平差是对网内部符合质量的检核，也就是考核网自身的符合精度，平差的目的是消除由于多余观测误差而引起的网内不符值。用什么标准来判断网内部符合精度的高低，在国内软件中有两种很重要的数理统计检验，一种是对整个观测量群进行 χ^2 检验（是否通过该项检验在平差结果文件中可查阅）；另一种是对各个观测元素进行 τ 检验，不能通过该检验的观测值（即平差结果文件中 τ 值大于 1.00 者）则认为有粗差，应予以剔除，这两者都可以在成果输出的结果报告中查到。

通常，在网图符合要求，基线解均符合规范要求的条件下，一般都能通过两种检验，顺利完成三维无约束平差。在 GPS 网平差中这两种检验方法是整体与局部的关系，在平差过程中应注意查看平差结果文件，只有在两种检验都通过的条件下才可认为网平差通过了数理统计检验；是否通过网平差检验，关键看参与网平差的数据质量的优劣，因此，对数据进行重新编辑和处理（甚至删除、或者重测部分数据）通常是必要的；协方差比例系数配置是一个重要的问题，选取适当的协方差比例系数以及适当的网平差方差因子是获得满意的平差结果的重要方法之一；数理统计检验仅仅是网平差结果检验的一部分，评价一个网平差结果的好坏往往要与生产、实践过程中的要求紧密集合在一起，用户不应拘泥于网平差的数理统计检验。

① χ^2 检验。χ^2 检验就是对整个网的单位权方差 σ_0^2 进行检验，即判断平差后单位权方差的估值 $\sigma_0'^2$ 是否与平差前先验的单位权方差 σ_0^2 一致。若 $\left[V'PV/\chi_{\alpha/2}^2\right]<\sigma_0^2<\left[V'PV/\chi_{1-\alpha/2}^2\right]$ 则认为两者是一致的。在数据处理软件中，可以通过查阅 χ 平方检验项来检验网平差是否通过了 χ^2 检验（若网平差不能通过 χ^2 检验则需要仔细分析不能通过的原因，通过对基线进行重新处理，或者通过剔除较差的观测值等方法使之通过 χ^2 检验）。需要提出的是，如采用软件缺省值没有进行合理的权配置则通常不能通过 χ^2 检验。国内数据处理软件中一般可以通过设置自由网平差协方差比例系数和设置各条基线的网平差方差因子来使网平差通过 χ^2 检验，自由网平差的协方差比例系数和基线的网平差方差因子的默认值均为 1。单纯修改协方差比例系数通常就可以使网平差通过 χ^2 检验，对后面所说的 τ 检验却没有什么影

响。要使网平差通过 χ^2 检验关键在于参与网平差的观测数据的质量（当然，正确合理设置协方差比例系数也是通过 χ^2 检验的关键。如通过调整协方差比例系数使网平差通过 χ^2 检验，还需要检查每个观测值的 τ 检验）。

② τ 检验。根据基线向量改正数的大小可以判断出基线向量中是否含有粗差。具体判断依据是，若 $|v_i| < [\sigma_0' q_i^{1/2} t_{1-\alpha/2}]$ 则认为第 i 个观测值中不含有粗差（反之，则含有粗差）。其中，v_i 为第 i 个观测值的残差；σ_0' 为单位权方差；q_i 为第 i 个观测值的协因素；$t_{1-\alpha/2}$ 为在显著性水平 α 下的 t 分布的区间。软件实际提供的 τ 值为检验值与 τ 值的比值，如果该值小于 1.0 则说明该观测值不应排除（大于 1.0 则意味着应排除）。详细成果输出中除以列表方式提供了每个基线观测值的 τ 检验值，还提供了 τ 值分布图。

6.3.9 CORS-RTK 技术

利用我国各地的局域 CORS 系统进行 GNSS-RTK 作业可以不经解算处理而直接获得 2000 国家大地坐标系的坐标。局域 CORS 系统的特点及功能如下。

连续运行参考站系统（Continuously Operation Reference Stations System，简称 CORS）是目前国际上主要的地面地理信息采集基础平台，它不仅服务于测绘领域，还在气象辅助预报、地震预测、规划建设、交通导航管理、环境及灾害监测等领域发挥着重要作用。CORS 系统集成了卫星导航定位、数字通信、有线及无线网络等技术，形成了一个不间断地面信息源采集系统，成为坐标框架建设和维持的主要技术手段和基础设施。CORS 系统是在一个城市、地区或国家范围内，按一定间距建立若干个连续运行的卫星永久跟踪站（也称为参考站），各个站通过通信网络实时将观测数据传送到数据中心，数据中心运行国际领先的专业 GNSS 参考站网数据处理软件，实现对各个参考站进行远程监控管理并完成相应的数据采集、备份、处理及分析工作，最后通过 Internet 网、GPRS、CDMA 等通信方式向各行各业用户提供基础空间信息服务。与移动通信的基站网系统类似，CORS 也是通过一定间距的基站网完成区域覆盖的，其基站也要通过通信网络连接到数据中心，数据中心集中对基站进行远程监控管理、数据分析处理，为该区域内各种用户提供数据服务并对用户进行授权管理。

局域 CORS 系统通常由参考站网、数据中心、控制中心、数据通信系统、用户应用系统等组成。局域 CORS 系统的技术指标主要有定位和导航两部分。表 6-2 为某省连续运行卫星定位参考站综合服务系统（QYCORS）的主要技术指标。

表 6-2 QYCORS 的主要技术指标

项目	内容	技术指标	
覆盖范围①	导航	全市范围	
	定位	参考站网构成的图形以内，以及周围 20km 以内	
精度②	动态参考基准	地心坐标的坐标分量	绝对精度不低于 0.1m
		基线向量的坐标分量	相对精度不低于 3×10^{-8}
	网络 RTK	水平≤3cm	垂直≤5cm
	事后精密相对定位	水平≤5mm	垂直≤10mm
	变形监测	水平≤5mm	垂直≤10mm
	导航③	水平≤2m（1m）	垂直≤3m（2m）
	定时	单机精度≤100ns	多机同步≤10ns

续表

项目	内容	技术指标
可用性④	导航	95.0%（365天内）；95.0%（1天内）
	定位	95.0%（365天内）；95.0%（1天内）
完好性⑤	报警时间	<6秒
	误报概率	<0.3%
兼容性	卫星信号	GPS：L1，L2，L5，C1，P1，P2，L2C； GLONASS：L1，L2，L5，C1，P1，P2，L2C/A，（L5）
	数据输出	RTCM-SC104v2.3，3.0；CMR/CMR+；RINEX；兼容各厂家的流动站及后处理软件
容量⑥	实时用户	GPRS、CDMA方式：无用户数量限制
	事后用户	无限制
应用领域	导航	陆上导航、地理信息采集、更新等
	定位	测绘、规划、地籍测图、工程建设、变形监测等

①覆盖范围是指不顾及通信网络覆盖时系统定位能够满足精度要求时的空间范围。

②精度数值为内符合1倍中误差。

③导航精度为码差分精度，括号外为单频机精度、括号内为双频机精度。

④可用性指标为不顾及通信网络可用性条件下的指标。

⑤完好性指标中的报警时间为发生故障到通知用户的时间间隔。

⑥容量与通信网络和服务平台性能有关，此处为不顾及通信网络条件下的用户数量。

　　QYCORS可以为各行各业用户提供不同精度层次、不同目的和不同服务方式的数据服务，比如提供差分信号（网络RTK、RTD等）、提供原始观测数据、大地测量网络服务、地壳形变监测、高精度水准辅助服务、非定位信息的服务、守时授时服务等。差分信号使用行业可获GNSS差分数据。原始观测数据使用行业可获取系统各参考站原始观测记录数据、星历数据等。利用参考站点组成基准控制网可建立现代化城市大地测量网络服务系统，不但可为城市的数字化建设提供数据，还可为区域数字化建设提供基本信息。地壳形变监测网的静态数据服务可达到毫米级定位精度，利用建在基岩上的参考站的长期观测数据配合地震、水文等部门处理地壳形变资料，生成地壳形变年变化趋势图为地质灾害预报提供实测数据，为地壳形变监测、滑坡监测、地面沉降监测等提供测量基准。高精度水准网利用数字高程模型（Digital Elevent Model-DEM）数据、GPS数据和重力数据产生的大地水准面精化成果可使流动站的水准高程精度达到3~5cm，满足系列国家基本比例尺图和各类大、中比例尺图测绘需要。为用户提供非定位信息的服务，比如国家安全、气象信息、环境保护、自然灾害预警等，可以对电离层、对流层和电磁波干扰等进行更精确的分析与预测。向用户提供更高精度的时间信息，为天文、军事、通信、交通、电力等部门提供所需的守时授时服务。

　　QYCORS系统提供的数据服务有3个，即提供GNSS网络RTK差分数据服务（可达厘米级精度），主要可用于快速建立测量控制网，测绘各种地图及施工放样，城市市政工程测量等；提供GNSS网络RTD差分数据服务（可达亚米级精度），主要可用于城市基础地理信息的动态更新以及通信、电力、林业、农业、地质等领域；提供GNSS参考站静态原始数据，可用于后处理高精度定位及气象预报等。

　　QYCORS数据产品可应用于高精度测量和控制测量。高精度测量多用于精密工程测量、变形监测、沉降观测、地震监测等方面，连续运行参考站点可以提供精密的坐标参考，通过与参考站点的联测和事后数据精密处理获得高精度的测量成果。高精度测量的观测时间应合理（不同时间段内重复观测 2～4 次，每时段大于 3 小时）、采样率 30 秒；使用仪器应为双频 GNSS 接收机；处理软件宜为 Gamit、Bernese、Gipsy；测量精度对基线而言应不低于 $3×10^{-7}$。高精度测量的处理方法是通过网络下载周围的参考站数据；从 IGS 网站下载精密星历；用数据处理软件进行基线解算、网平差等后处理。控制测量是测绘工作中十分重要的一项内容，根据精度要求不同可用实时动态和事后静态两种方式进行控制测量。控制测量的观测时间应合理（1 时段，2～3 小时）、采样率 10 秒、15 秒或 30 秒；使用仪器应为双频 GNSS 接收机；处理软件应为接收机厂商提供的商业软件；测量精度应高于设计要求。控制测量的处理方法是通过网络下载周围的参考站数据；利用商业软件进行基线处理、网平差及坐标转换得到控制点成果。

　　QYCORS 系统可用于高速公路车辆超速执法定位以及车辆安全距离自主定位，系统的应用将大大提高高速公路管理的效率和覆盖范围，降低高速公路的事故发生率。QYCORS 系统可用于民用定位、珍贵宠物定位、国家等级保护野生动物的定位。QYCORS 系统还可用于企事业单位的车辆监控。民用领域和终端设备的研发会使 QYCORS 拥有更为广大的市场。

第7章
建筑测量专用仪器工具

7.1 激光水准仪的特点与使用

激光水准仪也被称作激光标线仪，是将激光装置发射的激光束导入水准仪的望远镜筒内使其沿视准轴方向射出的水准仪，有专门激光水准仪（见图7-1）和将激光装置附加在水准仪之上（见图7-2）两种形式，其与配有光电接收靶的水准尺配合即可进行水准测量。与光学水准仪比，激光水准仪具有精度高、视线长、能自动读数和记录等特点。利用激光的单色性和相干性，可在望远镜物镜前装配一块具有一定遮光图案的玻璃片或金属片，即波带板，使之产生衍射干涉。经过望远镜调焦，在波带板的调焦范围内，获得一明亮而精细的十字形或圆形的激光光斑，从而更精确地照准目标。如在前、后水准标尺上配备能自动跟踪的光电接收靶即可进行水准测量。在施工测量和大型构件装配中，常用激光水准仪建立水平面或水平线。激光水准仪的使用方法同普通水准仪，视准轴水平后开启激光发射器即可。激光水准仪应适时校准。

图 7-1 激光水准仪

图 7-2 组合式激光水准仪

7.2 激光经纬仪的特点与使用

激光经纬仪是指带有激光指向装置的经纬仪，其将激光器发射的激光束导入经纬仪的望远镜筒内并使其沿视准轴方向射出，然后即可以此为准进行定线（定位）、测设角度（坡度）

以及完成大型构件的装配与划线、放样等工作。激光经纬仪也有专门激光经纬仪（见图 7-3）和将激光装置附加在经纬仪之上（见图 7-4）两种形式。在施工测量和大型构件装配中常用激光经纬仪标引方向线。激光经纬仪的使用方法同普通经纬仪，视准轴定向后开启激光发射器即可。激光经纬仪应适时校准。

图 7-3　组合式激光经纬仪

图 7-4　集成式激光经纬仪

7.3　激光铅垂仪的特点与使用

激光铅垂仪也叫激光垂准仪（见图 7-5）是指借助仪器中安置的高灵敏度水准管或水银盘反射系统将激光束导至铅垂方向以进行竖向准直的一种工程测量仪器。广泛应用于建筑施工、工程安装、工程监理、变形观测，比如高层建筑、电梯、矿井、水塔、烟囱、大型设备安装、飞机制造、船舶制造等行业。目前的激光铅垂仪多具备电子自动安平功能，能自动提供高精度的向上和向下的铅垂线，可自动进行超范围报警并配有红外遥控器可对仪器的所有功能实行遥控（遥控距离 30m），可同时向上和向下发射垂直激光，所以用户可很方便地从一个已知点找到它的垂直投影点，其上、下对点精度在 ±2″ 左右、自动安平范围 ±3°。激光铅垂仪使用非常简单，只要将基座整平、激光发射轴铅垂后启动激光发射器即可。

图 7-5　各种各样的激光垂准仪

激光铅垂仪应适时校准。使用激光铅垂仪进行建筑施工轴线传递时，即进行施工竖向铅直度控制时至少应在 3 个点上安置激光铅垂仪投射铅垂线，以确保轴线传递准确无误。轴线传递的准确性应通过仪器层、投点层 3 个投测点间的相互水平距离偏差进行检验或在 3 个点上安置 3 台激光铅垂仪同时投射铅垂线。

7.4 激光扫平仪的特点与使用

激光扫平仪适宜于建筑施工、室内装饰等施工作业，室内装饰用的轻便型激光扫平仪（也称激光投线仪）见图7-6，土建施工用的精密型激光扫平仪见图7-7。激光扫平仪能提供一个水平和垂直基准面，仪器扫描的激光束与墙面、地面、天花板或测量杆相交可以看到明显的红色扫描光迹——激光水平面或垂直面，该平面基准可为各工种、各操作工人提供一个共同的施工基准。

图 7-6　轻便型激光扫平仪

(a)   (b)

图 7-7　精密型激光扫平仪

激光扫平仪是投射一束可视激光束，根据激光束可以定位水准高度的一种仪器。其在快速旋转轴带动下能使可视激光点（一般为红光或绿光）扫出同一水准高度的光线以便于工程人员定位水准高度。投射可视光束的扫平仪利用可视光束定高度（光直线传播）。仪器在整平情况下光电扫出的线在同一高度。激光扫平仪依据工作原理以及是否增加补偿机构和采用补偿机构不同大致可分成3种类型，即水泡式激光扫平仪、自动安平激光扫平仪和电子自动安平扫平仪。水泡式激光扫平仪结构简单、成本较低，激光二极管发出的激光经物镜后得到一激光束，该激光束在经过五角棱镜后分成两束光线，一束直接通过，另一束改变90°方向，仪器的旋转头由电机通过皮带带动旋转从而形成一个扫描的激光平面，仪器上设置有长水准仪器用于安平仪器，该类仪器的精度很大程度上取决于人为因素。自动安平扫平仪多利用吊丝式光机补偿器以达到在一定范围内自动安平的目的，光机式补偿器结构相对简单、成本较低并具有一定的抗震性，但其补偿精度常会随补偿范围的增加而降低，一般补偿范围都限制在十几分之内。电子自动安平技术可使安平范围得到很大扩展且具有较高的稳定性和补偿精度。电子自动安平系统一般由传感器、电子线路和执行机构组成，其水泡式传感器由玻璃水泡内充有导电液的类似于一般气泡水准器的元件为主体。吊丝补偿安平方式用金属吊丝将准直物镜（含激光器）悬吊在仪器座上，利用重力实现出射光束的自动安平作用。轴承摆补偿安平方式的激光器及准直系统安装在重力摆上，重力摆绕两个精密轴承确定的轴线摆动，重力安平、磁阻尼稳定，实现自动安平。电子补偿安平方式采用倾斜传感器测量仪器基座的倾斜大小和倾斜方向，利用伺服电机对激光器准直系统的输出方向进行实时修正。液体补偿安平方式使准直激光束通过一个稳定的液槽，仪器安平时液槽内的液体形成一个平行平板，仪器微倾时液槽内的液体形成一个液体光楔将对出射光束的方向进行一定补偿，为了对光束出射方向能够完全补偿，让光连续通过二层折射率不同的液体，当两种液体折射率满足一定条件时即能对光束出射方向实现完全补偿。

激光铅垂仪应适时校准。激光扫平仪使用也非常简单，只要将基座整平、激光发射轴整治水平后启动激光发射器即可。

7.5 水平尺和靠尺的特点与使用

（1）水平尺　水平尺是检验、测量、划线、设备安装、工业工程施工中的专用测量工具，目前多采用镁铝合金制造。水平尺均带有水准器（即水平泡），可用于检验、测量、调试设备安装的水平性（比如核电站设备、泵等），在建筑施工中用于找平、找正。

长距水平尺是指用可撒开测量的左尺、右尺啮合组成的水平尺主体，这种水平尺既能在短距离情况下测量，又能在远距离情况下测量，克服了现有水准仪只能在开阔地测量，狭窄地方测量难的缺点，其测量精确、造价低、携带方便、经济适用。

（2）靠尺　靠尺按应用领域的不同可分为学生尺、垂直检测尺、测径靠尺和工程质量检测器等。建筑施工领域的靠尺主要是垂直检测尺、测径靠尺和工程质量检测器。靠尺可用于铅直度检测、水平度检测、平整度检测，是装饰施工及工程监理中使用频率最高的一种检测工具（比如，检测墙面、瓷砖是否平整、垂直；检测地板龙骨是否水平、平整等）。

① 垂直检测尺。垂直检测尺（靠尺）可检测物体的铅直度、平整度以及水平度的偏差情况，常见尺寸 2000mm×55mm×25mm、测量范围±14/2000、精度误差±0.5mm。进行铅直度检测的垂直检测尺通常为可开展式结构（合拢长1m、展开长2m）。用于1m检测时应推下仪表盖，将活动销推键向上推，将检测尺左侧面靠紧被测面（握尺要铅直，观察红色活动销应外露3~5mmm，摆动应灵活），待指针自行摆动停止时直读指针所指刻度下行刻度数值（此数值即被测面1m铅直度偏差，每格为1mm）。用于2m检测时应将检测尺展开后锁紧连接扣，检测方法同前。若被测面不平整可用右侧上下靠脚（中间靠脚旋出不要）检测。进行平整度检测时，检测尺侧面应靠紧被测面，其缝隙大小应用楔形塞尺检测（其数值即平整度偏差）。进行水平度检测时应借助检测尺侧面装设的水准管进行，用法同普通水准仪。垂直检测尺应经常校正。铅直度检测时若发现仪表指针数值有偏差，应将检测尺放在标准器上进行校对调整。

② 测径靠尺。测径靠尺属于测量技术领域一种新式测量工具。它由角度式尺臂、尺身、动尺、数显表和手柄构成，通过三点紧靠至圆形待测物实现直径的测定，即用靠尺的两尺臂紧靠被测圆柱形物，动尺顶端也与被测物接触，则在动尺上或数显表直接读取圆形物直径值。测径靠尺在测量树干、管件等工程实践中显示出了测量简单、迅速、操作方便的优点，

其可与计算机联机自动进行数据存储和统计（实现测径自动化）。

③ 工程质量检测器。图 7-8 工程质量检测器（2m 靠尺）主要用于墙面、门窗框装饰贴面等工程的铅直、水平及任何平面的平整度检测，采用 2m 折叠式铝合金制作，仪表为机械指针式。

图 7-8　工程质量检测器的使用

④ 建筑用电子水平尺。建筑用电子水平尺（电子数显 2m 靠尺，见图 7-9）是利用数字式角度传感器和多项现代技术研制而成的智能化倾角测量仪器，可测量绝对角度、相对角度、斜度、水平度、坡度、铅直度等（可数字显示，自校准），具有 CPU 防伪等功能。其操作方便，可用于现代建设工程施工、监理、质检、验收中的各种水平度、铅直度、坡度的检测。我国制造的常见建筑用电子水平尺测角精度为 $0.01°$。由于电子水平尺是由倾角传感器和数字显示器及其他辅助部分构成的，利用传感器中液面电位变化进行倾角或斜度测量的角度测量仪器，因此，必须适时对其进行校准。校准必须借助专用夹具（图 7-10）进行，计量特性指标包括工作面的表面粗糙度（Ra 值应不大于 $1.6\mu m$）；工作面的平面度（不大于工作面长度的 0.02%）；零值误差（应不超过 $\pm0.03°$）；漂移（不超过 $0.03°/h$）；分辨力（误差不大于 $0.01°$）；示值误差（不大于 $0.04°$）；测角重复性（误差不大于 $0.01°$）；回程误差（不大于 $0.02°$）。

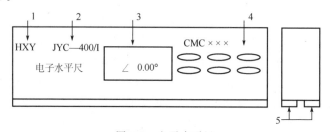

图 7-9　电子水平尺

1—厂标；2—型号；3—角度显示；4—功能键；5—工作面

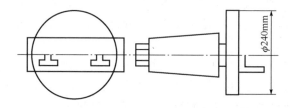

图 7-10　电子水平尺校准专用夹具

7.6　线坠的特点与使用

线坠是指一种由金属（铁、钢、铜等）铸成的圆锥形的物体，主要用于物体的铅直度测量（多见于建筑工程，见图7-11和图7-12）。线坠是建筑施工中最古老、最简便易行的测量铅直度的工具，测量方法是用肉眼观察检测体竖向棱边与线坠引出的铅垂线间的偏差情况，若吻合则竖向棱边铅直。

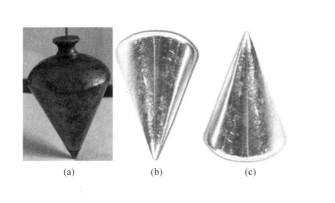

(a)　　　　　(b)　　　　　(c)

图 7-11　普通线坠

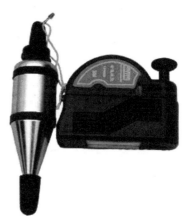

图 7-12　磁性线坠

7.7　墨斗的特点与使用

墨斗在中国传统木工行业中极为常见（见图7-13），主要是用来画长直线（在泥、石、瓦等行业中也是不可缺少的），其结构是后部有一个手摇转动的轮，用来缠墨线，前端有一个圆斗状的墨仓，里边放有棉纱或海绵，可倒入墨汁。

(a)古代墨斗　　　　　　　　　(b)现代墨斗

图 7-13　墨斗

墨斗作为传统木工工具，其作用有三，即做直线、蓄墨、当铅锤使用；墨斗的使用方法非常简单，画长直线（在泥、石、瓦等行业及建筑施工中不可缺少）时将濡墨后的墨线一端固定，拉出墨线牵直拉紧在需要的位置，再提起中段弹下即可。墨仓蓄墨，配合墨签和拐尺用以画短直线或者做记号。画竖直线可当铅锤使用。

第8章
建筑施工测量

8.1　方向线的标定

把图纸上设计好的工程结构位置（包括平面和高程位置）在实地标定出来的工作，称为测量放样（或测设）。

方向线标定也称水平角放样（又称测设已知水平角），其特点是根据地面上一已知方向测设出另一方向，使它们的夹角等于给定的设计角值。按测设精度要求的不同可分为一般方法和精确方法。

水平角放样的一般方法见图 8-1，设在地面上已有一方向线 OA，欲在 O 点测设第二方向线 OB，使 $\angle AOB = \beta$。将经纬仪安置在 O 点上，在盘左位置，用望远镜瞄准 A 点，使度盘读数为零度，然后转动照准部，使度盘读数为 β，在视线方向上定出 B_1 点。再用盘右位置，重复上述步骤，在地面上定出 B_2 点。由于放样测量有误差，B_1 与 B_2 往往不重合，取 B_1 与 B_2 点的中点作为 B，并用木桩标定其点位，则 $\angle AOB$ 就是要测设的水平角。该方法也称为盘左、盘右分中法。

当测设精度要求较高时可采用精密放样方法测设已知水平角，见图 8-2。将经纬仪安置于 O 点，按水平角放样的一般方法测设出已知水平角 $\angle AOB'$，定出 B' 点。然后较精确地测量 $\angle AOB'$ 的角值 β'（一般采用多个测回取平均值的方法），并测量出 OB' 的水平距离。根据 β' 和 OB' 的水平距离（OB'）计算 B' 点处 OB' 线段的垂距 $B'B$，计算公式为 $B'B = (OB') \Delta \beta'/\rho'' = (\beta - \beta')(OB')/206265''$。然后，用小钢尺从 B' 点沿 OB' 的垂直方向丈量垂距 $B'B$

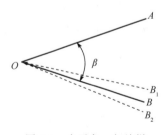

图 8-1　水平角一般放样

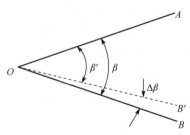

图 8-2　水平角精密放样

得 B 点，并用木桩标定其点位，则 $\angle AOB$ 即为 β 角。若 $\Delta\beta > 0$ 时，应从 B' 点往内调整 $B'B$ 至 B 点；若 $\Delta\beta < 0$ 时，则应从 B' 点往外调整 $B'B$ 至 B 点。

8.2 坡度线的标定

坡度放样方法（又称已知坡度线测设）就是在地面上定出一条直线，其坡度值等于已给定的设计坡度。在交通线路工程、排水管道施工和敷设地下管线等工作中经常涉及该问题。坡度放样的过程见图 8-3。设地面上 A 点高程是 H_A，现要从 A 点沿 AB 方向测设出一条坡度 i 为 -0.1% 的直线。先根据已定坡度和 AB 两点间的水平距离 D 计算出 B 点的高程 H_B，计算公式为 $H_B = H_A - iD$。按照测设已知高程的方法，把 B 点高程测设出来，则 AB 两点连线的坡度就等于已知设计坡度 i。

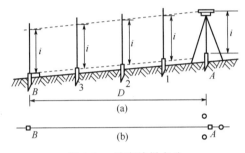

图 8-3 坡度放样方法

当 AB 两点间的水平距离较长时，应沿 AB 方向线定出一些中间点 1、2、3，中间点的间距按工程类型确定，常用间距有 10m、20m、50m、100m。用水准仪测设时，在 A 点安置仪器 [图 8-3 (a)]，使一个脚螺旋在 AB 方向线上，而另两个脚螺旋的连线垂直于 AB 线 [图 8-3 (b)]，量取仪器高 i，用望远镜瞄准 B 点上的水准尺，旋转 AB 方向上的脚螺旋，使视线倾斜，水准仪对准 B 尺上读数为仪器高 i 时仪器的视线即平行于设计的坡度线。在中间点 1、2、3 处打上木桩，然后在桩顶上立水准尺使其读数皆等于仪器高 i，这样各桩顶的连线就是测设在地面上的坡度线。若桩顶上立的水准尺读数为 q（不等于仪器高 i），则 q 与 i 的差值即为该桩顶与设计的坡度线垂直差距 h，$h = q - i$，若 $h > 0$ 表示桩顶比设计坡度线低 h；$h < 0$ 则表示桩顶比设计坡度线高 h。在坡度线中间的各点也可用经纬仪的倾斜视线进行标定。若采用激光经纬仪及激光水准仪代替经纬仪及水准仪，在中间尺上可根据光斑在尺上的位置调整或读出尺子的高低，从而使测设坡度线中间点变得更为便捷。

8.3 标高线的标定

将点的设计高程测设到实地上称为高程放样，是根据附近的水准点用水准测量的方法进行的。土木工程施工有地面施工和地下施工两类，因此，高程放样可分为地面上的高程放样、隧洞（隧道）高程放样、地面开挖高程放样、高空施工高程放样。

（1）地面上的高程放样 见图 8-4，水准点 BM_{50} 的高程已知（假设为 7.327m），今欲测设 A 点，使其高程等于设计高程 H（假设为 5.513m），可将水准仪安置在水准点 BM_{50} 与 A 点中间，后视 BM_{50} 得标尺读数（假设为 0.874m）。则水准仪视线高程 H_1 为 $H_1 = H_{BM_{50}} + 0.874 = 7.732 + 0.874 = 8.606$m。要使 A 点的高程等于 5.513m，则 A 点水准尺上的前视读

数 b 必须为 $b=H_1-H_A=8.606-5.513=3.093m$。测设时，先在 A 点地面上牢固地打一高木桩，将水准尺紧靠 A 点木桩的侧面上下移动，直到尺上读数为 b 时，沿尺底画一横线，此线即为设计高程 H 的位置。测设时应始终保持照准部长水准管气泡居中。在建筑设计和施工中，为计算方便，通常把建筑物的室内设计地坪高程用 ±0 标高表示，建筑物的基础、门窗等高程都是以 ±0 为依据进行测设的，因此，首先要在施工现场利用测设已知高程的方法测设出室内地坪高程的位置。

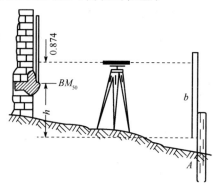

图 8-4　地面上高程放样

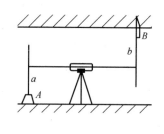

图 8-5　隧洞高程放样

（2）隧洞（隧道）高程放样　在地下隧洞（隧道）施工中，高程点位通常设置在隧洞（隧道）顶部。通常规定当高程点位于隧洞（隧道）顶部时，在进行水准测量时水准尺均应倒立在高程点上。见图 8-5，A 为已知高程（H_A）的水准点，B 为待测设高程为 H_B 的位置，由于 $H_B=H_A+a+b$，则在 B 点上应有的标尺读数 $b=H_B-(H_A+a)$。因此，将水准尺倒立并紧靠 B 点木桩上下移动，直到尺上读数为 b 时，即可在 B 点尺底画出设计高程 H_B 的位置。同样，对于多个测站的情况，也可以采用类似的分析和解决方法（见图 8-6），A 为已知高程（H_A）的水准点，C 为待测设高程为 H_C 的点位，A、C 相距较远必须通过转点设站实现，假设 A、C 间隧道地面上设了一个转点 B，不难看出，$H_C=H_A-a-b_1+b_2+c$，则在 C 点上应有的标尺读数 $c=H_C-(H_A-a-b_1+b_2)$。

（3）地面开挖高程放样　地面开挖（比如深基槽、基坑）时，地下开挖面与地面间的高差较大，要放样地下开挖面上一点的高程时，标尺放在地下开挖面上时地面上看不到标尺（见图 8-7），因此在地面上无法按前面所述方法放样地下开挖面上一点的高程，为此，可采用悬挂钢尺的方法进行测设。钢尺悬挂在支架上，零端向下并挂一重物，A 为已知水准点（高程为 H_A），B 为待测设点位（高程为 H_B）。在地面和待测设点位附近安置 2 台水准仪，地面上水准仪对地面上的标尺和钢尺读数分别为 a_1、b_1，开挖面上水准仪对开挖面上的钢尺和标尺读数分别为 a_2、b_2。由于 $H_B=H_A+a_1-(b_1-a_2)-b_2$，则可计算出 B 点处标尺的读数 $b_2=H_A+a_1-(b_1-a_2)-H_B$。将水准尺紧靠 B 点木桩的侧面上下移动，直到尺上读数为 b_2 时，沿尺底画一横线，此线即为设计高程 H_B 的位置。

（4）高空施工高程放样　高空施工高程放样与开挖高程放样类似，见图 8-8。只是 B 点处标尺读数计算方法不同，高空施工高程放样 B 点处标尺读数（前视读数）b_2 应为 $b_2=H_A+a_1+(a_2-b_1)-H_B$，将水准尺紧靠 B 点木桩侧面上下移动至尺上读数为 b_2 时沿尺底画一横线，此线即为设计高程 H_B 的位置。高空施工高程放样也可以采用电子全站仪（见图 8-9）及 GNSS 技术。

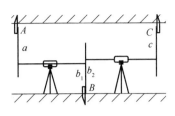

图 8-6　隧洞高程放样（转点）

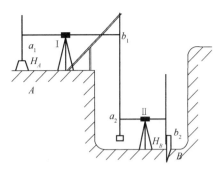

图 8-7　地面开挖高程放样

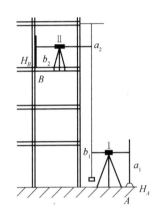

图 8-8　高空施工高程放样

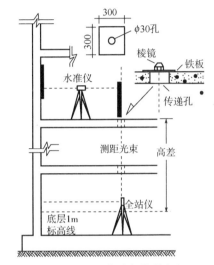

图 8-9　电子全站仪传递高程

8.4　纵横轴线的标定

纵横轴线的标定即放样方格网。方格网建立的基本原则是：方格网方向的确定应与设计的平面方向一致或与南北东西方向一致；方格网每个格的边长一般为 20～40m（可根据测设对象的繁简程度适当缩短或加长）；设计方格网时应力求使方格角点与所测设对象接近；方格网点间应保证良好的通视条件并力求使各角点避开既有建筑、坑塘及动土地带；各方格折角应严格为 90°角；方格网主轴线的测设应采用较高精度的方法以保证整个控制网的精度。

（1）用经纬仪（或电子全站仪）建立方格网　用经纬仪（或电子全站仪）放样时，根据高一级平面控制点测设方格网主轴线的过程是（见图 8-10）：根据高一级平面控制点 A、B 的坐标和主轴线上的任意三个点的坐标（比如 12、13、14 等点的坐标，此三点坐标可依据设计规定或从图中量取求得）计算出高级平面控制点至各点距离及相应的水平角（比如假设 A 点至 13 点的距离为 S_{A13}、AB 与 $A13$ 所夹的水平角为 β_{13}，则 A 点至 13 点的方位角 $\alpha_{A13}=\tan^{-1}$［$(Y_{13}-Y_A)/(X_{13}-X_A)$］、$\beta_{13}=\alpha_{AB}-\alpha_{A13}$、$S_{A13}=$［$(Y_{13}-Y_A)^2+(X_{13}-X_A)^2$］$^{1/2}$），将经纬仪（或电子全站仪）安置在控制点 A 采用极坐标法根据已计算出的水平距离和水平角测设上述三点。比如测设 12 点时，以 AB 边为起始边，用测回法测设出 A_{12} 方向取其平均方向，然后在此方向上用钢尺量出 S_{A12} 的长度定出 12 点并钉上小钉，在测设距离时应往返两次取其平均位置。同法在 A 点测设出 13 和 14 两点，然后将经纬仪（或电子全站仪）安置于平面控制点 B 点依据已计算出的有关距离和角度检验上述 12、13 和 14 各点位（若偏差过大应查找原因重新测设），对已测设于地面上的 12、13 和 14 三点进行检查时既要实量各点间距离与设计长度的差异又要用仪器检查此三点是否位于同一直线上（如有误差应作适当的调整，务必使其间距与设计长度一致且三点位于同一直线上），将经纬仪（或电子全站仪）置于 13 点上用延长直线的方法，用钢尺测出 11 点和 15 点，在 13 点上利用经纬仪（或电子全站仪）以 12～13 的方向为始边测设出两个直角得出与 12、13 相垂直的方向（即 13～3、13～23 两个方向）并在该方向上测设出 3、8、18 和 23 等各点，主轴线上各点测设完成后在主轴线各点上（比如 11、12、14 和 15 几点）分别安置经纬仪（或电子全站仪）测设出其他各点，然后对新的各点用钢尺按设计距离进行校核（误差较大的应检查原因，误差小的应作适当调整）从而得出一个完整的方格网，方格网上各点均应打桩钉钉准确标明点位且桩一定要牢固（必要时应埋设石桩以防施工中碰动或损坏）。

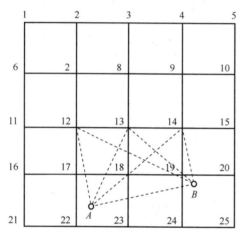

图 8-10   由控制点测设方格网

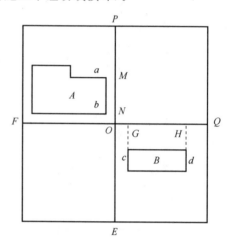

图 8-11   依据地物测设方格网

（2）根据既有地物测设方格网   有的施工现场存有建筑或其他具有方位意义的地物而无测量控制点，这时可根据这些地物测设出方格网。同样应先将主轴线测设出来。见图 8-11，A 和 B 为施工现场的两个既有建筑。自 A 建筑的角 a 和 b 作相等的两条延长线，得 M 和 N 两点。然后再从 B 建筑的房角 c、d 两点作相等的两延长线，得 G 和 H 两点。分别作 MN 及 GH 的延长线，并使两线相交得出 O 点。将经纬仪（或电子全站仪）安置于 O 点，根据 MN 和 GH 两方向及方格尺寸定出两个方格点 P 和 Q。然后测出 $\angle POQ$ 的值。若此值不为 90°则需校正，校正时 O 点位置不变，将两方向各改正角度差值的一半，从而定出 P 和 Q 的正确位置）。根据 OP 及 OQ 的改正后方向定出另外两方向（即 OE 和 OF），至此主轴线测设完成。然后同经纬仪（或电子全站仪）放样一样依主轴线进一步定出整个方格网。

8.5   铅垂线的标定

铅垂线的标定就是标定轴线控制点的铅直投影。基础施工完成后，从防潮层向上逐渐砌筑墙身。在各层墙体施工中，要将轴线位置投测到楼板平面上，以保证各层对应的轴线在同一个竖直面内（也就是要保证竖向偏差不超过规定范围）。轴线投测在低层民用建筑施工中常由有丰富经验的施工人员用吊垂球的方法投测轴线、检验墙角，其方法是将垂球悬吊在楼板的边缘，由站在基础墙边的人指挥，将垂球线左右移动，当垂球尖对在基础墙上的轴线标志线上时，楼板上的人在楼板边缘弹线，并引到楼板平面上。在轴线的另一端，也用相同的方法投测，两端连线即为定位轴线。各轴线投测后应弹出墨线，并检查互相间的间距、进行校核，合格后方可进行该层的施工。

在多层建筑施工中，各层墙体的轴线一般用经纬仪投测放样。在轴线各端的轴线控制桩上，安置经纬仪，严格对中与整平，用盘左与盘右两个位置各照准基础墙上所绘的轴线位置标志，不再转动水平制动与微动螺旋，将望远镜逐渐抬高到应放样的楼层，指挥楼层上的人将视线方向投在楼板边缘。不同盘位投测的两点通常不会重合（因为经纬仪有误差）、其误差应在容许的范围内，当投点误差在容许范围内时取其中间位置作为所投测轴线的位置，并引到楼板平面上。两端所投测的点的连线，即为该楼层定位轴线位置，各轴线投测后应弹出墨线，检查所弹各轴线间距是否与设计图纸上的数据一致，其差值（就是两条轴线竖向误差的和）是否在规范规定的范围之内。

高层建筑施工轴线投测常借助激光铅垂仪进行，投测方法是，在底层选取 3～4 个轴线交点作为投测主点，各主点间的距离应尽可能的大（间距范围应大于建筑总宽度的 2/3）、并构成平面直角三角形或矩形。每个施工层均应在主点的大概铅垂位置处预留一个 30cm 见方或直径的孔洞，以便激光铅垂仪的铅垂激光线通过。在主点上安置激光铅垂仪，在预投点层预留孔洞上固定十字同心环激光接收靶，在接收靶上标出激光铅垂仪的铅垂激光线投射位置并弹十字墨线进行标记。丈量投点层各主点的相互间距与底层的对应间距进行比对、误差不得超过 1/5000，否则应查明原因重新投点。为提高激光铅垂仪的投点准确性应让激光铅垂仪旋转 1 周在十字同心环激光接收靶上形成一个小圆，取小圆圆心位置作为投点层的主点位置。激光铅垂仪的有效投点高度是 100m，若建筑高度高于 100m 则应分段投点，即 0～100m 时将激光铅垂仪安置在底层进行投点、100～200m 时将激光铅垂仪安置在 100m 层进行投点、200～300m 时将激光铅垂仪安置在 200m 层进行投点、300～400m 时将激光铅垂仪安置在 300m 层进行投点……以此类推。通常为了提高激光铅垂仪的投点精度，分段投点的高度一般控制在 60m 左右。

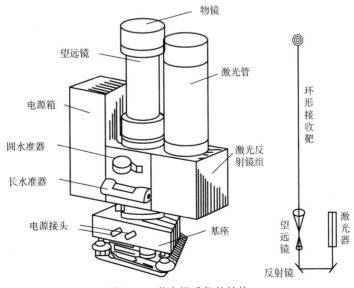

图 8-12　激光铅垂仪的结构

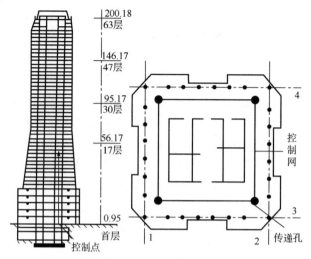

图 8-13　激光铅垂仪铅垂线标定现场Ⅰ

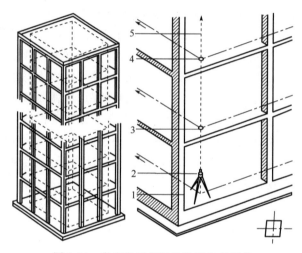

图 8-14　激光铅垂仪铅垂线标定现场Ⅱ

激光铅垂仪结构见图 8-12。典型激光铅垂仪铅垂线标定现场布置见图 8-13、图 8-14。激光铅垂仪铅垂线标定时，建筑物矩形控制网布置在±0 层面上，选择点位应参考设计图纸考虑 3 方面因素：控制网各边应与建筑轴线平行；相邻控制点应通视；控制点的铅垂线方向应避开横梁和主钢筋。沿控制点铅垂线应设预留孔（20cm×20cm 或 30cm×30cm）以便用垂准仪向上投测控制点。铅垂线的标定也可利用 GNSS 技术。

8.6　工程设计位置的二维标定

工程设计位置的二维标定即点位放样，可采用直角坐标法、极坐标法、角度交会法、距离交会法、十字方向线法等。

（1）直角坐标法放样点位　当建筑场地已建立有相互垂直的主轴线或建筑方格网时，可采用此法。见图 8-15，OA、OB 为两条互相垂直的主轴线，建筑物的两个轴线 MQ、PQ 分别与 OA、OB 平行。设计总平面图中已给定车间的四个角点 M、N、P、Q 的坐标，欲在地面上放样 M、N、P、Q 四点位置，测设方法如下。假设 O 点坐标为 $x=0$，$y=0$，M 点的

坐标 x，y 已知，先在 O 点上安置经纬仪，瞄准 A 点，沿 OA 方向从 O 点向 A 测设距离 y 得 C 点，然后将仪器搬至 C 点，仍瞄准 A 点，向左测设 $90°$ 角获得 CM 方向线（利用前述水平角放样方法），沿此方向线从 C 点测设距离 x（利用前述的水平距离放样方法）即得 M 点，沿此方向继续利用前述的水平距离放样方法可测设出 N 点。同法可测设出 P 点和 Q 点。最后应检查建筑物的四角是否等于 $90°$，各边的水平距离是否等于设计长度，误差在允许范围之内即可。直角坐标法计算简单，施测方便、精度较高，是一种应用较广泛的传统方法。

（2）极坐标法放样点位　极坐标法是根据水平角和距离测设点的平面位置的方法，是一种万能型传统方法。见图 8-16，A、B 是某建筑物轴线的两个端点，附近有测量控制点 1、2、3、4、5，首先利用坐标反算原理计算放样（测设）数据 β_1、β_2 和 D_1、D_2。然后即可进行轴线端点（A、B）位置的测设。测设 A 点时，在点 2 安置经纬仪，先测设出 β_1 角（利用前述的水平角放样方法），在 $2A$ 方向线上用钢尺或光电测距仪测设距离 D_1（利用前述的水平距离放样方法），即得 A 点，再搬仪器至点 4，用同法定出 B 点。最后丈量（或测量）AB 的水平距离，AB 的水平距离应与设计的长度一致（误差应在允许范围之内），以资检核。

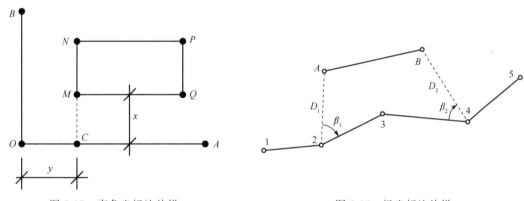

图 8-15　直角坐标法放样　　　　　　　　图 8-16　极坐标法放样

（3）角度交会法放样点位　角度交会法又称方向线交会法。当待测设点远离控制点且不便量距时可采用此法。角度交会法是在两个控制点上分别安置经纬仪，根据相应的水平角测设出相应的方向，根据两个方向交会定出点位的一种方法。见图 8-17，根据放样点 P 的设计坐标及控制点 A、B、C 的坐标，首先利用坐标反算原理算出测设数据 β_1、γ_1、β_2、γ_2 角值。然后将经纬仪安置在 A、B、C 三个控制点上测出 β_1、γ_1、β_2、γ_2 各角。并且分别沿 AP、BP、CP 方向线，在 P 点附近各打两个小木桩，桩顶上钉上小钉，以表示 AP、BP、CP 的方向线。将各方向的两个方向桩上的小钉用细线绳拉紧，即可交出 AP、BP、CP 三个方向的交点，此点即为所求的点放样 P。由于测设误差，三条方向线不交于一点时会出现一个很小的三角形，称为误差三角形，当误差三角形边长在允许范围内时可取误差三角形的重心作为 P 点的点位（若超限则应分析原因重新交会）。

（4）距离交会法放样点位　距离交会法是从两个控制点上利用两段已知距离进行交会定点的方法。若场地平坦、量距方便且控制点离测设点又不超过一整尺长度时用此法比较适宜。在施工中细部位置测设常采用此法。见图 8-18，设 A、B 是某建筑物轴线的两个端点，通过计算或从设计图纸上求得 A、B 点距附近控制点的 1、2、4、5 的距离为 D_1、D_2、D_3、D_4。用钢尺分别从控制点 1、2 量取 D_1、D_2，其交点即为 A 点的设计位置，同法可定出 B

点。实际测量 AB 长度并与设计长度进行比较，其误差应在允许范围之内。

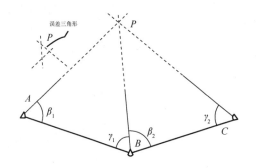

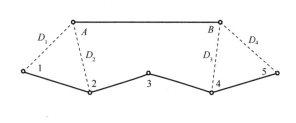

图 8-17　角度交会法放样　　　　　　　　　　图 8-18　距离交会法放样

（5）十字方向线法放样点位　十字方向线法是利用两条互相垂直的方向线相交得出待测设点位的一种方法。见图 8-19，设 A、B、C、D 为一个基坑的范围，P 点为该基坑的中心点位（主轴线交点），在开挖基坑时，P点会遭到破坏（因挖土而消失）。为随时恢复 P 点的位置则可采用十字方向线法重新测设 P 点。首先，在 P 点架设经纬仪，设置两条相互垂直的直线，并分别用 4 个桩点 A'、A''、B'、B'' 来固定。当 P 点破坏后需要恢复时则利用桩点 $A'A''$ 和 $B'B''$ 拉出两条相互垂直的直线，根据其交点重新定出 P 点。为防止由于桩点发生移动而

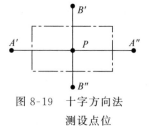

图 8-19　十字方向法
测设点位

导致 P 点产生测设误差可在每条直线的两端外再各设置两个桩点以便能够发现错误。当然更精确的方法是利用两台经纬仪建立 $A'A''$、$B'B''$ 直线（铅垂面）。

8.7　工程设计位置的三维标定

工程设计位置的三维标定即点的三维放样。一般应分 2 次进行，即首先根据 8.6 节放样出点的平面位置、再根据 8.3 节放样出点的高程位置。采用电子全站仪可一次性地完成三维标定工作，具体可参考本书第 3 章，电子全站仪三维放样结束后必须用水准仪复核高程位置的准确性。

电子全站仪三维放样过程大致如下。把电子全站仪安置在 2 点、丈量仪器高，通过菜单键选择放样功能，进入放样功能界面后，根据电子全站仪的提示输入 2 点（称测站）三维坐标（x_2，y_2，H_2）、3 点（称后视点）三维坐标（x_3，y_3，H_3）、2 点仪器高、反射棱镜杆高，瞄准 3 点后在仪器上确认（回车），然后，输入 A 点（称放样点）三维坐标（x_A，y_A，H_A），一人手持反射棱镜杆（通过杆上的圆水准气泡保持反射棱镜杆铅直）立在大致 A 点附近。电子全站仪瞄准反射棱镜，启动测量命令，电子全站仪即可显示手持反射棱镜杆底部（尖端）的三维坐标（x_G，y_G，H_G），若切换显示页面电子全站仪还可显示欲放样点与手持反射棱镜杆底部间的差值及偏差方向（用箭头表示），根据差值及偏差方向即可移动手持反射棱镜杆。再次启动测量命令、再次获得差值及偏差方向、再次根据差值及偏差方向移动手持反射棱镜杆，直到（x_G，y_G，H_G）与（x_A，y_A，H_A）相等为止（误差应在允许范围以内），即得 A 点的实际位置。

第9章
建筑测量的组织管理

9.1 建筑测量的规范规章

　　土木建筑施工测量的准备工作一般包括施工图审核、测量定位依据点的交接与检测、测量方案的编制与数据准备、测量仪器和工具的检验校正、施工场地测量等内容。施工测量前，应根据工程任务要求收集和分析有关施工资料，这些资料一般包括城市规划及测绘成果；工程勘察报告；施工设计图纸及相关变更文件；施工组织设计或施工方案；施工场区地下管线、建（构）筑物等的测绘成果。应对施工图进行认真审核并对定位依据点进行可靠性检测，应根据不同施工阶段的需要审核总平面图、建筑施工图、结构施工图、设备施工图等图纸，施工图审核内容应包括坐标系统与高程系统、建筑轴线关系、几何尺寸、各部位高程等，应及时了解和掌握有关工程设计的变更文件以确保测量放样数据的准确、可靠。平面控制点或建筑红线桩点是工程建筑物定位的依据，应认真做好成果资料与现场点位或桩位的交接工作并妥善做好点位或桩位的保护工作。平面控制点或建筑红线桩点使用前应进行内业验算与外业检测，定位依据桩点数量应不少于三个，检测红线桩的允许误差为角度 $30''$、边长 $1/5000$、点位 $3cm$。城市规划部门提供的水准点是确定建筑物高程的基本依据，水准点数量应不少于两个，使用前应采用附合水准路线的方式进行检测，允许闭合差 $\pm 5N^{1/2}$（mm）（N 为测站数）。

　　施工测量方案是指导施工测量的技术依据，方案编制的内容具体可根据施工测量任务的大小及复杂程度增减，通常包括：工程概况；任务要求；施工测量技术依据、测量方法和技术要求；起始依据点的检测；建筑物定位放线、验线与基础以及 ± 0.000 以上施工测量；安全、质量保证体系及具体措施；成果资料整理与提交等。建筑小区工程、大型复杂建筑物、特殊工程的施工测量方案编制还应根据工程的实际情况增加相关内容，比如场地准备测量、场区控制网测量、装饰与安装测量、竣工测量与变形测量等。

　　施工测量数据准备一般应包括两方面内容，即根据施工图计算施工放样数据和根据放样数据绘制施工放样简图。施工测量放样数据和简图均应进行独立校核，施工测量计算资料应及时整理、装订成册并妥善保管，测量仪器、量具应按规定进行严格的检验校正并妥善维护。

施工场地测量通常是指场地平整、临时水电管线敷设、施工道路、暂设建（构）筑物及物料与机具场地的划分等施工准备阶段的测量工作。场地平整测量应根据总体竖向设计和施工方案的有关要求进行，宜采用"方格网法"（平坦地区方格网规格宜为 20m×20m、地形起伏地区宜为 10m×10m），方格网的平面位置可根据红线桩点或原有建（构）筑物进行测设、高程可按允许闭合差 $±5N^{1/2}$（mm）（N 为测站数）的精度用水准仪测定。施工道路、临时水电管线与暂设建（构）筑物的平面、高程位置应根据场区测量控制点和施工现场总平面图测设，平面位置误差一般不应超过 50mm、高程误差一般不应超过 20mm。应根据现状地形图、地下管线图对场地内需要保留的原有地下建（构）筑物、地下管网及树木（树冠范围）等进行现场标定。施工场地测量中应做好原始记录、及时整理有关数据和资料并绘制成有关图表归档保存。

9.2 建筑测量的安全防护

建筑施工高处作业是级别最高的风险源之一，建筑施工高处作业应贯彻"安全第一、预防为主"的安全生产方针并做到"防护要求明确，技术措施合理和经济适用"。进行攀登与悬空作业的施工作业人员应按《建筑施工特种作业人员管理规定》（建质〔2008〕75 号）有关规定取得资格证书。进行攀登与悬空前应按规定检查安全防护用品并应按现行标准规定合理选用与所进行的高处作业相适应的安全带，作业前应系好安全带并扣好保险钩，安全带应挂在单独设置的安全绳上，安全绳上端固定应牢固可靠，使用时安全绳应基本保持垂直于地面，作业人员身后余绳不得超过 1m，承重绳和安全绳与墙面的接触点必须有防摩擦措施，无特殊安全措施时禁止两人同时使用一条安全绳。攀登与悬空作业人员使用的工具及安装用的零部件应放入工具袋内，手持工具应用系绳挂在身上。

悬空作业应遵守相关规定。悬空作业处应有牢靠的立足处且必须视具体情况配置防护栏网、栏杆或其他安全设施。悬空作业时使用的高凳、金属支架等应平稳牢固且其宽度不得少于两块（500mm）脚手板。高处悬挂作业必须按规定进行。每天作业前必须检查相关的安全绳、安全带、悬挂装置及其平衡机构（确认完好才能进行作业），严禁超载或带故障使用任何器具。悬挂作业操作人员应配置独立于悬挂设备的安全绳及安全带或其他安全装置并能正确熟练地使用保险带和安全绳。高处悬挂作业现场区域应保证四周环境的安全且其作业下方应设置警戒线并应有人看守，应在醒目处设置警示标志。高处悬挂作业不得在大雾、暴雨、大雪、大风等恶劣气候及夜间无照明时作业，不得在同一铅垂线方向上下同时作业。高处作业吊篮不得作为竖向运输机械使用，也不得在悬挂机构上另设吊具。作业人员不得在悬吊平台升降时进行施工作业。不得在悬吊平台内使用梯子、凳子、垫脚物等进行作业。作业时盛器必须固定且工器具应妥善放置。严禁在五级及以上风力影响较大的作业面施工。

施工单位应做好高处作业人员的安全教育及相关的安全预防工作。从事高处作业的人员除应接受日常安全教育培训外，每年还应接受不少于一次的高处作业安全知识的教育培训。工程施工前应逐级进行高处作业安全技术交底及安全教育并经相关人员签字确认，交底后若施工条件、方法等发生变化应重新进行交底。高处作业人员应按规定正确佩带和使用高处作业安全防护用具并由专人检查。进行高处作业人员禁止穿硬底鞋、高跟鞋、易滑的鞋等。从事高处作业的人员须经体检合格并应经相应培训考核后方可上岗作业。

高处作业中的安全标志、工具、仪表、电气设施、防护用具和各种设备应在施工前加以检查（确认其完好且相应的出厂、检验等证件齐全方能投入使用）。施工作业场所有有坠落可能的物件应一律先行撤除或加以固定。高处作业中所用的物料均应堆放平稳且不妨碍通行和装卸，工具应放入工具袋，作业中的走道、通道板和登高用具应随时清扫干净，拆卸下的物件及余料和废料均应及时清运（不得任意放置或向下丢弃），传递物件禁止抛掷。雨天和雪天进行高处作业时必须采取可靠的防滑、防寒和防冻措施（水、冰、霜、雪均应及时清除）。在高耸构（建）筑物进行高处作业时应事先设置避雷设施，遇有六级以上强风、大雾、沙尘暴、寒潮、暴雨等恶劣气候不得进行露天攀登与悬空作业，强风、暴雨及霜雪天气后应对高处作业安全设施逐一加以检查，发现有松动、变形、损坏或脱落等现象应立即修理完善。因作业必需而临时拆除或变动安全防护设施时必须经项目负责人审批并采取相应的可靠措施，作业后应立即恢复。防护设施搭设与拆除时应按高处坠落半径情况设置大于半径的警戒区并应派专人监护，严禁上下作业面同时实施拆除作业。施工现场提倡使用定型化、工具化的安全防护设施。高处作业安全设施的主要受力杆件的力学计算可按一般结构力学公式进行，其强度及挠度计算应按国家现行有关规范进行。

9.3　建筑测量标志的保护与管理

国家设立和采用全国统一的大地基准、高程基准、深度基准和重力基准，其数据由国务院测绘行政主管部门审核，并与国务院其他有关部门、军队测绘主管部门会商后，报国务院批准。国家建立全国统一的大地坐标系统、平面坐标系统、高程系统、地心坐标系统和重力测量系统，确定国家大地测量等级和精度以及国家基本比例尺地图的系列和基本精度。具体规范和要求由国务院测绘行政主管部门会同国务院其他有关部门、军队测绘主管部门制定。在不妨碍国家安全的情况下，确有必要采用国际坐标系统的，必须经国务院测绘行政主管部门会同军队测绘主管部门批准。因建设、城市规划和科学研究的需要，大城市和国家重大工程项目确需建立相对独立的平面坐标系统的，由国务院测绘行政主管部门批准；其他确需建立相对独立的平面坐标系统的，由省、自治区、直辖市人民政府测绘行政主管部门批准。建立相对独立的平面坐标系统，应当与国家坐标系统相联系。

基础测绘是公益性事业。国家对基础测绘实行分级管理。相关法律所称基础测绘，是指建立全国统一的测绘基准和测绘系统，进行基础航空摄影，获取基础地理信息的遥感资料，测制和更新国家基本比例尺地图、影像图和数字化产品，建立、更新基础地理信息系统。国务院测绘行政主管部门会同国务院其他有关部门、军队测绘主管部门组织编制全国基础测绘规划，报国务院批准后组织实施。县级以上地方人民政府测绘行政主管部门会同本级人民政府其他有关部门根据国家和上一级人民政府的基础测绘规划和本行政区域内的实际情况，组织编制本行政区域的基础测绘规划，报本级人民政府批准，并报上一级测绘行政主管部门备案后组织实施。军队测绘主管部门负责编制军事测绘规划，按照国务院、中央军事委员会规定的职责分工负责编制海洋基础测绘规划，并组织实施。县级以上人民政府应当将基础测绘纳入本级国民经济和社会发展年度计划及财政预算。国务院发展计划主管部门会同国务院测绘行政主管部门，根据全国基础测绘规划，编制全国基础测绘年度计划。县级以上地方人民政府发展计划主管部门会同同级测绘行政主管部门，根据本行政区域的基础测绘规划，编制本行政区域的基础测绘年度计划，并分别报上一级主管部门备案。国家对边远地区、少数民族地区的基础测绘给予财政支持。基础测绘成果应当定期进行更新，国民经济、国防建设和社会发展急需的基础测绘成果应当及时更新。基础测绘成果的更新周期根据不同地区国民经济和社会发展的需要确定。

中华人民共和国国界线的测绘，按照中华人民共和国与相邻国家缔结的边界条约或者协定执行。中华人民共和国地图的国界线标准样图，由外交部和国务院测绘行政主管部门拟订，报国务院批准后公布。行政区域界线的测绘，按照国务院有关规定执行。省、自治区、直辖市和自治州、县、自治县、市行政区域界线的标准画法图，由国务院民政部门和国务院测绘行政主管部门拟订，报国务院批准后公布。国务院测绘行政主管部门会同国务院土地行政主管部门编制全国地籍测绘规划。县级以上地方人民政府测绘行政主管部门会同同级土地行政主管部门编制本行政区域的地籍测绘规划。县级以上人民政府测绘行政主管部门按照地籍测绘规划，组织管理地籍测绘。测量土地、建筑物、构筑物和地面其他附着物的权属界址线，应当按照县级以上人民政府确定的权属界线的界址点、界址线或者提供的有关登记资料和附图进行。权属界址线发生变化时，有关当事人应当及时进行变更测绘。城市建设领域的工程测量活动，与房屋产权、产籍相关的房屋面积的测量，应当执行由国务院建设行政主管部门、国务院测绘行政主管部门负责组织编制的测量技术规范。水利、能源、交通、通信、资源开发和其他领域的工程测量活动，应当按照国家有关的工程测量技术规范进行。建立地理信息系统，必须采用符合国家标准的基础地理信息数据。

国家对从事测绘活动的单位实行测绘资质管理制度。从事测绘活动的单位应当具备下列条件，并依法取得相应等级的测绘资质证书后，方可从事测绘活动：有与其从事的测绘活动相适应的专业技术人员；有与其从事的测绘活动相适应的技术装备和设施；有健全的技术、质量保证体系和测绘成果及资料档案管理制度；具备国务院测绘行政主管部门规定的其他条件。国务院测绘行政主管部门和省、自治区、直辖市人民政府测绘行政主管部门按照各自的职责负责测绘资质审查、发放资质证书，具体办法由国务院测绘行政主管部门会商国务院其他有关部门规定。军队测绘主管部门负责军事测绘单位的测绘资质审查。测绘单位不得超越其资质等级许可的范围从事测绘活动或者以其他测绘单位的名义从事测绘活动，并不得允许其他单位以本单位的名义从事测绘活动。测绘项目实行承发包的，测绘项目的发包单位不得向不具有相应测绘资质等级的单位发包或者迫使测绘单位以低于测绘成本承包。测绘单位不得将承包的测绘项目转包。从事测绘活动的专业技术人员应当具备相应的执业资格条件，具体办法由国务院测绘行政主管部门会同国务院人事行政主管部门规定。测绘人员进行测绘活动时，应当持有测绘作业证件。任何单位和个人不得妨碍、阻挠测绘人员依法进行测绘活动。测绘单位的资质证书、测绘专业技术人员的执业证书和测绘人员的测绘作业证件的式样，由国务院测绘行政主管部门统一规定。

国家实行测绘成果汇交制度。测绘项目完成后，测绘项目出资人或者承担国家投资的测绘项目的单位，应当向国务院测绘行政主管部门或者省、自治区、直辖市人民政府测绘行政主管部门汇交测绘成果资料。属于基础测绘项目的，应当汇交测绘成果副本；属于非基础测绘项目的，应当汇交测绘成果目录。负责接收测绘成果副本和目录的测绘行政主管部门应当出具测绘成果汇交凭证，并及时将测绘成果副本和目录移交给保管单位。测绘成果汇交的具体办法由国务院规定。国务院测绘行政主管部门和省、自治区、直辖市人民政府测绘行政主管部门应当定期编制测绘成果目录，向社会公布。测绘成果保管单位应当采取措施保障测绘成果的完整和安全，并按照国家有关规定向社会公开和提供利用。测绘成果属于国家秘密的，适用国家保密法律、行政法规的规定；需要对外提供的，按照国务院和中央军事委员会规定的审批程序执行。使用财政资金的测绘项目和使用财政资金的建设工程测绘项目，有关部门在批准立项前应当征求本级人民政府测绘行政主管部门的意见，有适宜测绘成果的，应当充分利用已有的测绘成果，避免重复测绘。基础测绘成果和国家投资完成的其他测绘成果，用于国家机关决策和社会公益性事业的，应当无偿提供。前款规定之外的，依法实行有偿使用制度；但是，政府及其有关部门和军队因防灾、减灾、国防建设等公共利益的需要，可以无偿使用。测绘成果使用的具体办法由国务院规定。中华人民共和国领域和管辖的其他海域的位置、高程、深度、面积、长度等重要地理信息数据，由国务院测绘行政主管部门审核，并与国务院其他有关部门、军队测绘主管部门会商后，报国务院批准，由国务院或者国务院授权的部门公布。各级人民政府应当加强对编制、印刷、出版、展示、登载地图的管理，保证地图质量，维护国家主权、安全和利益，具体办法由国务院规定。各级人民政府应当加强对国家版图意识的宣传教育，增强公民的国家版图意识。测绘单位应当对其完成的测绘成果质量负责。县级以上人民政府测绘行政主管部门应当加强对测绘成果质量的监督管理。

任何单位和个人不得损毁或者擅自移动永久性测量标志和正在使用中的临时性测量标志，不得侵占永久性测量标志用地，不得在永久性测量标志安全控制范围内从事危害测量标志安全和使用效能的活动。相关法律所称永久性测量标志，是指各等级的三角点、基线点、导线点、军用控制点、重力点、天文点、水准点和卫星定位点的木质觇标、钢质觇标和标石标志，以及用于地形测图、工程测量和形变测量的固定标志和海底大地点设施。永久性测量标志的建设单位应当对永久性测量标志设立明显标记，并委托当地有关单位指派专人负责保管。进行工程建设，应当避开永久性测量标志；确实无法避开，需要拆迁永久性测量标志或者使永久性测量标志失去效能的，应当经国务院测绘行政主管部门或者省、自治区、直辖市人民政府测绘行政主管部门批准；涉及军用控制点的，应当征得军队测绘主管部门的同意。所需迁建费用由工程建设单位承担。测绘人员使用永久性测量标志，必须持有测绘作业证件，并保证测量标志的完好。保管测量标志的人员应当查验测量标志使用后的完好状况。县级以上人民政府应当采取有效措施加强测量标志的保护工作。县级以上人民政府测绘行政主管部门应当按照规定检查、维护永久性测量标志。乡级人民政府应当做好本行政区域内的测量标志保护工作。

违反相关法律规定，有下列行为之一的，给予警告、责令改正，可以并处十万元以下的罚款；对负有直接责任的主管人员和其他直接责任人员，依法给予行政处分：未经批准，擅自建立相对独立的平面坐标系统的；建立地理信息系统，采用不符合国家标准的基础地理信息数据的。违反相关法律规定，有下列行为之一的，给予警告、责令改正，可以并处十万元以下的罚款；构成犯罪的，依法追究刑事责任；尚不够刑事处罚的，对负有直接责任的主管人员和其他直接责任人员，依法给予行政处分：未经批准，在测绘活动中擅自采用国际坐标系统的；擅自发布中华人民共和国领域和管辖的其他海域的重要地理信息数据的。违反相关法律规定，未取得测绘资质证书，擅自从事测绘活动的，责令停止违法行为，没收违法所得和测绘成果，并处测绘约定报酬一倍以上二倍以下的罚款。以欺骗手段取得测绘资质证书从事测绘活动的，吊销测绘资质证书，没收违法所得和测绘成果，并处测绘约定报酬一倍以上二倍以下的罚款。违反相关法律规定，测绘单位有下列行为之一的，责令停止违法行为，没收违法所得和测绘成果，处测绘约定报酬一倍以上二倍以下的罚款，并可以责令停业整顿或者降低资质等级；情节严重的，吊销测绘资质证书：超越资质等级许可的范围从事测绘活动的；以其他测绘单位的名义从事测绘活动的；允许其他单位以本单位的名义从事测绘活动的。违反相关法律规定，测绘项目的发包单位将测绘项目发包给不具有相应资质等级的测绘单位或者迫使测绘单位以低于测绘成本承包的，责令改正，可以处测绘约定报酬二倍以下的罚款。发包单位的工作人员利用职务上的便利，索取他人财物或者非法收受他人财物，为他人谋取利益，构成犯罪的，依法追究刑事责任；尚不够刑事处罚的，依法给予行政处分。违反相关法律规定，测绘单位将测绘项目转包的，责令改正，没收违法所得，处测绘约定报酬一倍以上二倍以下的罚款，并可以责令停业整顿或者降低资质等级；情节严重的，吊销测绘资质证书。违反相关法律规定，未取得测绘执业资格，擅自从事测绘活动的，责令停止违法行为，没收违法所得，可以并处违法所得二倍以下的罚款；造成损失的，依法承担赔偿责任。违反相关法律规定，不汇交测绘成果资料的，责令限期汇交；逾期不汇交的，对测绘项目出资人处以重测所需费用一倍以上二倍以下的罚款；对承担国家投资的测绘项目的单位处一万元以上五万元以下的罚款，暂扣测绘资质证书，自暂扣测绘资质证书之日起六个月内仍不汇交测绘成果资料的，吊销测绘资质证书，并对负有直接责任的主管人员和其他直接责任人员依法给予行政处分。违反相关法律规定，测绘成果质量不合格的，责令测绘单位补测或者重测；情节严重的，责令停业整顿，降低资质等级直至吊销测绘资质证书；给用户造成损失的，依法承担赔偿责任。违反相关法律规定，编制、印刷、出版、展示、登载的地图发生错绘、漏绘、泄密，危害国家主权或者安全，损害国家利益，构成犯罪的，依法追究刑事责任；尚不够刑事处罚的，依法给予行政处罚或者行政处分。违反相关法律规定，有下列行为之一的，给予警告，责令改正，可以并处五万元以下的罚款；造成损失的，依法承担赔偿责任；构成犯罪的，依法追究刑事责任；尚不够刑事处罚的，对负有直接责任的主管人员和其他直接责任人员，依法给予行政处分：损毁或者擅自移动永久性测量标志和正在使用中的临时性测量标志的；侵占永久性测量标志用地的；在永久性测量标志安全控制范围内从事危害测量标志安全和使用效能的活动的；在测量标志占地范围内，建设影响测量标志使用效能的建筑物的；擅自拆除永久性测量标志或者使永久性测量标志失去使用效能，或者拒绝支付迁建费用的；违反操作规程使用永久性测量标志，造成永久性测量标志毁损的。违反相关法律规定，有下列行为之一的，责令停止违法行为，没收测绘成果和测绘工具，并处一万元以上十万元以下的罚款；情节严重的，并处十万元以上五十万元以下的罚款，责令限期离境；所获取的测绘成果属于国家秘密，构成犯罪的，依法追究刑事责任：外国的组织或者个人未经批准，擅自在中华人民共和国领域和管辖的其他海域从事测绘活动的；外国的组织或者个人未与中华人民共和国有关部门或者单位合资、合作，擅自在中华人民共和国领域从事测绘活动的。相关法律规定的降低资质等级、暂扣测绘资质证书、吊销测绘资质证书的行政处罚，由颁发资质证书的部门决定；其他行政处罚由县级以上人民政府测绘行政主管部门决定。

9.4　建筑测量仪器的保养与维护

　　测量仪器是测量人员对工程施控的有力武器。爱护好测量仪器及工具是每一位测量工作者应具备的品德。由于测量工作是在室外进行，容易受自然条件、气候条件等因素的影响，所以维护好测量仪器非常重要，正确使用、科学保养仪器是保障测量成果质量，提高工作效率，延长仪器使用年限的重要条件，是每个测量工作人员必须掌握的基本技能。

　　各项目应结合工程的具体情况、业主及监理的要求，尽可能配备先进的测量设备，提高工程测量工作自动化程度，减少测量人员的劳动强度，提高工作效率，保证测量成果。

仪器设备使用与管理应遵守相关规定。仪器开箱前，应将仪器箱平放在地上，严禁手提或怀抱着仪器开箱，以免仪器在开箱时仪器落地损坏。开箱后应注意看清楚仪器在箱中安放的状态，以保证在用完后按原样入箱。仪器在箱中取出前，应松开各制动螺旋，提取仪器时，要用手托住仪器的基座，另一手握持支架，将仪器轻轻取出，严禁用手提望远镜和横轴。仪器及所用部件取出后，应及时合上箱盖，以免灰尘进入箱内。仪器箱放在测站附近，箱上不许坐人。安置仪器时根据控制点所在位置，尽量选择地势平坦，施工干扰小的位置，安置仪器时一定要注意仪器，检查仪器脚架是否可靠，确认连接螺旋连接牢固后，方可松手。但应注意连接螺旋的松紧应适度，不可过松或过紧。观测结束后应将脚螺旋和制动、微动各螺旋退回到正常位置，并用擦镜纸或软毛刷除去仪器表面上的灰尘。然后卸下仪器双手托持，按出箱时的位置放入原箱。盖箱前应将各制动螺旋轻轻旋紧，检查附件齐全后可轻合箱盖，箱盖吻合方可上盖，不可强力施压以免损坏仪器。

各种测量仪器应符合所在单位关于计量器具的管理规定。新购仪器、工具，在使用前应到国家法定计量技术检定机构检定。新购置的仪器、转拨给其他项目的仪器，应结合仪器认真阅读说明书，从初级到高级，先基本操作后高级操作，反复学习、总结、力求做到"得心应手"最大限度地发挥仪器的作用，不熟悉仪器操作的人员不得盲目使用。各种测量仪器使用前后必须进行常规检验校正，使用过程做好维护，使用后及时进行养护。各种光电类、激光类仪器必须定期送到具有资质的部门进行检定。检定时间不宜超过规定时间，以确保测量的准确和精度。严禁使用未经检验和检定、校正不到出厂精度、超过检定周期，以及零配件缺损和示值难辨的仪器。使用全站仪、光电测距仪、光学经纬仪，在无滤光片的情况下禁止将望远镜直接对准太阳，以免伤害眼睛和损害测距部分发光二极管。在强烈阳光、雨天或潮湿环境下作业，务必在伞的遮掩下工作。对仪器要小心轻放，避免强烈的冲击震动，安置仪器前应检查三脚架的牢固性，整个作业过程中工作人员不得离开仪器，防止意外发生。转站时，即使很近也应取下仪器装箱。测量工作结束后，先关机卸下电池后装箱，长途运输要提供合适的减震措施，防止仪器受到突然震动。测量仪器要设置专库存放，环境要求干燥、通风、防震、防雾、防尘、防锈。仪器应保持干燥，遇雨后将其擦干，放在通风处，晾干后再装箱。各种仪器均不可受压、受冻、受潮或受高温，仪器箱不要靠近火炉或暖气管。仪器长途运输时，应切实做好防震、防潮工作。装车时务必使仪器正放，不可倒置。测量人员携带仪器乘汽车时，应将仪器放在防震垫上或腿上抱持，以防震动颠簸损坏仪器。必须建立健全测量仪器设备台账、精密测量仪器卡、仪器档案等制度，仪器出库、入库调迁项目，应办理登记、签认手续。对测量仪器的管理，由所在单位制定检查评比办法，对维护仪器成绩显著的单位和个人给予奖励，因使用不当、保管不良造成仪器损坏，应及时追究责任，根据情况给予处罚。当测量仪器、工具出现下列情况为不合格：已经损坏；过载或误操作；功能出现了可疑变化；显示不正常；超过了规定的周检确认时间间隔；仪表封缄的完整性已被破坏；光电类、激光类仪器超过使用寿命，零点漂移严重，测量结果不稳定，测量结果可靠性低；常规仪器损坏后无法修复，或仪器破旧、示值难辨、性能不稳定，影响测量质量。测量仪器的申请购买及报废由项目部报所在单位工程管理部，由所在单位总工程师及主管领导负责审批，所在单位对全项目的仪器配备和管理情况每半年检查一次，要求做到账、物、卡相符，技术档案齐全。测量仪器必须定人保管，对贵重精密测量仪器（如全站仪、精密水准仪、激光铅垂仪）应规定专人保管，专人专用，专人送检，他人不得随意动用，以防损坏，降低精度。

　　仪器管理应建立奖惩制度。为了加强工程测量管理工作，促进所在单位工程测量工作的科学管理，防止发生测量事故，适应经济发展的需要，充分发挥广大测量人员的积极性和创造性，工程项目竣工后，对工程测量管理先进的单位、有关领导给予必要的精神和物质奖励。对测量工作积极踏实，认真钻研，业务熟练，技能提高，成绩突出者，可以推荐提升。对在生产、经营活动中，违反测量、计量法规，弄虚作假，不严格执行测量、计量管理制度，由于测量工作失误，给项目造成损失者，应给予必要的处罚。对测量事故隐瞒不报者，要追究领导和有关人员责任。对测量仪器管理不严，保管不善，造成损坏，影响正常使用，视情节轻重，给予责任人处罚。项目工程部要根据本项目实际情况制定相应的测量仪器管理办法，确保测量仪器完好准确。

参 考 文 献

[1] 《建筑施工手册》编写组.建筑施工手册 [M].北京：中国建筑工业出版社，2006.

[2] 李青岳，陈永奇.工程测量学 [M].北京：测绘出版社，1995.

[3] 张正禄.工程测量学 [M].武汉：武汉大学出版社，2005.

[4] 张正禄.工程的变形监测分析与预报 [M].北京：测绘出版社，2007.

[5] 黄声享，尹晖，蒋征.变形监测数据处理 [M].武汉：武汉大学出版社，2004.

[6] 张正禄.工程测量学 [M].武汉：武汉大学出版社，2002.

[7] 尹晖.时空变形分析与预报的理论和方法 [M].北京：测绘出版社，2002.

[8] 武汉大学测绘学院.误差理论与测量平差基础 [M].武汉：武汉大学出版社，2003.

[9] 潘正风，杨正尧.数字测图原理与方法 [M].武汉：武汉大学出版社，2004.

[10] 张正禄，吴栋材.精密工程测量 [M].北京：测绘出版社，1992.

[11] 吴翼麟，孔祥元.特种精密工程测量 [M].北京：测绘出版社，1993.

[12] 陈龙飞，金其坤.工程测量 [M].上海：同济大学出版社，1990.

[13] 于来法，杨志藻.军事工程测量学 [M].北京：八一出版社，1994.

[14] 覃辉.土木工程测量 [M].上海：同济大学出版社，2004.

[15] 王兆祥.铁道工程测量 [M].北京：中国铁道出版社，1998.

[16] 陈永奇，李裕忠.海洋工程测量 [M].北京：测绘出版社，1991.

[17] 吴子安，吴栋材.水利工程测量 [M].北京：测绘出版社，1990.

[18] 钱东辉.水电工程测量学 [M].北京：中国电力出版社，1998.

[19] 秦昆，李裕忠.桥梁工程测量 [M].北京：测绘出版社，1991.

[20] 吴栋才，谢建纲.大型斜拉桥施工测量 [M].北京：测绘出版社，1996.

[21] 张项铎，张正禄.隧道工程测量 [M].北京：测绘出版社，1998.

[22] 田应中，张正禄.地下管线网探测与信息管理 [M].北京：测绘出版社，1998.

[23] 冯文灏.工业测量 [M].武汉：武汉大学出版社，2004.

[24] 李广云.工业测量系统 [M].北京：解放军出版社，1992.

[25] 于来法.实时经纬仪工业测量系统 [M].北京：测绘出版社，1996.

[26] 梁开龙.水下地形测量 [M].北京：测绘出版社，1995.

[27] 陈永奇，张正禄等.高等应用测量 [M].武汉：武汉测绘科技大学出版社，1996.

[28] Pelzer H.张正禄.现代工程测量控制网的理论和应用 [M].北京：测绘出版社，1989.

[29] 卓健成.工程控制测量建网理论 [M].成都：西南交通大学出版社，1996.

[30] 顾孝烈.城市与工程控制网设计 [M].上海：同济大学出版社，1991.

[31] 彭先进.测量控制网的优化设计 [M].武汉：武汉测绘科技大学出版社，1991.

[32] 陈永奇.变形观测数据处理 [M].北京：测绘出版社，1988.

[33] 陈永奇，吴子安等.变形监测分析与预报 [M].北京：测绘出版社，1998.

[34] 宁津生.测绘学概论 [M].武汉：武汉大学出版社，2004.

[35] 潘正风.数字测图原理与方法 [M].武汉：武汉大学出版社，2004.

[36] 林文介.测绘工程学 [M].广州：华南理工大学出版社，2003.

[37] 孔祥元.大地测量学基础 [M].武汉：武汉大学出版社，2001.

[38] 周忠谟.GPS卫星测量原理与应用 [M].北京：测绘出版社，1992.

[39] 於宗俦.测量平差原理 [M].武汉：武汉测绘科技大学出版社，1990.

[40] 李德仁.误差处理和可靠性理论 [M].北京：测绘出版社，1988.

[41] 杨元喜.抗差估计理论及其应用 [M].北京：八一出版社，1993.

[42] 胡鹏等.地理信息系统教程 [M].武汉：武汉大学出版社，2002.

[43] 龚健雅.整体GIS的数据组织与处理方法 [M].武汉：武汉测绘科技大学出版社，1993.